Übungsbuch Allgemeine Chemie

Michael Binnewies, Manfred Jäckel, Helge Willner

Übungsbuch
Allgemeine Chemie

Autoren

Prof. Dr. Michael Binnewies
Inst. f. Anorganische Chemie
Universität Hannover
Callinstr. 9
30167 Hannover

Manfred Jäckel
Inst. f. Anorganische Chemie
Universität Hannover
Callinstr. 9
30167 Hannover

Prof. Dr. Helge Willner
FB 9, Anorganische Chemie
Bergische Universität Wuppertal
Gaußstr. 20
42097 Wuppertal

Wichtiger Hinweis für den Benutzer

Der Verlag, der Herausgeber und die Autoren haben alle Sorgfalt walten lassen, um vollständige und akkurate Informationen in diesem Buch zu publizieren. Der Verlag übernimmt weder Garantie noch die juristische Verantwortung oder irgendeine Haftung für die Nutzung dieser Informationen, für deren Wirtschaftlichkeit oder fehlerfreie Funktion für einen bestimmten Zweck. Der Verlag übernimmt keine Gewähr dafür, dass die beschriebenen Verfahren, Programme usw. frei von Schutzrechten Dritter sind. Die Wiedergabe von Gebrauchsnamen, Handelsnamen, Warenbezeichnungen usw. in diesem Buch berechtigt auch ohne besondere Kennzeichnung nicht zu der Annahme, dass solche Namen im Sinne der Warenzeichen- und Markenschutz-Gesetzgebung als frei zu betrachten wären und daher von jedermann benutzt werden dürften. Der Verlag hat sich bemüht, sämtliche Rechteinhaber von Abbildungen zu ermitteln. Sollte dem Verlag gegenüber dennoch der Nachweis der Rechtsinhaberschaft geführt werden, wird das branchenübliche Honorar gezahlt.

Bibliografische Information der Deutschen Nationalbibliothek

Die Deutsche Nationalbibliothek verzeichnet diese Publikation in der Deutschen Nationalbibliografie; detaillierte bibliografische Daten sind im Internet über http://dnb.d-nb.de abrufbar.

Springer ist ein Unternehmen von Springer Science+Business Media
springer.de

Nachdruck der 1. Auflage 2009
© Spektrum Akademischer Verlag Heidelberg 2007
Spektrum Akademischer Verlag ist ein Imprint von Springer

09   10   11   12   13   5   4   3   2

Planung und Lektorat: Frank Wigger, Martina Mechler
Copyediting: Angela Simeon
Satz: Dennis Schönemann
Umschlaggestaltung: SpieszDesign, Neu-Ulm
Titelfotografie: (Steinsalzkristall/Kristallstruktur): Rudolf Wölki/Rudolf Wartchow, Jörg Mattik

ISBN 978-3-8274-1828-9

Vorwort

Dieses Übungsbuch richtet sich an Studierende im Grundstudium der Chemiestudiengänge. Konzipiert wurde es als Ergänzung unseres Lehrbuchs „Allgemeine und Anorganische Chemie" (ISBN 978-3-8274-0208-0); es kann jedoch auch zusammen mit anderen Lehrbüchern der Allgemeinen Chemie problemlos genutzt werden.

Der Inhalt umfasst die wichtigsten Themenfelder, zu denen während der ersten Semester Berechnungen aus dem Bereich der Allgemeinen Chemie durchgeführt werden. Berücksichtigt wurden dabei auch typische Fragestellungen aus der Analytischen Chemie sowie elementare Anwendungen physikalisch-chemischer Gesetzmäßigkeiten.

Je nach Studiengang und Studienordnung gibt es in Klausuren zu den einzelnen Lehrveranstaltungen naturgemäß erhebliche Unterschiede bezüglich des Themenspektrums und des Schwierigkeitsgrads der Aufgaben. Dennoch wird jeder Studierende durch die Arbeit mit diesem Übungsbuch seine Chancen erheblich verbessern können. Das Ziel ist dabei ein verständiger, kontextbezogener Umgang mit naturwissenschaftlichen Berechnungen in vielfältigen Problemstellungen. Eine schematische Übertragung von vorgegebenen Musterlösungen auf weitere Aufgabenbeispiele widerspricht dem Sinn einer zeitgemäßen Ausbildung.

Die Aufgaben beziehen sich überwiegend auf praxisnahe Beispiele aus dem Labor sowie auf Probleme aus Alltag und Technik. Vielfach hilft die Bearbeitung einer Aufgabe, Querverbindungen herzustellen oder neue Zusammenhänge zu erfassen. Die praktische Bedeutung der in den Aufgaben angesprochenen Aspekte wird vielfach durch kurze Erläuterungen und Hinweise auf Lehrbuchabschnitte verdeutlicht.

Jedes Kapitel des Übungsbuchs beginnt mit einem kurzen Text zu den wichtigsten Grundbegriffen und Gesetzmäßigkeiten auf einem für die Lösung der Aufgaben erforderlichen mittleren Niveau. Diesem *Basiswissen* folgen meist einige *Hinweise*. Sie geben weitere Hilfen zur Lösung der Aufgaben; zusätzlich wird in wichtigen Fällen auch Hintergrundwissen erläutert, um den teilweise begrenzten Anwendungsbereich, der im Basiswissen aufgeführten einfachen Beziehungen zu verdeutlichen.

Die ausführlichen *Lösungen* stehen jeweils am Ende des Kapitels. Der Lösungsweg wird in der Regel kurz kommentiert und durch Größengleichungen nachvollziehbar dargestellt.

Das Manuskript ist über eine Kombination von Word-Dateien mit zahlreichen MathType-Bausteinen satzfertig vorbereitet worden. Als Nachteil haben wir damit eine gewisse Uneinheitlichkeit des Schriftbilds in Kauf genommen.
Wichtiger erschien uns aber die Chance, auf diesem Wege – über mehrere Korrekturgänge – einen nahezu fehlerfreien Druck zu erreichen.

Unser Dank gilt allen, die uns dabei geholfen haben. Namentlich genannt seien hier nur Dr. Angela Simeon als Außenlektorin, Dr. Claudia Wendt für die Mitarbeit bei der Entwicklung des Layouts und Dennis Schünemann für die geduldige und gewissenhafte Erstellung der Dateien und der Formatierungen.

Michael Binnewies	Hannover bzw. Wuppertal
Manfred Jäckel	Januar 2007
Helge Willner	

Kurzanleitung zur Nutzung des Übungsbuches

Die zur Lösung der Aufgaben benötigten Daten müssen in der Regel dem Anhang entnommen werden. Das entspricht einer Vorübung in einer für jeden Naturwissenschaftler grundlegenden Arbeitstechnik.

Hinweise auf ausführlichere Darstellungen oder zusätzliche Sachinformationen im Lehrbuch „Allgemeine und Anorganische Chemie" werden in Kurzform gegeben. Die Angabe 📖 19.6(Exkurs) beispielsweise bezieht sich auf den Exkurs im Abschnitt 19.6. Soweit Sie mit einem anderen Lehrbuch arbeiten, werden Sie in vielen Fällen über das entsprechende Schlagwort auch dort eine Information finden.

Bei der Vorbereitung auf Klausuren sollten folgende Punkte beachtet werden:

• Wählen Sie eine Reihe von Aufgaben aus, die den Themenkreisen und dem zu erwartenden Schwierigkeitsgrad entsprechen.

• Bearbeiten Sie diese Aufgaben soweit wie möglich selbstständig unter Berücksichtigung des *Basiswissens*.

• Vergleichen Sie dann Ihre Ergebnisse zunächst mit den Ergebnissen in den *Lösungen*. Versuchen Sie ggf. Fehler in Ihrem Lösungsweg zu erkennen. Vergleichen Sie dann den Lösungsweg im Einzelnen.

Inhaltsübersicht

1 Zahlenwerte, Größen und Gehaltsangaben

Grundlage für die Angabe von Messwerten, Konstanten und Größenbeziehungen ist heute weltweit das **SI** (Système International d´Unités). Die Basis des Systems bilden insgesamt sieben Größen (z. B. Länge (l), Masse (m), elektrische Stromstärke (I)) mit den entsprechenden **Basiseinheiten** (Meter (m), Kilogramm (kg), Ampere (A)). Von besonderer Bedeutung für die Chemie ist die als **Stoffmenge** bezeichnete Größe mit der Basiseinheit **Mol** (mol).

Neben den Basiseinheiten sind zahlreiche *abgeleitete Größen und Einheiten* im Rahmen des SI definiert. Beispiele sind das Volt (V) als Einheit der elektrischen Spannung (U) oder das Newton (N) als Einheit der Kraft (F).
Die SI-Einheit einer abgeleiteten Größe kann jeweils auf ein „Potenzprodukt" der Basiseinheiten zurückgeführt werden; Zahlenfaktoren ungleich 1 treten dabei nicht auf. Für die Einheit der Kraft gilt beispielsweise:

$$1\,\text{N} = 1\,\text{m·kg·s}^{-2}$$

Eine Reihe weiterer Beispiele sowie *Vorsatzzeichen* und wichtige *Konstanten* sind in der Datensammlung (Anhang B) enthalten.

Grundregeln In Formeln zur Beschreibung von allgemeingültigen Zusammenhängen verwendet man Kurzzeichen für die jeweiligen Größen. Im Gegensatz zu den Einheitenzeichen sind diese Größenzeichen oder *Formelzeichen* kursiv zu setzen.
Die für die Berechnung einzusetzenden Größenwerte sind dabei als Produkt aus dem

Zahlenwert und der gewählten Einheit aufzufassen. Man erhält so automatisch ein Ergebnis mit einer korrekten Angabe der Einheit.
Ein Beispiel ist die Definition der Dichte (ϱ):

$$\varrho = \frac{m}{V}$$

So erhält man beispielsweise mit $m = 33{,}75$ g und $V = 12{,}5$ cm^3:

$$\varrho = \frac{33{,}75\,\text{g}}{12{,}5\,\text{cm}^3} = 2{,}70\,\text{g·cm}^{-3}$$

Häufig bedarf es aber einiger Umformungen um das zunächst erhaltene Ergebnis in eine vertraute Form zu bringen.

Bei der Angabe von Größen können sich sehr kleine oder auch sehr große Zahlenwerte ergeben, wenn man die entsprechende SI-Einheit direkt verwendet. Man hat daher für bestimmte Faktoren **Vorsatzzeichen** festgelegt, sodass man jeweils einen gut überschaubaren Zahlenwert erhält.
Ein typisches Beispiel ist die Angabe von Längen in Kilometern (1 km $= 10^3$ m), Zentimetern (1 cm $= 10^{-2}$ m) oder Millimetern (1 mm $= 10^{-3}$ m).

Bei der Angabe von Größen ist grundsätzlich ein *Abstand* von einem Leerzeichen zwischen Zahlenwert und Einheitenzeichen einzuhalten (2 cm; *nicht* 2cm). Das gilt auch für Angaben in der Einheit Prozent (30 %; *nicht* 30%) oder für Temperaturangaben in °C (25 °C; *nicht* 25°C oder $25°$ C).

Stoffmengenbezogene Größen

Die Definition der Basiseinheit **Mol** für die Größe *Stoffmenge* (Formelzeichen n) hängt eng mit der Definition für die **Atommasseneinheit u** zusammen: 1 u ist definitionsgemäß 1/12 der Masse eines ^{12}C-Atoms; dessen Masse beträgt damit genau 12 u. Auf eine Masse von genau 12 g dieses C-Isotops bezieht sich die Definition der Stoffmengeneinheit: *Das Mol ist die Stoffmenge eines Systems, das aus ebensoviel Einzelteilchen besteht, wie Atome in 0,012 Kilogramm des Kohlenstoffnuklids ^{12}C enthalten sind.*

Die Stoffmenge ist damit direkt proportional zur Anzahl der Teilchen ($n \sim N$). Natürlich muss jeweils angegeben werden, auf welche Einzelteilchen man sich bezieht. Schließlich enthält eine bestimmte Portion Sauerstoffgas doppelt so viele O-Atome wie O_2-Moleküle ($n(O) = 2\,n(O_2)$).

Der Proportionalitätsfaktor für die Umrechnung der Stoffmenge (n) in die Teilchenanzahl (N) ist die *Avogadro Konstante* N_A ($= 6,022 \cdot 10^{23}\ \mathrm{mol}^{-1}$):

$$N = n \cdot N_A$$

Eine Stoffmenge von 1 mol entspricht also $6,022 \cdot 10^{23}$ Teilchen der betreffenden Art.

Eine Quotienten-Größe des Typs „Größe X durch Stoffmenge" bezeichnet man allgemein als **stoffmengenbezogene Größe**. Als Name einer solchen Größe wird meist der Name der im Zähler stehenden Größe mit dem Vorsatz **molar** verwendet. Einfache Beispiele sind die *molare Masse* und das *molare Volumen*.

Als Quotient aus Masse (m) und Stoffmenge (n) einer Stoffportion wird die **molare Masse** (M) meist mit der Einheit $\mathrm{g \cdot mol}^{-1}$ angegeben. Der Zahlenwert stimmt dann überein mit der Masse eines Teilchens in der Einheit u:

$m(1\ H_2O\text{-Molekül}) = 18\ \mathrm{u}$

$\Rightarrow M(H_2O) = 18\ \mathrm{g \cdot mol}^{-1}$

Das **molare Volumen** V_m ist definitionsgemäß der Quotient aus Volumen und Stoffmenge. Bei (idealen) Gasen ist der Wert von V_m unabhängig von der Masse der Moleküle. Für eine Gasportion gilt demnach:

$$n = \frac{V}{V_m} \quad \Leftrightarrow \quad V = n \cdot V_m$$

Die für V und V_m eingesetzten Werte müssen natürlich für die gleichen Bedingungen gelten. Bei normalen Luftdruck (1013 hPa) und 20 °C gilt beispielsweise:

$V_m = 24\ \mathrm{l \cdot mol}^{-1}$

Gehaltsangaben für Mischphasen

Je nach Fragestellung bevorzugt man unterschiedliche Größen, um den Gehalt eines bestimmten Stoffes an einem Mehrstoffsystem anzugeben. Von besonderer Bedeutung sind Gehaltsangaben für *Lösungen*:

Die **Stoffmengenkonzentration** c ist definiert als Quotient aus der *Stoffmenge* des gelösten Stoffes und dem *Volumen* der Lösung (SI-Einheit: $\mathrm{mol \cdot l}^{-1}$).

Die **Massenkonzentration** β ist dementsprechend der Quotient aus der *Masse* des gelösten Stoffes und dem *Volumen* der Lösung.

Der **Massenanteil** w dagegen ist der Quotient aus der Masse des gelösten Stoffes und der *Masse* der Lösung. Er wird meist in Prozent angegeben; früher sprach man deshalb auch von „Massenprozenten".

Hinweis: Die Datensammlung im Anhang B enthält eine Übersicht mit sämtlichen genormten Gehaltsangaben.

Aufgaben

1.1 Wie viele Eisen-Atome enthält ein kugelförmiger Stecknadelkopf von 1 mm Durchmesser?

($\varrho = 7{,}86$ g·cm^{-3}; r(Fe-Atom) = 126 pm)

Wie lang wäre die Kette der Eisen-Atome, wenn man alle Atome unter Erhalt des Fe/Fe-Abstands aufreihen könnte?

1.2 Eine quadratische, dünne Goldfolie (Blattgold) mit einer Kantenlänge von 10 cm hat eine Masse von 0,01 g.

a) Wie dick ist die Goldfolie (ϱ(Gold) = 19,5 g·cm^{-3})?

b) Wie viele Schichten aus Gold-Atomen enthält die Folie? Nehmen Sie für die Berechnung vereinfachend an, dass die Gold-Atome direkt übereinander gestapelt sind.

(r(Au-Atom) = 144 pm)

1.3 Der Anteil der Xenon-Atome an der Gesamtteilchenzahl in trockener Luft wird mit 87 ppb angegeben. Xenon ist damit (abgesehen vom radioaktiven Radon) das seltenste Edelgas in der Luft.

a) Berechnen Sie die Gesamtzahl der Teilchen in 1 l Luft (20 °C, 1013 hPa).

b) Wie viele Xe-Atome enthält demnach 1 l Luft?

c) Stellen Sie sich vor, man könnte die Xe-Atome aus 1 l Luft abtrennen und gleichmäßig an sämtliche Einwohner Deutschlands ($\approx 80 \cdot 10^6$) verteilen. Wie viele Xe-Atome würde jeder erhalten?

1.4 Wenn der Ozongehalt der Luft im Sommer 180 μg · m^{-3} überschreitet, wird eine Warnung über die Medien verbreitet, damit sich empfindliche Personen darauf einstellen können und sich im Freien körperlich nur wenig anstrengen.

a) Welcher Stoffmengenkonzentration $c(O_3)$ entspricht dieser Ozongehalt?

b) Wie viele Ozon-Moleküle enthält ein Liter Luft bei der berechneten Konzentration?

1.5 Ein Wohnraum hat eine Grundfläche von 38 m^2 und eine Höhe von 2,85 m.

a) Welche Masse hat die darin enthaltene Luft?

Zu 1.5: Verwenden Sie für die Dichte der Luft den Wert 1,20 g·dm^{-3}. Lassen Sie unberücksichtigt, dass aufgrund der Einrichtung das Luftvolumen etwas kleiner ist als das Volumen des Raumes.

b) Welches Volumen an flüssiger Luft könnte sich bilden, wenn eine dem Ergebnis von a) entsprechende Menge an Luft durch Abkühlen verflüssigt würde?
(Die Dichte flüssiger Luft beträgt etwa $0,9 \ \text{g·cm}^{-3}$.)

1.6 Die Erdatmosphäre enthält Kohlenstoffdioxid mit einem Volumenanteil von $\varphi(CO_2) = 380$ ppm. Zurzeit steigt der CO_2-Gehalt jährlich um 1,8 ppm weiter an, da erheblich mehr Kohlenstoffdioxid durch die Verbrennung fossiler Energieträger freigesetzt wird, als durch die Photosynthese der Pflanzen gebunden wird.

Berücksichtigen Sie bei Ihren Berechnungen die folgenden Daten und Zusammenhänge:
Der Luftdruck betrage über der gesamten Erdoberfläche ($A = 4\pi \cdot r^2$) einheitlich $p_0 = 1013$ hPa.

Der Erdradius beträgt $r = 6370$ km

Für die Masse der Luft gilt:

$$m = \frac{p_0 \cdot A}{g} \quad (g \text{ ist die Erdbeschleunigung: } 9,81 \ \text{m·s}^{-2})$$

Die molaren Massen können durch die ganzzahligen Werte angenähert werden (Mittelwert für Luft: $29 \ \text{g·mol}^{-1}$).

Grundlegend für die Berechnung der Masse sind die Definitionen für die Druckeinheit Pascal und die Krafteinheit Newton:

$$1 \ \text{Pa} = 1 \ \frac{\text{N}}{\text{m}^2}$$

$$1 \ \text{N} = 1 \ \frac{\text{kg·m}}{\text{s}^2}$$

Berechnen Sie die folgenden Größen:

a) die Masse der Luft (in kg),

b) die Stoffmenge der Luft (in mol),

c) die Stoffmenge und die Masse des CO_2-Anteils,

d) die Masse des jährlich zusätzlich in die Atmosphäre gelangenden Kohlenstoffdioxids.
Welcher Masse an Kohlenstoff entspricht dieser Wert?

1.7 Der Kohlenstoffgehalt des Meerwassers in Form anorganischer Verbindungen (insbesondere also CO_2 und HCO_3^-) wird auf unterschiedliche Weise angegeben. So findet man Angaben für die Gesamtmenge (z. B. $36 \cdot 10^{12}$ t) und Angaben für die Massenkonzentration ($(C) = 28 \ \text{g·m}^{-3}$).
Prüfen Sie, ob die angegebenen Werte einander entsprechen.
Verwenden Sie dabei für das Gesamtvolumen des Meerwassers die Angabe $V = 1,34 \cdot 10^9 \ \text{km}^3$.

1.8 Welche Stoffmengen der folgenden Teilchenarten bzw. „Formeleinheiten" sind in 202 g des laborüblichen Eisen(III)-nitrat-Hydrats $Fe(NO_3)_3 \cdot 9 \ H_2O$ enthalten?

a) Fe^{3+} **b)** NO_3^- **c)** H_2O **d)** $Fe(NO_3)_3$

1.9 Wie viel Gramm der folgenden Stoffe werden benötigt, um jeweils 1 l einer Lösung mit der Konzentration 0,1 mol·l^{-1} herzustellen?

a) NaOH   **b)** $KMnO_4$ **c)** Na_2CO_3·10 H_2O

1.10 Eine bei 20 °C gesättigte NaCl-Lösung hat eine Dichte von 1,20 g·cm^{-3}.
Beim Eindampfen von 5,0 ml einer solchen Lösung blieben 1,584 g Natriumchlorid zurück.
Berechnen Sie den Massenanteil von NaCl in der Lösung sowie die Stoffmengenkonzentration.

1.11 Meerwasser hat bei 0 °C eine Dichte von 1,03 g·cm^{-3}. Der Salzgehalt beträgt $w = 3,5$ %. 78 % davon sind Natriumchlorid.

a) Wie viel Gramm Natriumchlorid sind demnach in 1 l Meerwasser enthalten? Berechnen Sie c(NaCl).

b) Das Gesamtvolumen des Meerwassers beträgt $1,34·10^9$ km^3. Welche Masse an Natriumchlorid ist demnach in den Meeren gelöst?

c) Welche Schichtdicke an Natriumchlorid ergäbe sich, wenn man das in den Meeren gelöste NaCl als Feststoff gleichmäßig auf der gesamten Landfläche der Erde ($145·10^6$ km^2) verteilen würde? (Dichte von NaCl: 2,2 g·cm^{-3})

1.12 Für die im Salzgehalt dem Blutplasma entsprechende *physiologische Kochsalz-Lösung* wird folgende Stoffmengenkonzentration angegeben:

$$c(Na^+) = c(Cl^-) = 154 \text{ mmol·l}^{-1}$$

Welche Masse an reinem Natriumchlorid wird für die Herstellung von 100 Litern einer solchen Lösung benötigt?

1.13 In einer Trinkwasserprobe wurde der Nitratgehalt bestimmt. Man ermittelte $c(NO_3^-) = 0,5$ mol·m^{-3}.
Vergleichen Sie dieses Ergebnis mit dem in der Trinkwasserverordnung festgesetzten Nitrat-Grenzwert von 50 mg·l^{-1}.

1.14 Für Trinkwasser gilt in Bezug auf Tetrachlorethen ein Grenzwert von 0,01 mg·l^{-1}.

a) Wie viele C_2Cl_4-Moleküle würde ein Liter Trinkwasser enthalten, wenn der Gehalt die Hälfte des Grenzwerts erreicht?

b) Rückstände von Pflanzenschutzmitteln dürfen in Trinkwasser insgesamt maximal 0,0005 mg·l^{-1} ausmachen.
Wie viele Moleküle wären das pro Liter, wenn man eine durchschnittliche molare Masse von 200 g·mol^{-1} annimmt?

1.15 Für krebserregende Arbeitsstoffe sind Technische Richtkonzentrationen (TRK) festgesetzt worden. In der Luft am Arbeitsplatz dürfen diese Werte nicht überschritten werden. Die TRK-Werte für Benzol ($M = 78$ g·mol^{-1}) und für Benzo[a]pyren ($M = 252$ g·mol^{-1}) betragen 16 mg·m^{-3} bzw. 0,002 mg·m^{-3}.

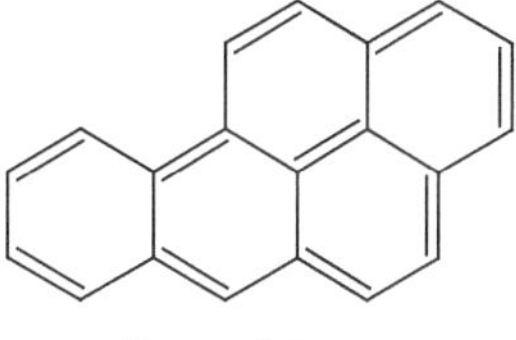

Benzo[a]pyren

Wie viele Moleküle dieser Stoffe dürfte ein Liter Atemluft am Arbeitsplatz maximal enthalten?

1.16 Im Praktikum sollten 200 ml einer Kupfersulfat-Lösung mit einer Konzentration von 0,2 mol·l^{-1} hergestellt werden. Eine Versuchsreihe mit dieser Lösung zeigte jedoch nicht die erwarteten Ergebnisse. Man musste daraus schließen, dass die Konzentration tatsächlich deutlich unterhalb des angegebenen Wertes lag. Bei der Suche nach dem Fehler fand sich im Protokoll die Aufklärung:

Die Einwaage war mit $M(CuSO_4) = 159,6$ g·mol^{-1} auf wasserfreies Kupfersulfat bezogen worden. Tatsächlich wurde Kupfersulfat aber als Pentahydrat eingesetzt.

a) Welche Einwaage wäre erforderlich gewesen?

b) Welche Einwaage hatte der Praktikant gemacht?
Welche Konzentration lag demnach in der Lösung vor?

1.17 Für den Praktikumsbetrieb sollten jeweils 500 ml Kupfersulfat-, Cobaltchlorid- und Eisen(III)-chlorid-Lösung mit einer Konzentration von 1 mol·l^{-1} hergestellt werden. Bei der Überprüfung der notierten Einwaagen stellte sich heraus, dass in allen Fällen mit den molaren Massen der wasserfreien Salze gerechnet wurde. Bei den im Labor eingesetzten Reagenzien handelt es sich jedoch um Hydrate:

$CuSO_4 \cdot 5\,H_2O$, $CoCl_2 \cdot 6\,H_2O$ und $FeCl_3 \cdot 6\,H_2O$

a) Welche Konzentrationen liegen in den Lösungen tatsäch-lich vor?

b) Die Lösungen können sinnvoll genutzt werden, um jeweils 1 l einer Lösung mit einer Konzentration von 0,5 mol$\cdot$l^{-1} herzustellen.

Erläutern Sie das Vorgehen und berechnen Sie die zusätzlich benötigten Einwaagen der betreffenden Reagenzien.

1.18 Zur Durchführung von Praktikumsexperimenten werden häufig Lösungen vorrätig gehalten. Ein Beispiel sind die zur Demonstration einer oszillierend verlaufenden Reaktion benötigten Lösungen. Für die besonders häufig diskutierte Briggs-Rauscher-Reaktion (mit einem sich häufig wiederholenden Farbwechsel von Blau über Gelb nach Farblos) benötigt man die folgenden Lösungen:

A: Malonsäure ($CH_2(COOH)_2$, 0,15 mol$\cdot$l^{-1})/
   Mangansulfat ($MnSO_4 \cdot H_2O$, 0,02 mol$\cdot$l^{-1})

B: Kaliumiodat (KIO_3, 0,2 mol$\cdot$l^{-1})/
   Schwefelsäure (H_2SO_4, 0,08 mol$\cdot$l^{-1})

C: Wasserstoffperoxid ($w(H_2O_2) = 10\,\%$)

a) Welche Mengen der genannten festen Stoffe müssen eingewogen werden, um jeweils 1 l der Lösungen A und B herzustellen?

b) Welches Volumen an konzentrierter Schwefelsäure ($w(H_2SO_4) = 96\,\%$, Dichte: 1,84 g$\cdot$ml^{-1}) wird für 1 l der Lösung B benötigt?

1.19 Von den im Labor benötigten Lösungen werden einige durch Verdünnen handelsüblicher konzentrierter Lösungen hergestellt.

Die wichtigsten Beispiele dafür sind:

verdünnte Salzsäure: $\qquad\qquad$ ($c(HCl) = 2$ mol$\cdot$l^{-1})

verdünnte Schwefelsäure: $\qquad$ ($c(H_2SO_4) = 1$ mol$\cdot$l^{-1})

verdünnte Salpetersäure: $\qquad$ ($c(HNO_3) = 2$ mol$\cdot$l^{-1})

verdünnte Ammoniak-Lösung: ($c(NH_3) = 2$ mol$\cdot$l^{-1})

Beim Auffüllen der Lösung A werden etwa 10 ml einer frisch zubereiteten Stärkelösung hinzugefügt. Die im Experiment beobachtete Blaufärbung geht also auf die Anwesenheit von Iod-Stärke zurück.

Welches Volumen der konzentrierten Lösung wird benötigt, um jeweils zwei Liter der verdünnten Lösung herzustellen?

Gehen Sie bei der Berechnung von folgenden Angaben aus:

konz. Salzsäure: $w(HCl) = 32\ \%$, $\varrho = 1{,}16\ g \cdot ml^{-1}$

konz. Schwefelsäure: $w(H_2SO_4) = 96\ \%$, $\varrho = 1{,}84\ g \cdot ml^{-1}$

konz. Salpetersäure: $w(HNO_3) = 65\ \%$, $\varrho = 1{,}39\ g \cdot ml^{-1}$

konz. Ammoniak-Lösung: $w(NH_3) = 25\ \%$, $\varrho = 0{,}91\ g \cdot ml^{-1}$

1.20 Bei der Herstellung von Nährmedien zur Kultur pflanzlicher Gewebe verwendet man eine Reihe von Stammlösungen anorganischer Stoffe. Ihre Konzentrationen sind 100mal so groß wie im fertigen Medium. 10 l des Nährmediums enthalten also je 100 ml der Stammlösungen A – G. Die Stoffe und die für die Herstellung von jeweils einem Liter einer Stammlösung einzusetzenden Mengen sind in der folgenden Tabelle angegeben:

Lösung	Verbindung	Einwaage
A	KNO_3	190 g
B	NH_4NO_3	165 g
C	$CaCl_2 \cdot 2\ H_2O$	44 g
D	$MgSO_4 \cdot 7\ H_2O$	37 g
E	KH_2PO_4	17 g
F	$Na_2H_2edta \cdot 2\ H_2O/FeSO_4 \cdot 7\ H_2O$	7,44 g/5,56 g
G	H_3BO_3	0,62 g
	$MnSO_4 \cdot 4\ H_2O$	2,23 g
	$ZnSO_4 \cdot 7\ H_2O$	0,86 g
	KI	83 mg
	$Na_2MoO_4 \cdot 2\ H_2O$	25 mg
	$CoCl_2 \cdot 6\ H_2O$	2,5 mg
	$CuSO_4 \cdot 5\ H_2O$	2,5 mg

$Na_2H_2edta \cdot 2\ H_2O \stackrel{\wedge}{=} Na_2C_{10}H_{14}N_2O_8 \cdot 2\ H_2O$

Neben den genannten anorganischen Verbindungen werden den Nährmedien auch Saccharose, Aminosäuren und Phytohormone zugesetzt.

a) Berechnen Sie die Stoffmengen der in jeweils einem Liter der Stammlösungen A – E gelösten Verbindungen.

b) Welche Stoffmengenkonzentrationen ergeben sich damit im fertigen Medium für die folgenden Ionen?
K^+, Mg^{2+}, Ca^{2+}, NH_4^+, $H_2PO_4^-$ und NO_3^-.

c) Welche Stoffmengenkonzentration ergibt sich für den in Lösung F gebildeten Eisen(II)-Komplex $[Fe(edta)]^{2-}$?

Zu 1.21–1.23:
Das Volumen einer Lösung zeigt häufig Abweichungen von der Summe der Volumina des gelösten Stoffs und des Lösemittels. Das Ausmaß dieses Effekts lässt sich errechnen, wenn man neben den Dichten der beteiligten Stoffe auch die Dichte der Lösung mit einem bestimmten Massenanteil des gelösten Stoffs kennt.

d) Berechnen Sie die Stoffmengenkonzentrationen der folgenden in Lösung G vorliegenden Teilchen: H_3BO_3, Mn^{2+}, Zn^{2+}, I^-, MoO_4^{2-}, Ca^{2+} und Cu^{2+}.

1.21 Verdünnte Natronlauge mit $w(NaOH) = 7,4\,\%$ hat bei 20 °C eine Dichte von $1,080\ \mathrm{g \cdot cm^{-3}}$, bei konzentrierter Natronlauge mit $w(NaOH) = 50\,\%$ beträgt die Dichte $1,525\ \mathrm{g \cdot cm^{-3}}$.
Die Dichte des festen Natriumhydroxids beträgt $2,1\ \mathrm{g \cdot cm^{-3}}$, die des Wassers $0,997\ \mathrm{g \cdot cm^{-3}}$ (bei 20 °C).

Wie groß ist jeweils die Summe der Volumina der in 1000 ml der Lösung enthaltenen Stoffe?

1.22 Die bei 20 °C gesättigten Lösungen von Natriumchlorid und Ammoniumchlorid haben eine Dichte von $1,201\ \mathrm{g \cdot cm^{-3}}$ ($w(NaCl) = 26,4\,\%$) bzw. $1,075\ \mathrm{g \cdot cm^{-3}}$ ($w(NH_4Cl) = 27,3\,\%$).

Vergleichen Sie die Summen der Volumina von Salz und Wasser in jeweils einem Liter dieser Lösungen.
($\varrho(NaCl) = 2,2\ \mathrm{g \cdot cm^{-3}}$ und $\varrho(NH_4Cl) = 1,5\ \mathrm{g \cdot cm^{-3}}$)

1.23 Schwefelsäure mit einem Massenanteil von 50 % hat bei 20 °C eine Dichte von $1,395\ \mathrm{g \cdot cm^{-3}}$, bei einem Massenanteil von 10 % beträgt die Dichte $1,066\ \mathrm{g \cdot cm^{-3}}$.

a) Berechnen Sie die Stoffmengenkonzentrationen dieser Lösungen.

b) Welche Volumenänderung ist mit der Bildung von jeweils einem Liter dieser Lösungen verbunden, wenn man von Wasser und wasserfreier Schwefelsäure ($w(H_2SO_4) = 100\,\%$, Dichte: $1,830\ \mathrm{g \cdot cm^{-3}}$) ausgeht?

1.24 Neben Nitrat-Ionen und Phosphat-Ionen sind Kalium-Ionen die wichtigsten Pflanzennährstoffe. Die zur Herstellung von Düngemitteln eingesetzten Kaliumsalze bezeichnet man allgemein als *Kali*salze. Der Gehalt an K^+-Ionen in Düngemitteln wird traditionell aber nicht direkt angegeben, sondern auf K_2O umgerechnet.

a) Welche Massenanteile an K_2O errechnet man für reines Kaliumsulfat sowie für reines Kaliumchlorid?

b) Welchen Massenanteil an Kaliumsulfat weist ein K_2SO_4-Handelsprodukt mit $w(K_2O) = 50\,\%$ auf?

c) Bei einem Mehrnährstoff-Dünger mit Kaliumchlorid als Kalisalz wird ein K_2O-Gehalt von 13 % angegeben. Mit welchem Massenanteil ist demnach Kaliumchlorid in dem Dünger enthalten?

1.25 Phosphatgehalte von Rohphosphaten und von Düngemitteln werden in der Regel als Massenanteil an Phosphor(V)-oxid berechnet. In diesem Zusammenhang wird die traditionelle Formel P_2O_5 verwendet (📖 1.3 und 19.11).

a) Das wichtigste Phosphormineral ist Apatit ($Ca_5(PO_4)_3F$). Welcher Wert für P_2O_5 ergibt sich für das reine Mineral?

b) Für ein Rohphosphat ergab die Analyse $w(P_2O_5) = 33$ %. Wie hoch ist der Massenanteil an Apatit in diesem Produkt?

c) Welchen Massenanteil an Calciumdihydrogenphosphat ($Ca(H_2PO_4)_2$) müsste ein Volldünger mit $w(P_2O_5) = 18$ % aufweisen?

1.26 Rohphosphate enthalten je nach Herkunft unterschiedliche Anteile an Cadmium als Verunreinigung: Bei der Bildung der Lagerstätten wurden statt Calcium-Ionen auch Cadmium-Ionen in den Apatit eingebaut. Die Cadmium-Gehalte liegen zwischen $1\ g \cdot t^{-1}$ und $65\ g \cdot t^{-1}$. Das in Deutschland überwiegend verarbeitete Rohphosphat aus Florida enthält durchschnittlich $8\ g \cdot t^{-1}$.

a) Welcher Stoffmengenanteil der Calcium-Ionen ist durch Cadmium-Ionen ersetzt, wenn man einen Apatit-Anteil von $w = 80$ % annimmt?

b) Wie viel Tonnen Cadmium werden mit den jährlich rund 700 000 t Rohphosphat aus Florida nach Deutschland importiert und mit den Düngemitteln verteilt?

1.27 Bei einem flüssigen Blumendünger wird ein Massenanteil von 2,2 % Nitrat-Stickstoff angegeben; d. h. 100 g der Lösung enthalten 2,2 g „Stickstoff" in Form von NO_3^--Ionen.

a) Welche Stoffmengenkonzentration $c(NO_3^-)$ liegt vor, wenn die Dichte der Lösung $1,18\ g \cdot ml^{-1}$ beträgt?

b) Welchem Massenanteil an Kaliumnitrat entspricht der Nitratgehalt?

Lösungen

1.1 $r(\text{Stecknadelkopf}) = 0,5$ mm

$$V = \frac{4}{3}\,\pi \cdot r^3 = 0,52 \text{ mm}^3$$

$$m = 0,52 \text{ mm}^3 \cdot 7,86 \text{ mg} \cdot \text{mm}^{-3}$$
$$= 4,1 \text{ mg}$$

$$n(\text{Fe}) = \frac{4,1 \text{ mg}}{56 \text{ g} \cdot \text{mol}^{-1}} = 0,073 \text{ mmol}$$

$$N(\text{Fe}) = n \cdot N_A = 0,073 \text{ mmol} \cdot 6,02 \cdot 10^{23} \text{ mol}^{-1}$$
$$= 0,073 \cdot 10^{-3} \text{ mol} \cdot 6,02 \cdot 10^{23} \text{ mol}^{-1}$$
$$= 0,073 \cdot 6,02 \cdot 10^{20}$$
$$= 0,44 \cdot 10^{20}$$

Länge der Fe-Kette:

$$l = 2 \cdot r(\text{Fe-Atom}) \cdot N(\text{Fe})$$
$$= 2 \cdot 126 \text{ pm} \cdot 0,44 \cdot 10^{20}$$
$$= 111 \cdot 10^{20} \text{ pm}$$

$1 \text{ g} \cdot \text{cm}^{-3} \mathrel{\hat=} 1 \text{ mg} \cdot \text{mm}^{-3}$

$$1 \text{ pm} = 10^{-12} \text{ m}$$
$$\Rightarrow l = 111 \cdot 10^{20} \cdot 10^{-12} \text{ m}$$
$$= 111 \cdot 10^{8} \text{ m}$$
$$= 11,1 \cdot 10^{6} \text{ km}$$

Zum Vergleich:
Die mittlere Entfernung des Mondes von der Erde beträgt 384 500 km. Die Kette der Eisen-Atome wäre demnach fast 29mal so lang.

1.2 a)

$$V(\text{Gold}) = \frac{0,01 \text{ g}}{19,3 \text{ g} \cdot \text{cm}^{-3}} = 0,000518 \text{ cm}^3$$

$$\Rightarrow h = \frac{V}{A} = \frac{5,18 \cdot 10^{-4} \text{ cm}^3}{100 \text{ cm}^2} = \frac{0,518 \text{ mm}^3}{10^{4} \text{ mm}^2}$$
$$= 5,18 \cdot 10^{-5} \text{ mm} = 5,18 \cdot 10^{4} \text{ pm}$$

b) Durchmesser des Gold-Atoms: $d = 288$ pm

Anzahl der Schichten: $N = \dfrac{5,18 \cdot 10^{4} \text{ pm}}{288 \text{ pm}} = 180$

1.3 a) $V_m = 24 \ \text{l} \cdot \text{mol}^{-1}$

$\Rightarrow n(1 \ \text{l Luft}) = \dfrac{1}{24} \ \text{mol} = 0{,}0417 \ \text{mol}$

Für die Zahl der Teilchen gilt: $N = n \cdot N_A$

Ein Liter Luft enthält demnach:

$N = 0{,}0417 \ \text{mol} \cdot 6{,}022 \cdot 10^{23} \ \text{mol}^{-1} = 2{,}5 \cdot 10^{22} \ \text{Teilchen}$

b) $1 \ \text{ppb} = 10^{-9}$

$N(\text{Xe}) = 2{,}5 \cdot 10^{22} \cdot 87 \cdot 10^{-9}$

$\qquad\quad = 2{,}175 \cdot 10^{15}$

c) Einwohnerzahl: $\approx 80 \cdot 10^6$

$N(\text{Xe}) = \dfrac{2{,}175 \cdot 10^{15}}{80 \cdot 10^6} = 2{,}7 \cdot 10^7$

1.4 a) $180 \ \mu\text{g} \cdot \text{m}^{-3} \ \widehat{=} \ 0{,}18 \ \mu\text{g} \cdot \text{l}^{-1}$

$M(\text{O}_3) = 48 \ \text{g} \cdot \text{mol}^{-1}$

$\Rightarrow m(\text{O}_3) = 0{,}18 \ \mu\text{g}$

$n(\text{O}_3) = \dfrac{0{,}18 \ \mu\text{g}}{48 \ \text{g} \cdot \text{mol}^{-1}} = 0{,}00375 \ \mu\text{mol} = 3{,}75 \ \text{nmol}$

$\Rightarrow c(\text{O}_3) = 3{,}75 \ \text{nmol} \cdot \text{l}^{-1} \qquad (1 \ \text{nmol} = 10^{-9} \ \text{mol})$

b) $N(\text{O}_3) = n \cdot N_A$

$\qquad\qquad = 3{,}75 \cdot 10^{-9} \ \text{mol} \cdot 6{,}022 \cdot 10^{23} \ \text{mol}^{-1}$

$\qquad\qquad = 2{,}3 \cdot 10^{15}$

1.5 a) $V(\text{Luft}) = 38 \ \text{m}^2 \cdot 2{,}85 \ \text{m} = 108{,}3 \ \text{m}^3$

$1 \ \text{m}^3 = 1000 \ \text{dm}^3$

$\Rightarrow m(\text{Luft}) = 1{,}20 \ \text{kg} \cdot \text{m}^{-3} \cdot 108{,}3 \ \text{m}^3 = 130 \ \text{kg}$

b) $V(\text{flüssige Luft}) = \dfrac{130 \ \text{kg}}{0{,}9 \ \text{kg} \cdot \text{l}^{-1}} = 144 \ \text{l}$

Wie die Rechnung zeigt, ist selbst bei den seltensten Elementen die Anzahl der Atome unvorstellbar groß.

Dieses Beispiel macht deutlich, dass auch bei sehr kleinen Konzentrationen, die analytisch oft nur mit großem Aufwand bestimmt werden können, die Anzahl der Teilchen pro Volumen immer noch extrem groß erscheint.

1.6 a) $m(\text{Luft}) = \dfrac{p_0 \cdot A}{g}$

$$= \frac{1013 \ \text{hPa} \cdot 5{,}10 \cdot 10^8 \ \text{km}^2}{9{,}81 \ \text{m} \cdot \text{s}^{-2}}$$

$$= \frac{5{,}27 \cdot 10^{10} \ \text{hPa} \cdot \text{km}^2 \cdot \text{s}^2}{\text{m}}$$

Mit $1 \ \text{Pa} = 1 \dfrac{\text{N}}{\text{m}^2} = \dfrac{1 \ \text{kg} \cdot \text{m}}{\text{s}^2} \cdot \dfrac{1}{\text{m}^2}$

$$= 1 \frac{\text{kg}}{\text{m} \cdot \text{s}^2} \quad \text{folgt}:$$

$$m(\text{Luft}) = 5{,}27 \cdot 10^{10} \cdot \frac{10^2 \ \text{kg}}{\text{m} \cdot \text{s}^2} \cdot 10^6 \ \text{m}^2 \cdot \frac{\text{s}^2}{\text{m}}$$

$$= 5{,}27 \cdot 10^{18} \ \text{kg}$$

b) $n(\text{Luft}) = \dfrac{m(\text{Luft})}{M(\text{Luft})} = \dfrac{5{,}27 \cdot 10^{18} \ \text{kg}}{29 \ \text{g} \cdot \text{mol}^{-1}}$

$$= 1{,}82 \cdot 10^{17} \ \text{kg} \cdot \text{mol} \cdot \text{g}^{-1}$$

$$= 1{,}82 \cdot 10^{20} \ \text{mol}$$

c) $n(\text{CO}_2) = \varphi(\text{CO}_2) \cdot n(\text{Luft})$

$$= 380 \cdot 10^{-6} \cdot 1{,}82 \cdot 10^{20} \ \text{mol}$$

$$= 6{,}92 \cdot 10^{16} \ \text{mol}$$

$m(\text{CO}_2) = n(\text{CO}_2) \cdot M(\text{CO}_2)$

$$= 6{,}92 \cdot 10^{16} \ \text{mol} \cdot 44 \ \text{g} \cdot \text{mol}^{-1}$$

$$= 3{,}04 \cdot 10^{18} \ \text{g}$$

$$= 3{,}04 \cdot 10^{15} \ \text{kg}$$

d) jährlicher Anstieg:

$\Delta n(\text{CO}_2) = \Delta \varphi(\text{CO}_2) \cdot n(\text{Luft})$

$$= 1{,}8 \cdot 10^{-6} \cdot 1{,}82 \cdot 10^{20} \ \text{mol}$$

$$= 3{,}28 \cdot 10^{14} \ \text{mol}$$

$$\Delta m(CO_2) = \Delta n(CO_2) \cdot M(CO_2)$$
$$= 3,28 \cdot 10^{14} \ mol \cdot 44 \ g \cdot mol^{-1}$$
$$= 1,44 \cdot 10^{16} \ g$$
$$= 1,44 \cdot 10^{13} \ kg$$

Umrechnung auf Kohlenstoff:

$$\Delta m(C) = \Delta m(CO_2) \cdot \frac{M(C)}{M(CO_2)}$$
$$= 1,44 \cdot 10^{13} \ kg \cdot \frac{12 \ g \cdot mol^{-1}}{44 \ g \cdot mol^{-1}}$$
$$= 3,93 \cdot 10^{12} \ kg$$
$$= 3,93 \cdot 10^{9} \ t$$

1.7

$$\beta(C) = 28 \ g \cdot m^{-3} = 0,028 \ kg \cdot m^{-3}$$
$$V(\text{Meerwasser}) = 1,34 \cdot 10^{9} \ km^3 = 1,34 \cdot 10^{18} \ m^3$$

$$1 \ km = 10^3 \ m$$
$$1 \ km^2 = 10^6 \ m^2$$
$$1 \ km^3 = 10^9 \ m^3$$

$$m(C) = \beta \cdot V$$
$$= 0,028 \ kg \cdot m^{-3} \cdot 1,34 \cdot 10^{18} \ m^3$$
$$= 0,028 \cdot 1,34 \cdot 10^{18} \ kg$$
$$- 0,0375 \cdot 10^{18} \ kg$$
$$= 37,5 \cdot 10^{12} \ t$$

Der für die Gesamtmenge an Kohlenstoff mit $36 \cdot 10^{12}$ t angegebene Wert entspricht demnach sehr gut der Angabe für die Massenkonzentration.

1.8 $M(Fe(NO_3)_3 \cdot 9 \ H_2O) = 404 \ g \cdot mol^{-1}$

Die Stoffmenge des Salzes beträgt also 0,5 mol.

a) 0,5 mol **b)** 1,5 mol **c)** 4,5 mol **d)** 0,5 mol

1.9 a) $M(NaOH) = 40 \ g \cdot mol^{-1}$
$$\Rightarrow m = 4,0 \ g$$

b) $M(KMnO_4) = 158 \ g \cdot mol^{-1}$
$$\Rightarrow m = 15,8 \ g$$

c) $M(Na_2CO_3 \cdot 10 \ H_2O) = 286 \ g \cdot mol^{-1}$
$$\Rightarrow m = 28,6 \ g$$

1.10 *Massenanteil:*

$m(\text{Lösung}) = 5 \text{ ml} \cdot 1{,}20 \text{ g} \cdot \text{cm}^{-3} = 6{,}0 \text{ g}$

$$w(\text{NaCl}) = \frac{1{,}584 \text{ g}}{6{,}0 \text{ g}} = 0{,}264 \,\hat{=}\, 26{,}4 \text{ \%}$$

Stoffmengenkonzentration:

1 l der Lösung hat eine Masse von 1200 g.

$w(\text{NaCl}) = 26{,}4 \text{ \%}$

$\Rightarrow m(\text{NaCl}) = 1200 \text{ g} \cdot 0{,}264 = 316{,}8 \text{ g}$

$M(\text{NaCl}) = 58{,}5 \text{ g} \cdot \text{mol}^{-1}$

$$\Rightarrow c(\text{NaCl}) = \frac{316{,}8 \text{ g} \cdot \text{l}^{-1}}{58{,}5 \text{ g} \cdot \text{mol}^{-1}} = 5{,}42 \text{ mol} \cdot \text{l}^{-1}$$

1.11 a) $m(\text{NaCl}) = 1000 \text{ ml} \cdot 1{,}03 \text{ g} \cdot \text{ml}^{-1} \cdot 0{,}035 \cdot 0{,}78$

$$= 28 \text{ g}$$

Ein Liter enthält 28 g Kochsalz:

Mit $M(\text{NaCl}) = 58{,}5 \text{ g} \cdot \text{mol}^{-1}$ ergibt sich:

$$c(\text{NaCl}) = \frac{28 \text{ g} \cdot \text{l}^{-1}}{58{,}5 \text{ g} \cdot \text{mol}^{-1}} = 0{,}48 \text{ mol} \cdot \text{l}^{-1}$$

Die Konzentration der Lösung beträgt $0{,}48 \text{ mol} \cdot \text{l}^{-1}$.

b) 1 m^3 Meerwasser enthält 28 kg Salz.

In 1 km^3 (10^9 m^3) sind demnach $28 \cdot 10^9 \text{ kg} = 28 \cdot 10^6 \text{ t}$ Natriumchlorid gelöst.

Für die gelöste Gesamtmenge gilt also:

$m(\text{NaCl}) = 1{,}34 \cdot 10^9 \text{ km}^3 \cdot 28 \cdot 10^6 \text{ t} \cdot \text{km}^{-3} = 37{,}5 \cdot 10^{15} \text{ t}$

$1 \text{ g} \cdot \text{cm}^{-3} = 1 \text{ kg} \cdot \text{dm}^{-3}$
$= 1 \text{ t} \cdot \text{m}^{-3}$

c) $\varrho(\text{NaCl}) = 2{,}2 \text{ t} \cdot \text{m}^{-3}$

$$\Rightarrow V(\text{NaCl}) = \frac{37{,}5 \cdot 10^{15} \text{ t}}{2{,}2 \text{ t} \cdot \text{m}^{-3}} = 17 \cdot 10^{15} \text{ m}^3$$

$A(\text{Landfläche}) = 145 \cdot 10^6 \text{ km}^2 = 145 \cdot 10^{12} \text{ m}^2$

$$\Rightarrow \text{Schichtdicke} = \frac{17 \cdot 10^{15} \text{ m}^3}{145 \cdot 10^{12} \text{ m}^2} = 117 \text{ m}$$

1.12 $n(\text{NaCl}) = 0{,}154 \text{ mol} \cdot \text{l}^{-1} \cdot 100 \text{ l} = 15{,}4 \text{ mol}$

$M(\text{NaCl}) = 58{,}44 \text{ g} \cdot \text{mol}^{-1}$

$\Rightarrow m(\text{NaCl}) = 58{,}44 \text{ g} \cdot \text{mol}^{-1} \cdot 15{,}4 \text{ mol} = 900 \text{ g}$

1.13 $M(\text{NO}_3^-) = 62 \ \text{g} \cdot \text{mol}^{-1}$

Der Nitrat-Grenzwert entspricht also:

$$\frac{50 \ \text{mg} \cdot \text{l}^{-1}}{62 \ \text{g} \cdot \text{mol}^{-1}} = 0{,}81 \ \text{mmol} \cdot \text{l}^{-1} = 0{,}81 \ \text{mol} \cdot \text{m}^{-3}$$

Der ermittelte Gehalt entspricht 62 % des Grenzwerts.

1.14 a) $M(\text{C}_2\text{Cl}_4) = 165{,}8 \ \text{g} \cdot \text{mol}^{-1}$

$$n(\text{C}_2\text{Cl}_4) = \frac{0{,}005 \ \text{mg}}{165{,}8 \ \text{g} \cdot \text{mol}^{-1}} = 3{,}02 \cdot 10^{-5} \ \text{mmol}$$

$$= 3{,}02 \cdot 10^{-8} \ \text{mol}$$

$$N(\text{C}_2\text{Cl}_4) = 3{,}02 \cdot 10^{-8} \ \text{mol} \cdot 6{,}022 \cdot 10^{23} \ \text{mol}^{-1}$$

$$= 1{,}82 \cdot 10^{16}$$

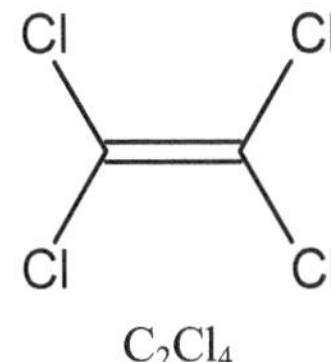

Ein Liter würde 18 200 Billionen C_2Cl_4-Moleküle enthalten.

b) $n = \dfrac{0{,}0005 \ \text{mg}}{200 \ \text{g} \cdot \text{mol}^{-1}} = 2{,}5 \cdot 10^{-6} \ \text{mmol}$

$$= 2{,}5 \cdot 10^{-9} \ \text{mol}$$

$$N = 2{,}5 \cdot 10^{-9} \ \text{mol} \cdot 6{,}022 \cdot 10^{23} \ \text{mol}^{-1}$$

$$= 1{,}5 \cdot 10^{15}$$

Ein Liter Trinkwasser könnte bis zu 1500 Billionen Moleküle von Pflanzenschutzmitteln enthalten.

1.15 $16 \ \text{mg} \cdot \text{m}^{-3} \triangleq 0{,}016 \ \text{mg} \cdot \text{l}^{-1}$

$$\Rightarrow n(\text{Benzol}) = \frac{0{,}016 \ \text{mg}}{78 \ \text{g} \cdot \text{mol}^{-1}} = 2{,}05 \cdot 10^{-4} \ \text{mmol}$$

$$= 2{,}05 \cdot 10^{-7} \ \text{mol}$$

$$N(\text{Benzol}) = 2{,}05 \cdot 10^{-7} \ \text{mol} \cdot 6{,}022 \cdot 10^{23} \ \text{mol}^{-1}$$

$$= 12{,}3 \cdot 10^{16} = 123 \ 000 \cdot 10^{12}$$

Ein Liter Luft darf maximal 123 000 Billionen Moleküle Benzol enthalten.

$$n(\text{Benzo[a]pyren}) = \frac{2\cdot 10^{-6}\ \text{mg}}{252\ \text{mg}\cdot\text{mmol}^{-1}} = 7,9\cdot 10^{-9}\ \text{mmol}$$

$$= 7,9\cdot 10^{-12}\ \text{mol}$$

$$N(\text{Benzo[a]pyren}) = 7,9\cdot 10^{-12}\ \text{mol}\cdot 6,022\cdot 10^{23}\ \text{mol}^{-1}$$

$$= 4,76\cdot 10^{12}$$

Ein Liter Luft darf maximal 4,8 Billionen Moleküle Benzo[*a*]pyren enthalten.

1.16 a) Erforderliche Stoffmenge:

$$n = 0,2\ \text{mol}\cdot\text{l}^{-1}\cdot 0,2\ \text{l} = 0,04\ \text{mol}$$

$$M(\text{CuSO}_4\cdot 5\,\text{H}_2\text{O}) = 249,7\ \text{g}\cdot\text{mol}^{-1}$$

$$\Rightarrow m = 0,04\ \text{mol}\cdot 249,7\ \text{g}\cdot\text{mol}^{-1} = 9,988\ \text{g}$$

b) $M(\text{CuSO}_4) = 159,6\ \text{g}\cdot\text{mol}^{-1}$

$$\Rightarrow m = 0,04\ \text{mol}\cdot 159,6\ \text{g}\cdot\text{mol}^{-1} = 6,384\ \text{g}$$

Da statt des in der Rechnung angenommenen wasserfreien Sulfats tatsächlich das Pentahydrat eingesetzt wurde, ist die Stoffmenge an CuSO_4 entsprechend kleiner als 0,04 mol:

$$m(\text{CuSO}_4\cdot 5\,\text{H}_2\text{O}) = 6,384\ \text{g}$$

$$\Rightarrow n = \frac{6,384\ \text{g}}{249,7\ \text{g}\cdot\text{mol}^{-1}} = 0,0256\ \text{mol}$$

Für die tatsächliche Konzentration der Lösung ergibt sich:

$$c(\text{CuSO}_4) = \frac{0,0256\ \text{mol}}{0,2\ \text{l}} = 0,128\ \text{mol}\cdot\text{l}^{-1}$$

1.17 a)

$$M(\text{CuSO}_4) = 159,6\,\text{g}\cdot\text{mol}^{-1}; \quad M(\text{CuSO}_4\cdot 5\,\text{H}_2\text{O}) = 249,7\,\text{g}\cdot\text{mol}^{-1}$$

$$M(\text{CoCl}_2) = 129,8\,\text{g}\cdot\text{mol}^{-1}; \quad M(\text{CoCl}_2\cdot 6\,\text{H}_2\text{O}) = 237,9\,\text{g}\cdot\text{mol}^{-1}$$

$$M(\text{FeCl}_3) = 162,2\,\text{g}\cdot\text{mol}^{-1}; \quad M(\text{FeCl}_3\cdot 6\,\text{H}_2\text{O}) = 270,3\,\text{g}\cdot\text{mol}^{-1}$$

Die tatsächliche Konzentration ergibt sich als Produkt aus dem Sollwert (1 mol·l⁻¹) und dem Verhältnis der molaren Massen:

$$c(\text{CuSO}_4) = 1\ \text{mol}\cdot\text{l}^{-1}\cdot\frac{159,6}{249,7} = 0,64\ \text{mol}\cdot\text{l}^{-1}$$

$$c(\text{CoCl}_2) = 1\ \text{mol}\cdot\text{l}^{-1}\cdot\frac{129,8}{237,9} = 0,55\ \text{mol}\cdot\text{l}^{-1}$$

$$c(\text{FeCl}_3) = 1 \ \text{mol} \cdot l^{-1} \cdot \frac{162,2}{270,3} = 0,60 \ \text{mol} \cdot l^{-1}$$

b) Die mit der falschen Konzentration zubereiteten Lösungen werden jeweils vollständig in einen 1 l-Messkolben überführt. Man setzt dazu einen Trichter auf den 1 l-Messkolben, gießt die Lösung ein und spült schließlich den 500 ml-Kolben zweimal mit Wasser nach. Dann füllt man jeweils die zusätzlich benötigte Menge des Hydrats in den Messkolben und löst das Salz unter leichtem Schütteln. Anschließend wird mit demineralisiertem Wasser aufgefüllt. Dabei wird mehrfach umgeschwenkt. Sobald die Flüssigkeit die Ringmarke erreicht, setzt man einen Stopfen auf und schüttelt etwa 1 min. Der Flüssigkeitsstand wird dann erneut geprüft und ggf. durch Zutropfen von Wasser korrigiert.

Die zusätzlich benötigten Stoffmengen der Hydrate ergeben sich als Differenz aus der Sollmenge (0,5 mol) und der in der falsch zubereiteten Lösung bereits enthaltenen Menge:

$$n(\text{CuSO}_4 \cdot 5\,\text{H}_2\text{O}) = (0,5 - 0,32) \ \text{mol} = 0,18 \ \text{mol}$$
$$n(\text{CoCl}_2 \cdot 6\,\text{H}_2\text{O}) = (0,5 - 0,275) \ \text{mol} = 0,225 \ \text{mol}$$
$$n(\text{FeCl}_3 \cdot 6\,\text{H}_2\text{O}) = (0,5 - 0,30) \ \text{mol} = 0,20 \ \text{mol}$$

Erforderliche Einwaagen:

$$m(\text{CuSO}_4 \cdot 5\,\text{H}_2\text{O}) = 0,18 \ \text{mol} \cdot 249,7 \ \text{g} \cdot \text{mol}^{-1} = 44,95 \ \text{g}$$
$$m(\text{CoCl}_2 \cdot 6\,\text{H}_2\text{O}) = 0,225 \ \text{mol} \cdot 237,9 \ \text{g} \cdot \text{mol}^{-1} = 53,53 \ \text{g}$$
$$m(\text{FeCl}_3 \cdot 6\,\text{H}_2\text{O}) = 0,20 \ \text{mol} \cdot 270,3 \ \text{g} \cdot \text{mol}^{-1} = 54,06 \ \text{g}$$

1.18 a)
$$M(\text{CH}_2(\text{COOH})_2) = 104 \ \text{g} \cdot \text{mol}^{-1}$$
$$M(\text{MnSO}_4 \cdot \text{H}_2\text{O}) = 169 \ \text{g} \cdot \text{mol}^{-1}$$
$$M(\text{KIO}_3) = 214 \ \text{g} \cdot \text{mol}^{-1}$$

Lösung A:

$$m(\text{CH}_2(\text{COOH})_2) = 0,15 \ \text{mol} \cdot 104 \ \text{g} \cdot \text{mol}^{-1} = 15,6 \ \text{g}$$
$$m(\text{MnSO}_4 \cdot \text{H}_2\text{O}) = 0,02 \ \text{mol} \cdot 169 \ \text{g} \cdot \text{mol}^{-1} = 3,4 \ \text{g}$$

Lösung B:

$$m(\text{KIO}_3) = 0,2 \ \text{mol} \cdot 214 \ \text{g} \cdot \text{mol}^{-1} = 42,8 \ \text{g}$$

b) Die Masse der in 1 ml der konzentrierten Lösung enthaltenen Schwefelsäure beträgt:

$$m(H_2SO_4) = 1 \text{ ml} \cdot 1,84 \text{ g} \cdot \text{ml}^{-1} \cdot 0,96 = 1,77 \text{ g}$$

$$M(H_2SO_4) = 98 \text{ g} \cdot \text{mol}^{-1}$$

1 ml enthält also die folgende Stoffmenge:

$$n(H_2SO_4) = \frac{1,77 \text{ g}}{98 \text{ g} \cdot \text{mol}^{-1}} = 0,018 \text{ mol}$$

Hinweis: Häufig ist es bequemer, auch die Schwefelsäure einzuwiegen:

$$m(H_2SO_4, \text{konz.})$$
$$= 4,4 \text{ ml} \cdot 1,84 \text{ g} \cdot \text{ml}^{-1} = 8,1 \text{ g}$$

Für 1 l der Lösung B ist Schwefelsäure mit einer Stoffmenge von 0,080 mol erforderlich.

$$V(H_2SO_4,\text{konz.}) = \frac{0,080 \text{ mol}}{0,018 \text{ mol} \cdot \text{ml}^{-1}} = 4,4 \text{ ml}$$

Neben dem hier ausführlich dargestellten Lösungsweg werden vielfach auch andere Schrittfolgen vorgeschlagen.

1.19 Man notiere zunächst die Stoffmenge, die in dem gewünschten Volumen der verdünnten Lösung enthalten sein muss:

$$n = c \cdot V$$

$$\Rightarrow n_1(HCl) = n_1(HNO_3) = n_1(NH_3) = 2 \text{ mol} \cdot \text{l}^{-1} \cdot 2 \text{ l} = 4 \text{ mol}$$

$$n_1(H_2SO_4) = 1 \text{ mol} \cdot \text{l}^{-1} \cdot 2 \text{ l} = 2 \text{ mol}$$

Anschließend berechnet man, welche Stoffmenge n_2 jeweils in einem Liter der konzentrierten Lösung enthalten ist.

Neben der molaren Masse M benötigt man dazu die Masse m_1 des in einem Liter der konzentrierten Lösung enthaltenen Stoffs. Diese Masse ergibt sich aus den Werten für Dichte und Massenanteil:

$$m_1 = V \cdot \varrho \cdot w$$

$$m_1(HCl) = 1 \text{ l} \cdot 1,16 \text{ kg} \cdot \text{l}^{-1} \cdot 0,32 = 371 \text{ g}$$

$$m_1(H_2SO_4) = 1 \text{ l} \cdot 1,84 \text{ kg} \cdot \text{l}^{-1} \cdot 0,96 = 1\,766 \text{ g}$$

$$m_1(HNO_3) = 1 \text{ l} \cdot 1,39 \text{ kg} \cdot \text{l}^{-1} \cdot 0,65 = 904 \text{ g}$$

$$m_1(NH_3) = 1 \text{ l} \cdot 0,91 \text{ kg} \cdot \text{l}^{-1} \cdot 0,25 = 228 \text{ g}$$

Mit $M(HCl) = 36,5 \text{ g} \cdot \text{mol}^{-1}$, $M(H_2SO_4) = 98 \text{ g} \cdot \text{mol}^{-1}$

$M(HNO_3) = 63 \text{ g} \cdot \text{mol}^{-1}$, $M(NH_3) = 17 \text{ g} \cdot \text{mol}^{-1}$

erhält man die folgenden Werte für n_2:

$$n_2(\text{HCl}) = \frac{371 \text{ g}}{36,5 \text{ g} \cdot \text{mol}^{-1}} = 10,2 \text{ mol}$$

$$n_2(\text{H}_2\text{SO}_4) = \frac{1\,766 \text{ g}}{98 \text{ g} \cdot \text{mol}^{-1}} = 18,0 \text{ mol}$$

$$n_2(\text{HNO}_3) = \frac{904 \text{ g}}{63 \text{ g} \cdot \text{mol}^{-1}} = 14,3 \text{ mol}$$

$$n_2(\text{NH}_3) = \frac{228 \text{ g}}{17 \text{ g} \cdot \text{mol}^{-1}} = 13,4 \text{ mol}$$

Das benötigte Volumen ergibt sich über das jeweilige Verhältnis der Stoffmengen n_1 und n_2:

$$V = 1\,\text{l} \cdot \frac{n_1}{n_2}$$

Die benötigten Volumina der konzentrierten Lösungen betragen demnach:

Salzsäure: $V = 1\,\text{l} \cdot \dfrac{4 \text{ mol}}{10,2 \text{ mol}} = 0,392 \text{ l} = 392 \text{ ml}$

Schwefelsäure: $V = 1\,\text{l} \cdot \dfrac{2 \text{ mol}}{18 \text{ mol}} = 0,111 \text{ l} = 111 \text{ ml}$

Salpetersäure: $V = 1\,\text{l} \cdot \dfrac{4 \text{ mol}}{14,3 \text{ mol}} = 0,280 \text{ l} = 280 \text{ ml}$

Ammoniak-Lösung: $V = 1\,\text{l} \cdot \dfrac{4 \text{ mol}}{13,4 \text{ mol}} = 0,299 \text{ l} = 299 \text{ ml}$

1.20 Für die in der Tabelle angeführten Verbindungen ergeben sich die folgenden Werte der molaren Masse:

101,1 $\text{g} \cdot \text{mol}^{-1}$ (KNO_3)

80 $\text{g} \cdot \text{mol}^{-1}$ (NH_4NO_3)

147 $\text{g} \cdot \text{mol}^{-1}$ ($\text{CaCl}_2 \cdot 2\,\text{H}_2\text{O}$)

246,5 $\text{g} \cdot \text{mol}^{-1}$ ($\text{MgSO}_4 \cdot 7\,\text{H}_2\text{O}$)

136,1 $\text{g} \cdot \text{mol}^{-1}$ (KH_2PO_4)

372,2 $\text{g} \cdot \text{mol}^{-1}$ ($\text{Na}_2\text{H}_2\text{edta} \cdot 2\,\text{H}_2\text{O}$) $\triangleq$ ($\text{Na}_2\text{C}_{10}\text{H}_{14}\text{N}_2\text{O}_8 \cdot 2\,\text{H}_2\text{O}$)

Zu H_4edta als Komplexbildner vergleiche 📖 12.6.

278 $\text{g} \cdot \text{mol}^{-1}$ ($\text{FeSO}_4 \cdot 7\,\text{H}_2\text{O}$)

61,8 $\text{g} \cdot \text{mol}^{-1}$ (H_3BO_3)

223,1 $\text{g} \cdot \text{mol}^{-1}$ ($\text{MnSO}_4 \cdot 4\,\text{H}_2\text{O}$)

287,5 $\text{g} \cdot \text{mol}^{-1}$ ($\text{ZnSO}_4 \cdot 7\,\text{H}_2\text{O}$)

166 $\text{g} \cdot \text{mol}^{-1}$ (KI)

242 g·mol^{-1} (Na$_2$MoO$_4$·2 H$_2$O)

237,9 g·mol^{-1} (CoCl$_2$·6 H$_2$O)

249,7 g·mol^{-1} (CuSO$_4$·5 H$_2$O)

a) $\quad n = \dfrac{m}{M}$

A $\quad n(\text{KNO}_3) = \dfrac{190}{101,1}$ mol $= 1,88$ mol

B $\quad n(\text{NH}_4\text{NO}_3) = \dfrac{165}{80}$ mol $= 2,06$ mol

C $\quad n(\text{CaCl}_2 \cdot 2\,\text{H}_2\text{O}) = \dfrac{44}{147}$ mol $= 0,30$ mol

D $\quad n(\text{MgSO}_4 \cdot 7\,\text{H}_2\text{O}) = \dfrac{37}{246,5}$ mol $= 0,15$ mol

E $\quad n(\text{KH}_2\text{PO}_4) = \dfrac{17}{136,1}$ mol $= 0,125$ mol

b) $\quad c(\text{K}^+) = 0,01 \cdot (1,88 + 0,125)\ \text{mol} \cdot \text{l}^{-1}$

$$= 0,02\ \text{mol} \cdot \text{l}^{-1} = 20\ \text{mmol} \cdot \text{l}^{-1}$$

$c(\text{Mg}^{2+}) = 0,00125\ \text{mol} \cdot \text{l}^{-1} = 1,25\ \text{mmol} \cdot \text{l}^{-1}$

$c(\text{Ca}^{2+}) = 0,003\ \text{mol} \cdot \text{l}^{-1} = 3\ \text{mmol} \cdot \text{l}^{-1}$

$c(\text{NH}_4^+) = 0,0206\ \text{mol} \cdot \text{l}^{-1} = 20,6\ \text{mmol} \cdot \text{l}^{-1}$

$c(\text{H}_2\text{PO}_4^-) = 0,00125\ \text{mol} \cdot \text{l}^{-1} = 1,25\ \text{mmol} \cdot \text{l}^{-1}$

$c(\text{NO}_3^-) = 0,01 \cdot (1,88 + 2,06)\ \text{mol} \cdot \text{l}^{-1}$

$$= 0,0394\ \text{mol} \cdot \text{l}^{-1} = 39,4\ \text{mmol} \cdot \text{l}^{-1}$$

c) $\quad n(\text{Na}_2\text{H}_2\text{edta} \cdot 2\,\text{H}_2\text{O}) = \dfrac{7,44}{372,2}$ mol $= 0,02$ mol

$n(\text{FeSO}_4 \cdot 7\,\text{H}_2\text{O}) = \dfrac{5,56}{278}$ mol $= 0,02$ mol

$\Rightarrow n\left([\text{Fe(edta)}]^{2-}\right) = 0,02$ mol

$c\left([\text{Fe(edta)}]^{2-}\right) = 0,02\ \text{mol} \cdot \text{l}^{-1}$

d) $\quad c(\text{H}_3\text{BO}_3) = \dfrac{0,62\ \text{g} \cdot \text{l}^{-1}}{61,8\ \text{g} \cdot \text{mol}^{-1}}$

$$= 0,01\ \text{mol} \cdot \text{l}^{-1} = 10\ \text{mmol} \cdot \text{l}^{-1}$$

$$c(\mathrm{Mn}^{2+}) = c(\mathrm{MnSO_4 \cdot 4\,H_2O}) = \frac{2,23\ \mathrm{g \cdot l^{-1}}}{223,1\ \mathrm{g \cdot mol^{-1}}}$$

$$= 0,01\ \mathrm{mol \cdot l^{-1}} = 10\ \mathrm{mmol \cdot l^{-1}}$$

$$c(\mathrm{Zn}^{2+}) = c(\mathrm{ZnSO_4 \cdot 7\,H_2O}) = \frac{0,86\ \mathrm{g \cdot l^{-1}}}{287,5\ \mathrm{g \cdot mol^{-1}}}$$

$$= 0,003\ \mathrm{mol \cdot l^{-1}} = 3\ \mathrm{mmol \cdot l^{-1}}$$

$$c(\mathrm{I}^-) = c(\mathrm{KI}) = \frac{83\ \mathrm{mg \cdot l^{-1}}}{166\ \mathrm{g \cdot mol^{-1}}} = 0,5\ \mathrm{mmol \cdot l^{-1}}$$

$$c(\mathrm{MoO_4^{2-}}) = c(\mathrm{Na_2MoO_4 \cdot 2\,H_2O}) = \frac{25\ \mathrm{mg \cdot l^{-1}}}{242\ \mathrm{g \cdot mol^{-1}}}$$

$$= 0,1\ \mathrm{mmol \cdot l^{-1}}$$

$$c(\mathrm{Co}^{2+}) = c(\mathrm{CoCl_2 \cdot 6\,H_2O}) = \frac{2,5\ \mathrm{mg \cdot l^{-1}}}{237,9\ \mathrm{g \cdot mol^{-1}}}$$

$$= 0,01\ \mathrm{mmol \cdot l^{-1}}$$

$$c(\mathrm{Cu}^{2+}) = c(\mathrm{CuSO_4 \cdot 5\,H_2O}) = \frac{2,5\ \mathrm{mg \cdot l^{-1}}}{249,7\ \mathrm{g \cdot mol^{-1}}}$$

$$= 0,01\ \mathrm{mmol \cdot l^{-1}}$$

1.21 *Verdünnte Natronlauge:*

Ein Liter der Lösung hat eine Masse von 1080 g.
Das darin enthaltene Wasser (92,6 %) hat eine Masse von:

0,926·1080 g = 1000 g

Die Masse des gelösten Hydroxids beträgt:

0,074·1080 g = 80 g

$$V_1 = V(1000\ \mathrm{g\ Wasser}) = \frac{1000\ \mathrm{g}}{0,997\ \mathrm{g \cdot cm^{-3}}} = 1003\ \mathrm{cm^3}$$

$$V_2 = V(80\ \mathrm{g\ NaOH(s)}) = \frac{80\ \mathrm{g}}{2,1\ \mathrm{g \cdot cm^{-3}}} = 38\ \mathrm{cm^3}$$

$$V_1 + V_2 = 1041\ \mathrm{cm^3}$$

Konzentrierte Natronlauge:

Ein Liter der Lösung hat eine Masse von 1525 g, jeweils 762,5 g davon sind Wasser bzw. Natriumhydroxid.

$$V_1 = V(762,5\ \mathrm{g\ Wasser}) = \frac{762,5\ \mathrm{g}}{0,997\ \mathrm{g \cdot cm^{-3}}} = 765\ \mathrm{cm^3}$$

Hinweis: Der Unterschied im Ausmaß der Volumenänderung bei verdünnter und konzentrierter Natronlauge ist typisch für Lösungen salzartiger Stoffe: Der Effekt der Volumenkontraktion nimmt mit der Konzentration deutlich zu. Bezogen auf die Stoffmengenkonzentration ist er aber bei verdünnten Lösungen stärker ausgeprägt. Die Volumenverminderung bei der Bildung von Elektrolytlösungen lässt sich folgendermaßen erklären: Wasser-Moleküle in den Hydrathüllen der Ionen sind dichter gepackt als in reinem Wasser. Ursache dafür ist die starke elektrostatische Anziehung zwischen den Ionen und benachbarten Wasser-Molekülen.

$$V_2 = V\left(762,5 \text{ g NaOH(s)}\right) = \frac{762,5 \text{ g}}{2,1 \text{ g}\cdot\text{cm}^{-3}} = 363 \text{ cm}^3$$

$$V_1 + V_2 = 1128 \text{ cm}^3$$

Bei der Bildung der Lösung nimmt das Gesamtvolumen also um mehr als 10 % ab.

1.22 *Natriumchlorid*:

$$m(1 \text{ l Lösung}) = 1201 \text{ g}$$

$$\Rightarrow m\left(\text{NaCl(s)}\right) = 0,264\cdot1201 \text{ g} = 317 \text{ g}$$

$$m(\text{H}_2\text{O}) = (1201 - 317) \text{ g} = 884 \text{ g}$$

$$V_1 = V\left(\text{NaCl(s)}\right) = \frac{317 \text{ g}}{2,2 \text{ g}\cdot\text{cm}^{-3}} = 144 \text{ cm}^3$$

$$V_2 = V(\text{H}_2\text{O}) = \frac{884 \text{ g}}{0,997 \text{ g}\cdot\text{cm}^{-3}} = 887 \text{ cm}^3$$

$$V_1 + V_2 = 1031 \text{ cm}^3$$

Ammoniumchlorid:

$$m(1 \text{ l Lösung}) = 1075 \text{ g}$$

$$\Rightarrow m\left(\text{NH}_4\text{Cl(s)}\right) = 0,273\cdot1075 \text{ g} = 293,5 \text{ g}$$

$$m(\text{H}_2\text{O}) = (1075 - 293,5) \text{ g} = 781,5 \text{ g}$$

$$V_1 = V\left(\text{NH}_4\text{Cl(s)}\right) = \frac{293,5 \text{ g}}{1,5 \text{ g}\cdot\text{cm}^{-3}} = 196 \text{ cm}^3$$

$$V_2 = V(\text{H}_2\text{O}) = \frac{781,5 \text{ g}}{0,997 \text{ g}\cdot\text{cm}^{-3}} = 784 \text{ cm}^3$$

$$V_1 + V_2 = 980 \text{ cm}^3$$

Hinweis: Im Gegensatz zu praktisch allen anderen Salzen ist der Lösevorgang bei Ammoniumsalzen mit einer Volumenzunahme verbunden. Eine Erklärung ergibt sich aus folgender Betrachtung: Das tetraedrisch gebaute Ammonium-Ion kann vier Wasserstoffbrücken $(\text{N–H}\cdots\text{O})$ zu benachbarten Wasser-Molekülen ausbilden. Damit ergibt sich eine Struktur, die einem Ausschnitt aus der relativ weiträumigen Eisstruktur entspricht.

1.23 a) $w(\text{H}_2\text{SO}_4) = 50 \text{ \%}$, $\varrho = 1,395 \text{ g}\cdot\text{cm}^{-3}$

Ein Liter hat demnach eine Masse von 1395 g. Die darin enthaltene Schwefelsäure hat eine Masse von $0,5 \cdot 1395 \text{ g} = 697,5 \text{ g}$.

$$M(\text{H}_2\text{SO}_4) = 98,1 \text{ g}\cdot\text{mol}^{-1}$$

$$\Rightarrow c(\text{H}_2\text{SO}_4) = \frac{697,5 \text{ g}}{98,1 \text{ g}\cdot\text{mol}^{-1}} = 7,1 \text{ mol}\cdot\text{l}^{-1}$$

$w(\text{H}_2\text{SO}_4) = 10 \text{ \%}$, $\varrho = 1,066 \text{ g}\cdot\text{cm}^{-3}$

Ein Liter enthält 106,6 g Schwefelsäure.

$$\Rightarrow c(\text{H}_2\text{SO}_4) = 1,1 \text{ mol}\cdot\text{l}^{-1}$$

Dieser Wert entspricht etwa der laborüblichen verdünnten Schwefelsäure: $1 \text{ mol}\cdot\text{l}^{-1}$

b) $w(H_2SO_4) = 50\,\% \Rightarrow m(1\ l\ \text{Lösung}) = 1395\ g$

$\quad m(H_2SO_4) = 697,5\ g$

$\quad m(H_2O) = 697,5\ g$

$$V(H_2SO_4) = \frac{697,5\ g}{1,830\ g\cdot cm^{-3}} = 381,1\ cm^3$$

$$V(H_2O) = \frac{697,5\ g}{0,997\ g\cdot cm^{-3}} = 699,6\ cm^3$$

Die Summe der Volumina beträgt: $1080,7\ cm^3$.

Für die Volumenverminderung beim Lösevorgang ergibt sich damit:

$$\frac{80,7}{1080,7}\cdot 100\,\% = 7,5\,\%$$

1.24 a) $M(K_2SO_4) = 174,3\ g\cdot mol^{-1}$

$\qquad M(K_2O) = 94,2\ g\cdot mol^{-1}$

$\qquad M(KCl) = 74,6\ g\cdot mol^{-1}$

Da ein Mol K_2SO_4 genauso viele K^+-Ionen enthält wie 1 mol K_2O, ergibt sich $w(K_2O)$ direkt aus dem Verhältnis der molaren Massen:

$$w(K_2O) = \frac{M(K_2O)}{M(K_2SO_4)} = \frac{94,2\ g\cdot mol^{-1}}{174,3\ g\cdot mol^{-1}} = 0,54 \triangleq 54\,\%$$

Im Falle von Kaliumchlorid enthalten 2 mol genauso viele K^+-Ionen wie 1 mol K_2O. Der Wert für $w(K_2O)$ ist deshalb nur halb so groß wie das Verhältnis der molaren Massen:

$$w(K_2O) = \frac{M(K_2O)}{2\,M(KCl)} = \frac{94,2\ g\cdot mol^{-1}}{2\cdot 74,6\ g\cdot mol^{-1}} = 0,63 \triangleq 63\,\%$$

b) Für den K_2SO_4-Gehalt des Handelsprodukts (50 % K_2O) gilt:

$$w(K_2SO_4) = \frac{0,50}{0,54} = 0,93 \triangleq 93\,\%$$

c) $M(K_2O) = 94,2\ g\cdot mol^{-1}$; $M(KCl) = 74,6\ g\cdot mol^{-1}$

Aus einem Mol K_2O könnte man prinzipiell 2 mol KCl herstellen.

Für den Massenanteil an KCl gilt demnach:

$$w(KCl) = w(K_2O)\cdot \frac{2\,M(KCl)}{M(K_2O)} = 0,13\cdot \frac{2\cdot 74,6\ g\cdot mol^{-1}}{94,2\ g\cdot mol^{-1}}$$

$$= 0,206 \triangleq 20,6\,\%$$

Die Angabe des K_2O-Gehalts bei Düngemitteln hat nichts mit der tatsächlichen Zusammensetzung zu tun.

K_2O selbst hat auch sonst keine praktische Bedeutung.

1.25 a) $M(\mathrm{P_2O_5}) = 141,94 \ \mathrm{g \cdot mol^{-1}}$

$M(\mathrm{Ca_5(PO_4)_3\,F}) = 504,31 \ \mathrm{g \cdot mol^{-1}}$

$$n(\mathrm{P_2O_5}) = \frac{3}{2} \cdot n(\mathrm{Ca_5(PO_4)_3\,F})$$

$$w(\mathrm{P_2O_5}) = \frac{3}{2} \cdot \frac{M(\mathrm{P_2O_5})}{M(\mathrm{Ca_5(PO_4)_3\,F})} \cdot 100\,\%$$

$$= \frac{3}{2} \cdot \frac{141,94 \ \mathrm{g \cdot mol^{-1}}}{504,31 \ \mathrm{g \cdot mol^{-1}}} \cdot 100\,\% = 42,2\,\%$$

b) $\quad w(\mathrm{Apatit}) = \dfrac{33}{42,2} \cdot 100\,\% = 78,2\,\%$

c) $\quad n(\mathrm{Ca(H_2PO_4)_2}) = n(\mathrm{P_2O_5})$

$$w(\mathrm{Ca(H_2PO_4)_2}) = w(\mathrm{P_2O_5}) \cdot \frac{M(\mathrm{Ca(H_2PO_4)_2})}{M(\mathrm{P_2O_5})}$$

$$= 18\,\% \cdot \frac{234,05 \ \mathrm{g \cdot mol^{-1}}}{141,94 \ \mathrm{g \cdot mol^{-1}}} = 29,7\,\%$$

1.26 a) In 800 kg Apatit sind durchschnittlich 8 g Cadmium enthalten.

$$\Rightarrow n(\mathrm{Cd}) = \frac{8 \ \mathrm{g}}{112,4 \ \mathrm{g \cdot mol^{-1}}} = 7,1 \cdot 10^{-2} \ \mathrm{mol}$$

$$n(\mathrm{Ca_5(PO_4)_3\,F}) = \frac{800 \ \mathrm{kg}}{0,5043 \ \mathrm{kg \cdot mol^{-1}}} = 1586 \ \mathrm{mol}$$

$$n(\mathrm{Ca^{2+}}) = 5 \cdot 1586 \ \mathrm{mol} = 7930 \ \mathrm{mol}$$

Calcium-Ionen sind also in folgendem Stoffmengenanteil durch Cadmium-Ionen ersetzt:

$$\frac{7,1 \cdot 10^{-2} \ \mathrm{mol}}{7930 \ \mathrm{mol}} \cdot 100\,\% = 0,9 \cdot 10^{-3}\,\%$$

Auf rund 100 000 Calcium-Ionen entfällt ein Cadmium-Ion.

b) $700\,000 \ \mathrm{t} \cdot 0,008 \ \mathrm{kg \cdot t^{-1}} = 5600 \ \mathrm{kg} = 5,6 \ \mathrm{t}$

1.27 a) $M(\mathrm{N}) = 14\ \mathrm{g \cdot mol^{-1}}$

$$M(\mathrm{NO_3^-}) = 62\ \mathrm{g \cdot mol^{-1}}$$

2,2 % Nitrat-Stickstoff $\hat{=}$ 2,2 g "N" in 100 g Lösung

$$\Rightarrow n(\mathrm{N}) = \frac{2{,}2\ \mathrm{g}}{14\ \mathrm{g \cdot mol^{-1}}} = 0{,}0714\ \mathrm{mol}$$

$n(\mathrm{NO_3^-}) = n(\mathrm{N})$

$\Rightarrow n(\mathrm{NO_3^-}) = 0{,}0714\ \mathrm{mol}$ (in 100 g Lösung)

$\Rightarrow n(\mathrm{NO_3^-}) = 0{,}714\ \mathrm{mol \cdot kg^{-1} \cdot 1{,}18\ kg \cdot l^{-1}}$

$$= 0{,}843\ \mathrm{mol \cdot l^{-1}}$$

b) $M(\mathrm{KNO_3}) = 101{,}1\ \mathrm{g \cdot mol^{-1}}$

$$\Rightarrow w(\mathrm{KNO_3}) = \frac{0{,}843\ \mathrm{mol \cdot l^{-1} \cdot 101{,}1\ g \cdot mol^{-1}}}{1180\ \mathrm{g \cdot l^{-1}}}$$

(bzw. $w(\mathrm{KNO_3}) = 0{,}714\ \mathrm{mol \cdot kg^{-1} \cdot 0{,}1011\ kg \cdot mol^{-1}}$)

$$= 0{,}072 \hat{=} 7{,}2\ \%$$

2 Stöchiometrie – Stoffumsatz bei chemischen Reaktionen

Fremdwörterbücher definieren **Stöchiometrie** meist als die *Lehre von der mengenmäßigen Zusammensetzung chemischer Verbindungen und der mathematischen Berechnung chemischer Umsetzungen.*

Neben den in Kapitel 1 berücksichtigten Gehaltsangaben für Stoffe und Lösungen spielen Berechnungen zum Stoffumsatz bei chemischen Reaktionen die wichtigste Rolle. In der Regel ist die Zusammensetzung der beteiligten Stoffe bekannt. Man kann also auch ihre molaren Massen M angeben und Umrechnungen zwischen Stoffmenge und Masse einer Stoffportion durchführen:

$$n = \frac{m}{M} \quad \Leftrightarrow \quad m = \frac{n}{M}$$

Diese Beziehungen bilden die Basis für Berechnungen zu typischen Fragestellungen:

- Welche Massen der Ausgangsstoffe werden benötigt, damit sich eine bestimmte Masse eines Produkts herstellen lässt?

- Welche Masse eines Produkts kann aus der vorgegebenen Masse eines Ausgangsstoffs gebildet werden?

Eine allgemein anwendbare *Schrittfolge* zur Lösung solcher Aufgaben lässt sich folgendermaßen beschreiben:

1. Man formuliert die Reaktionsgleichung und notiert, welche Beziehung zwischen der Stoffmenge n_2 der gesuchten Stoffportion und der Stoffmenge n_1 der vorgegebenen Stoffportion besteht.

2. Mithilfe der molaren Masse M_1 wird dann die Stoffmenge n_1 berechnet; n_2 ergibt sich unter Berücksichtigung des Stoffmengenverhältnisses.

3. Die gesuchte Masse m_2 erhält man mithilfe der molaren Masse M_2:

$$m_2 = n_2 \cdot M_2$$

Beispiel: Durch Umsetzung von Kupfer(I)-oxid mit Wasserstoff sollen 100 g Kupferpulver hergestellt werden.
Welche Masse des Oxids ist erforderlich?

1. Reaktionsgleichung:

$$Cu_2O(s) + H_2(g) \ \rightarrow \ 2\,Cu(s) + H_2O(g)$$

Stoffmengenverhältnis:

$$n_1 = n(Cu),\ n_2 = n(Cu_2O)$$

$$\Rightarrow n(Cu_2O) = \frac{1}{2}\,n(Cu)$$

2. $M_1 = M(Cu) = 63{,}55\ \text{g} \cdot \text{mol}^{-1}$

$$\Rightarrow n_1 = n(Cu) = \frac{100\ \text{g}}{63{,}55\ \text{g} \cdot \text{mol}^{-1}} = 1{,}574\ \text{mol}$$

$$\Rightarrow n_2 = n(Cu_2O) = \frac{1{,}574\ \text{mol}}{2} = 0{,}787\ \text{mol}$$

3. $M_2 = M(Cu_2O) = 143{,}1\ \text{g} \cdot \text{mol}^{-1}$

$$\Rightarrow m_2 = m(Cu_2O) = n_2 \cdot M_2$$

$$= 0{,}787\ \text{mol} \cdot 143{,}1\ \text{g} \cdot \text{mol}^{-1} = 112{,}6\ \text{g}$$

Es müssen also (mindestens) 112,6 g Kupfer(I)-oxid reduziert werden.

Aufgaben

2.1 a) Das wasserfreie weiße Kupfersulfat wird meist durch Erhitzen von blauem Kupfersulfat ($CuSO_4 \cdot 5\ H_2O$) hergestellt. Wie viel Gramm des Hydrats müssen entwässert werden, wenn man 100 g des wasserfreien Salzes benötigt?

b) Aus 2,38 g eines Nickel(II)-chlorid-Hydrats erhält man durch Erhitzen 1,3 g des wasserfreien gelben $NiCl_2$. Welche Zusammensetzung hatte das Hydrat?

c) 10 g Gips ($CaSO_4 \cdot 2\ H_2O$) wurden im Trockenschrank auf 130 °C erwärmt. Dabei nahm die Masse um 1,57 g ab. Welche Zusammensetzung hatte das erhaltene Produkt?

2.2 a) Wie viel Gramm Eisen entstehen durch die Thermitreaktion bei einem molaren Formelumsatz?

$$3\ Fe_3O_4 + 8\ Al\ \rightarrow\ 9\ Fe + 4\ Al_2O_3$$

b) Welche Massen an Eisenoxid und Aluminium enthält das Reaktionsgemisch?

2.3 Es gibt drei verschiedene Bleioxide: Das gelbe Blei(II)-oxid (PbO), die rote Mennige (Pb_3O_4 bzw. $Pb_2^{II} Pb^{IV} O_4$) und das braune Blei(IV)-oxid (PbO_2).
Wie viel Blei entsteht, wenn man jeweils ein Gramm dieser Oxide im Wasserstoffstrom reduziert?

2.4 Wie viel Gramm Zink werden mindestens benötigt, um durch Umsetzung mit verdünnter Schwefelsäure zwei Liter Wasserstoff herzustellen (20 °C, 1013 hPa)?

2.5 Für Versuchszwecke werden zwei Liter des Gases Phosphan (PH_3) benötigt (20 °C, 1013 hPa). Man setzt dazu weißen Phosphor mit heißer Kalilauge um:

$$P_4(s) + 3\ OH^-(aq) + 3\ H_2O(l)\ \rightarrow\ PH_3(g) + 3\ H_2PO_2^-(aq)$$

Wie viel Gramm Phosphor werden mindestens benötigt?

2.6 Bei der Verbrennung von Schwefel an Luft beobachtet man neben der Bildung von Schwefeldioxid auch etwas Schwefeltrioxid-Rauch. Die quantitative Untersuchung der Reaktion in einer mit Sauerstoff gefüllten Kolbenproberapparatur (20 °C, 1013 hPa) brachte folgende Ergebnisse:

• Nach dem Abkühlen ist nur eine geringe Volumenabnahme (< 1 ml) festzustellen.

• Die Absorption der aus 80 mg Schwefel gebildeten Reaktionsprodukte in Natronlauge führt zu einer Volumenminderung um 60 ml.

Werten Sie die beiden Beobachtungen aus.

2.7 Beim Erhitzen von Kaliumpermanganat ($KMnO_4$) entweicht Sauerstoff. In Lehrbüchern findet man widersprüchliche Reaktionsgleichungen:

$$2\,KMnO_4 \;\rightarrow\; K_2MnO_4 + MnO_2 + O_2$$

$$5\,KMnO_4 \;\rightarrow\; K_2MnO_4 + K_3MnO_4 + 3\,MnO_2 + 3\,O_2$$

Um zu entscheiden, welche Gleichung zutrifft, wurde ein Experiment durchgeführt. Man erhielt aus 474 mg Kaliumpermanganat 43 ml Sauerstoff (1013 hPa, 20 °C).

2.8 Rohphosphate enthalten als eigentliches Phosphatmineral Apatit, $Ca_5(PO_4)_3F$.

a) Wie viel Phosphorsäure könnte man aus einer Tonne eines Rohphosphats gewinnen, das Apatit mit einem Massenanteil von 78 % enthält?

b) Für den Einsatz als Düngemittel wird Apatit in Calciumdihydrogenphosphat ($Ca(H_2PO_4)_2$) überführt. Dabei entsteht Calciumsulfat als Nebenprodukt. Das Gemisch dieser beiden Produkte wird als *Superphosphat* bezeichnet. Wie viel von diesem Gemisch bildet sich jeweils aus einem Kilogramm reinem Apatit?
Gehen Sie bei der Berechnung von der folgenden Reaktionsgleichung aus:

$$2\,Ca_5(PO_4)_3F + 7\,H_2SO_4 \;\rightarrow\; 3\,Ca(H_2PO_4)_2 + 7\,CaSO_4 + 2\,HF$$

2.9 Apatit ($Ca_5(PO_4)_3F$) kann statt Fluorid-Ionen zu einem erheblichen Anteil auch Hydroxyd-Ionen enthalten.

a) Welcher Massenanteil w an Fluorid ergibt sich für reinen Apatit?

b) Bezogen auf den Apatit-Anteil eines Rohphosphats ergab die Analyse $w(F^-) = 2{,}5\,\%$. In welchem Stoffmengenanteil sind in dem Apatit Hydroxid-Ionen enthalten?

c) Wie viel Hexafluorokieselsäure (H_2SiF_6) könnte man aus 100 000 t Rohphosphat mit $w(F^-) = 2{,}8\ \%$ gewinnen, falls man den Fluorid-Anteil zu 70 % in das Endprodukt überführen könnte?

2.10 Sulfidische Erze werden vor der Weiterverarbeitung durch Rösten in das Oxid überführt.

Beim Abrösten eines ZnS-haltigen Konzentrats werden in einer Anlage stündlich 15 t verarbeitet. Dabei werden 28 000 m^3 Luft eingeblasen. Der darin enthaltene Sauerstoff wird zu 60 % in den Produkten (ZnO/SO_2) gebunden. Welcher Massenanteil an ZnS im Konzentrat lässt sich aus diesen Daten abschätzen?

2.11 Erklären Sie die folgenden Beobachtungen:

Erhitzt man eine Probe der Verbindung $Co(NH_3)_4(H_2O)_2Cl_3$ im Trockenschrank, so nimmt die Masse um 6,7 % ab.

Eine Lösung des entstandenen Produkts zeigt bei gleicher Konzentration eine um fast 40 % geringere Leitfähigkeit als der ursprüngliche Stoff.

2.12 Bei der Titration von 100 ml einer Wasserprobe mit EDTA-Maßlösung ($c = 0{,}02\ \text{mol}\cdot\text{l}^{-1}$) zur Bestimmung der Gesamthärte wurden 19,7 ml bis zum Umschlag des Indikators benötigt.

Bei einer zweiten Titration in stärker alkalischer Lösung wurden 17,0 ml verbraucht. Unter diesen Bedingungen werden die Mg^{2+}-Ionen als Hydroxid gefällt, sodass sie nicht mit EDTA reagieren.

a) Wie groß sind die Konzentrationen (in $\text{mmol}\cdot\text{l}^{-1}$) an $Ca^{2+}(aq)$ und an $Mg^{2+}(aq)$ in der Wasserprobe?

b) Wie groß ist die Gesamthärte in °d?

c) Wie viel Gramm Seife (Natriumstearat, $C_{17}H_{35}COONa$) würden von 100 l dieses Wassers unter Bildung von Kalkseifen verbraucht werden?

2.13 Zur Bestimmung des Phosphatgehalts eines flüssigen Blumendüngers wurden die Phosphat-Ionen aus 10 ml Lösung zunächst vollständig als $MgNH_4PO_4\cdot6\,H_2O$ gefällt. Der Niederschlag wurde in einem Porzellanfiltertiegel gesammelt und durch Erhitzen in das Diphosphat ($Mg_2P_2O_7$) überführt. Die Wägung ergab $m(Mg_2P_2O_7) = 467{,}5$ mg.

Hinweis: Zu den chemischen Grundlagen komplexometrischer Bestimmungen vergleiche man 📖 12.6.

$1\ \text{mmol}\cdot\text{l}^{-1} \mathrel{\widehat{=}} 5{,}6\ °d$
Früher wurde der Gehalt an Härtebildnern in Wasser allgemein in *Grad deutscher Härte* (°d) angegeben. Die Gesamtkonzentration an Mg^{2+}- und Ca^{2+}-Ionen wurde damit auf eine Massenkonzentration an CaO umgerechnet:
$1\ °d \mathrel{\widehat{=}} \beta(CaO) = 10\ \text{mg}\cdot\text{l}^{-1}$

Das zunächst gefällte $MgNH_4PO_4\cdot6\,H_2O$ eignet sich nicht für die Wägung, da es beim Trocknen einen Teil des Hydrat-Wassers verliert.

Welche Konzentration an PO_4^{3-}-Ionen (bzw. $HPO_4^{2-}/H_2PO_4^-$) ergibt sich daraus für den Blumendünger?

2.14 Für Untersuchungen im Labor werden 20 g der Komplexverbindung $[CoCO_3(NH_3)_5]_2SO_4 \cdot 3\,H_2O$ benötigt. Ausgangsprodukt für die Synthese ist ein handelsübliches Cobalt(II)-Salz: $CoSO_4 \cdot 7\,H_2O$.

Nach den bisherigen Erfahrungen mit einer bestimmten Arbeitsvorschrift kann man mit einer Ausbeute von 60 % rechnen. Man findet also nur 60 % der eingesetzten Stoffmenge an Cobalt in der gewünschten Verbindung wieder. Der Rest geht mit der Mutterlauge und durch die Bildung von Nebenprodukten verloren.

Wie viel Gramm Cobaltsulfat ($CoSO_4 \cdot 7\,H_2O$) müssen eingesetzt werden, um die benötigte Menge des Produkts herzustellen?

2.15 Bei der Neutralisation von Salzsäure mit Natronlauge tritt ein Volumeneffekt auf, der bei der üblichen Arbeitstechnik nicht auffällt.

Das Volumen der Natriumchlorid-Lösung ist etwas größer als die Summe der Volumina der zusammengegebenen Lösungen. Mit den laborüblichen verdünnten Lösungen ($2\ mol \cdot l^{-1}$) lässt sich dieser Effekt leicht zeigen, wenn man beispielsweise je 50 ml der Lösungen in einen 100 ml-Messkolben pipettiert.

Die mit der Neutralisation verbundene Volumenänderung lässt sich mithilfe der tabellierten Werte für die Dichten der entsprechenden Lösungen rechnerisch abschätzen.

a) Betrachten Sie als Beispiel die Umsetzung von je 500 ml Salzsäure ($2\ mol \cdot l^{-1}$, Dichte: $1{,}035\ g \cdot cm^{-3}$) mit 500 ml Natronlauge ($2\ mol \cdot l^{-1}$, Dichte: $1{,}080\ g \cdot cm^{-3}$).

Die Dichte der entstehenden NaCl-Lösung ($\approx 1\ mol \cdot l^{-1}$) beträgt $1{,}038\ g \cdot cm^{-3}$.

b) Geben Sie eine Erklärung für den Effekt der Volumenver-größerung.

2.16 Das in Deutschland geförderte Erdgas enthält zu einem erheblichen Anteil Schwefelwasserstoff. Da Schwefelwasserstoff giftig ist und bei der Verbrennung zudem das umweltschädliche Schwefeldioxid entstehen würde, muss H_2S-haltiges Erdgas entschwefelt werden. Mithilfe des Claus-Verfahrens (📖 20.5) erzeugt man dabei elementaren Schwefel, der überwiegend für die Synthese von Schwefelsäure genutzt wird.

Berechnen Sie den durchschnittlichen Volumenanteil an Schwefelwasserstoff im geförderten Erdgas, ausgehend von folgenden Daten für das Jahr 2002:

Fördermenge: $22{,}7 \cdot 10^9 \, m^3$ (20 °C, 1013hPa)

Schwefelproduktion (aus Erdgas): $1{,}25 \cdot 10^6$ t

Hinweis: Die deutsche Förderung entspricht etwa 20 % des Gesamtverbrauchs an Erdgas.
Die Förderung und die damit zusammenhängende Gewinnung von Schwefel erfolgt zu 96 % in einigen Regionen Niedersachsens.

2.17 In Statistiken wird die Produktion an Stickstoffdüngemitteln jeweils nur mit der Masse des darin gebundenen Stickstoffs angegeben. Die jährliche Weltproduktion beispielsweise entspricht rund $90 \cdot 10^6$ t „N". Unter den industriell erzeugten Produkten spielen Harnstoff ($OC(NH_2)_2$) und Ammoniumnitrat die größte Rolle. Ihre Jahresproduktion enthält zusammengenommen rund $80 \cdot 10^6$ t „N"; rund 80 % davon entfallen auf Harnstoff.

a) Berechnen Sie aus diesen Angaben, welche Menge an Harnstoff jährlich weltweit produziert wird.

b) Welche Menge an Ammoniumnitrat wird jährlich produziert?

2.18 Ein indischer Hobbychemiker machte 1996 Schlagzeilen in der Weltpresse mit einer erstaunlichen Vorführung:

Er gab 55 g Blätter und Rinde einer überall wachsenden Pflanze zu einem Liter Leitungswasser, fügte ein paar Tropfen Essig hinzu und kochte das Gemisch 10 min lang. Nach dem Abkühlen gab er einige bisher geheime Chemikalien hinzu. (Man vermutet, dass es sich um Katalysatoren handelte.)

Nach einer halben Stunde waren 460 ml Benzin entstanden. Eine chemische Analyse bestätigte, dass es sich um reine Kohlenwasserstoffe handelte.

Ein Sprecher des Wissenschaftsministeriums zeigte sich

überzeugt, dass es sich nicht um einen Taschenspielertrick handelte.

a) Aus welchen Angaben lässt sich schließen, dass es sich hier doch um eine Täuschung handeln muss?

b) Vergleichen Sie das eingesetzte pflanzliche Material und das angeblich erhaltene Benzin in Bezug auf die Masse des Kohlenstoffs. Gehen Sie dabei von folgenden Annahmen aus:

- Der Massenanteil an Kohlenstoff in pflanzlichem Material ist (unter Berücksichtigung des Wassergehalts) nicht größer als 40 %.

- Die Dichte von Benzin beträgt etwa $0{,}72 \ \mathrm{g \cdot ml^{-1}}$.

- Der Kohlenstoffgehalt von Benzin entspricht etwa dem von Octan (C_8H_{18}).

c) Welche Masse an Octan hätte sich maximal aus dem pflanzlichen Material gewinnen lassen?

2.19 Bei Kraftfahrzeugen wird heute der durchschnittliche CO_2-Ausstoß in $\mathrm{g \cdot km^{-1}}$ angegeben.
Welcher Wert ergibt sich aus den folgenden Angaben für den Durchschnittsverbrauch auf 100 km?

a) 8,8 l Ottokraftstoff

b) 6,7 l Dieselkraftstoff

c) 10,4 l Flüssiggas

Gehen Sie für die Berechnung davon aus, dass in diesem Zusammenhang die physikalisch-chemischen Eigenschaften der Kraftstoffe denen der folgenden Reinstoffe entsprechen:

A   Octan (C_8H_{18}), $\varrho = 0{,}70 \ \mathrm{kg \cdot l^{-1}}$

B   Hexadecan ($C_{16}H_{34}$), $\varrho = 0{,}77 \ \mathrm{kg \cdot l^{-1}}$

C   Propan (C_3H_8), $\varrho = 0{,}55 \ \mathrm{kg \cdot l^{-1}}$

2.20 Längerer Aufenthalt in schlecht belüfteten Räumen beeinträchtigt das Wohlbefinden erheblich. Man spricht in diesem Zusammenhang von „verbrauchter Luft" und stellt sich dabei vor, dass der Sauerstoffgehalt in der Luft merklich kleiner geworden ist.

a) Überprüfen Sie diese Einschätzung durch eine Berechnung für eine Situation, die vereinfacht durch folgende Angaben beschrieben werden soll:

- Fünf Personen halten sich zwei Stunden in einem luftdicht abgeschlossenen Raum auf, der 80 m^3 Luft enthält.

- Der Volumenanteil an Sauerstoff und an Kohlenstoffdioxid entspricht anfänglich den Werten für die Atmosphäre:

$\varphi(O_2) = 21\ \%$, $\varphi(CO_2) = 0{,}04\ \%$

- Jeder Mensch atmet pro Minute 8 l Luft ein und wieder aus. Die ausgeatmete Luft enthält 5,2 % Kohlenstoffdioxid.

- Der Stoffwechsel wird vereinfacht als Oxidation von Glucose beschrieben:

$C_6H_{12}O_6(aq) + 6\ O_2(g) \rightarrow 6\ CO_2(g) + 6\ H_2O(l)$

b) Welcher Masse an Glucose entspricht die ausgeatmete Menge an Kohlenstoffdioxid?

2.21 In Einfamilienhäusern werden häufig Erdgas-Brennwertgeräte zur Beheizung eingesetzt. Der bei der Verbrennung von Methan entstehende Wasserdampf wird also weitgehend kondensiert, sodass durch die freiwerdende Kondensationswärme der Wirkungsgrad der Heizungsanlage steigt.

a) Welche Stoffmenge an Wasserdampf entsteht, wenn innerhalb eines Jahres insgesamt 2500 m^3 Methan (20 °C, 1013 hPa) verbrannt werden?

b) Wie viel flüssiges Wasser fällt an, wenn die Kondensation zu 80 % erfolgt?

Lösungen

2.1 a) Masse der zu entwässernden Hydratportion:

$$\frac{M(CuSO_4 \cdot 5\ H_2O)}{M(CuSO_4)} \cdot 100\ \text{g} = \frac{249,7}{159,6} \cdot 100\ \text{g} = 156,3\ \text{g}$$

b) $m(NiCl_2) = 1,3$ g; $M(NiCl_2) = 129,6$ g·mol^{-1}

$$\Rightarrow n(NiCl_2) = \frac{1,3\ \text{g}}{129,6\ \text{g} \cdot \text{mol}^{-1}} = 0,01\ \text{mol}$$

$m(H_2O) = 1,08$ g; $M(H_2O) = 18$ g·mol^{-1}

$$\Rightarrow n(H_2O) = \frac{1,08\ \text{g}}{18\ \text{g} \cdot \text{mol}^{-1}} = 0,06\ \text{mol}$$

Die Zusammensetzung des Hydrats entspricht also dem folgenden Stoffmengenverhältnis:

$$\frac{n(H_2O)}{n(NiCl_2)} = \frac{0,06\ \text{mol}}{0,01\ \text{mol}} = 6$$

Es handelt sich um das laborübliche Hexahydrat $NiCl_2 \cdot 6\ H_2O$.

c) $M(CaSO_4 \cdot 2\ H_2O) = 172,2$ g·mol^{-1};
$\quad M(2\ H_2O) = 36,0$ g·mol^{-1}

Wasseranteil in 10 g Gips:

$$\frac{36,0}{172,2} \cdot 10\ \text{g} = 2,09\ \text{g}$$

Davon werden $\dfrac{1,57}{2,09} \cdot 100\ \% = 75\ \%$ abgegeben.

Es bleibt also $CaSO_4 \cdot \frac{1}{2} H_2O$ zurück.

2.2 a) Es entstehen 9·55,85 g = 502,65 g Eisen.

b) Zusammensetzung des Reaktionsgemisches:

$m(Fe_3O_4) = 3 \cdot 231,5$ g = 694,5 g
$m(Al) = 8 \cdot 26,98$ g = 215,84 g

2.3 Das aus 1 g PbO entstehende Blei hat folgende Masse:

$$m(Pb) = \frac{M(Pb)}{M(PbO)} \cdot 1\ \text{g} = \frac{207,2}{223,2} \cdot 1\ \text{g} = 0,928\ \text{g}$$

Für Pb_3O_4 gilt:

$$m(Pb) = \frac{3\ M(Pb)}{M(Pb_3O_4)} \cdot 1\ \text{g} = \frac{621,6}{685,6} \cdot 1\ \text{g} = 0,907\ \text{g}$$

Für PbO_2 gilt entsprechend:

$$m(Pb) = \frac{M(Pb)}{M(PbO_2)} \cdot 1 \text{ g} = \frac{207,2}{239,2} \cdot 1 \text{ g} = 0,866 \text{ g}$$

2.4 $\quad n(H_2) = \dfrac{2 \text{ l}}{24 \text{ l} \cdot \text{mol}^{-1}} = 0,083 \text{ mol}$

$$Zn(s) + H_2SO_4(aq) \rightleftharpoons Zn^{2+}(aq) + SO_4^{2-}(aq) + H_2(g)$$

$n(H_2) = n(Zn)$

Man benötigt also die gleiche Stoffmenge an Zink.

$$\Rightarrow m(Zn) = 0,083 \text{ mol} \cdot 65,4 \text{ g} \cdot \text{mol}^{-1} = 5,43 \text{ g}$$

2.5 Nach der angegebenen Gleichung ergibt 1 mol weißer Phosphor 1 mol PH_3.

$M(P_4) = 124 \text{ g} \cdot \text{mol}^{-1}$

$$n(PH_3) = \frac{2 \text{ l}}{24 \text{ l} \cdot \text{mol}^{-1}} = 0,083 \text{ mol}$$

$0,083 \text{ mol} \cdot 124 \text{ g} \cdot \text{mol}^{-1} = 10,3 \text{ g}$ weißer Phosphor.

2.6 Für die Stoffmenge des Schwefels gilt:

$$n(S) = \frac{80 \text{ mg}}{32 \text{ mg} \cdot \text{mmol}^{-1}} = \frac{80}{32} \text{ mmol} = 2,50 \text{ mmol}$$

Zur Überführung des Schwefels in SO_2 werden also 2,50 mmol O_2 benötigt.

Für die Stoffmenge des gebundenen Sauerstoffs ergibt sich:

$$n(O_2) = \frac{60 \text{ ml}}{24 \text{ ml} \cdot \text{mmol}^{-1}} = \frac{60}{24} \text{ mmol} = 2,53 \text{ mmol}$$

Demnach sind zusätzlich 0,03 mmol O_2 für die Bildung von SO_3 aus SO_2 verbraucht worden, sodass 0,06 mmol SO_3 entstehen konnten:

$$2\,SO_2(g) + O_2(g) \rightarrow 2\,SO_3(g)$$

Der Anteil der SO_3-Moleküle im Produktgemisch beträgt damit:

$$\frac{0,06 \text{ mmol}}{2,50 \text{ mmol}} = 0,024 = 2,4 \text{ \%}$$

2.7 $\quad M(KMnO_4) = 158 \text{ g} \cdot \text{mol}^{-1}$

$$\Rightarrow n(KMnO_4) = \frac{474 \text{ mg}}{158 \text{ g} \cdot \text{mol}^{-1}} = 3 \text{ mmol}$$

Für die Stoffmenge des Sauerstoffs erhält man:

$$\frac{43 \text{ ml}}{24 \text{ ml}\cdot\text{mmol}^{-1}} = 1,8 \text{ mmol}$$

Aus 1 mmol $KMnO_4$ werden demnach 0,6 mmol O_2 freigesetzt. Dieser Befund entspricht dem Stoffmengenverhältnis der zweiten Gleichung.

Die zuerst angegebene Gleichung, die man in den meisten Lehr- und Experimentierbüchern findet, ist also falsch.

2.8 a) $M(Ca_5(PO_4)_3F) = 504,3 \text{ g}\cdot\text{mol}^{-1}$

$$780 \text{ kg } Ca_5(PO_4)_3\,F \triangleq \frac{780}{0,5043} \text{ mol} = 1546,7 \text{ mol}$$

1 mol $Ca_5(PO_4)_3\,F$ liefert 3 mol H_3PO_4;

$$M(H_3PO_4) = 98,0 \text{ g}\cdot\text{mol}^{-1}$$

$$m(H_3PO_4) = 3\cdot1546,7 \text{ mol}\cdot98,0 \text{ g}\cdot\text{mol}^{-1} = 454,7 \text{ kg}$$

Man könnte (theoretisch) 454,7 kg Phosphorsäure gewinnen.

b) $M(Ca(H_2PO_4)_2) = 234,05 \text{ g}\cdot\text{mol}^{-1}$

$$M(CaSO_4) = 136,14 \text{ g}\cdot\text{mol}^{-1}$$

$$1 \text{ kg } Ca_5(PO_4)_3\,F \triangleq \frac{1000 \text{ g}}{504,3 \text{ g}\cdot\text{mol}^{-1}} = 1,983 \text{ mol}$$

1 mol Apatit liefert 1,5 mol $Ca(H_2PO_4)_2$ und 3,5 mol $CaSO_4$:

$$1,5 \text{ mol}\cdot234,05 \text{ g}\cdot\text{mol}^{-1} + 3,5 \text{ mol}\cdot136,14 \text{ g}\cdot\text{mol}^{-1}$$
$$= 351,1 \text{ g} + 476,5 \text{ g} = 827,6 \text{ g}$$

Aus 1 kg Apatit (1,983 mol) erhält man also die folgende Masse an Superphosphat:

$$1,983\cdot827,6 \text{ g} = 1641 \text{ g}$$

2.9 a) $w(F^-) = \dfrac{M(F^-)}{M(Ca_5(PO_4)_3\,F)}\cdot100 \%$

$$= \frac{19 \text{ g}\cdot\text{mol}^{-1}}{504,3 \text{ g}\cdot\text{mol}^{-1}}\cdot100 \% = 3,77 \%$$

b) Der Fluoridgehalt von 2,5 % entspricht damit folgendem Anteil des maximalen Gehalts:

$$\frac{2,5}{3,77}\cdot100 \% = 66,3 \%$$

c) $M(H_2SiF_6) = 144 \ \text{g·mol}^{-1}$

Fluoridanteil in 100 000 t Rohphosphat:

$m(F^-) = 0{,}028 \cdot 100\ 000 \ \text{t} = 2800 \ \text{t}$

$$n(H_2SiF_6) = \frac{1}{6} \cdot n(F^-)$$

$$m(H_2SiF_6) = \frac{1}{6} \cdot 0{,}7 \cdot \frac{m(F^-)}{M(F^-)} \cdot M(H_2SiF_6)$$

$$= \frac{1}{6} \cdot 0{,}7 \cdot \frac{2800 \ \text{t}}{19 \ \text{g·mol}^{-1}} \cdot 144{,}1 \ \text{g·mol}^{-1}$$

$$= 2477 \ \text{t}$$

2.10 $\ ZnS(s) + \frac{3}{2} O_2(g) \rightarrow ZnO(s) + SO_2(g)$

Stoffmenge des eingesetzten Sauerstoffs:

Luft enthält Sauerstoff mit einem Volumenanteil von 21 %. Geht man von einem molaren Volumen von 24 l·mol^{-1} aus, so ergibt sich für die Stoffmenge des Sauerstoffs in der eingeblasenen Luft:

$$n_1(O_2) = \frac{0{,}21 \cdot 28 \cdot 10^6 \ \text{l}}{24 \ \text{l·mol}^{-1}} = 0{,}245 \cdot 10^6 \ \text{mol}$$

60 % davon werden umgesetzt.

$$\Rightarrow n_2(O_2) = 0{,}6 \cdot 0{,}245 \cdot 10^6 \ \text{mol} = 147 \ \text{kmol}$$

Stoffmenge und Massenanteil des Zinksulfids:

Der Reaktionsgleichung entsprechend gilt:

$$n(ZnS) = \frac{2}{3} n_2(O_2)$$

$$n(ZnS) = \frac{2}{3} \cdot 147 \ \text{kmol} = 98 \ \text{kmol}$$

$$M(ZnS) = 99{,}4 \ \text{g·mol}^{-1}$$

$$\Rightarrow m(ZnS) = 99{,}4 \ \text{g·mol}^{-1} \cdot 98 \ \text{kmol} = 9741 \ \text{kg}$$

$$w(ZnS) = \frac{9{,}741 \ \text{t}}{15 \ \text{t}} = 0{,}65$$

Der Massenanteil an Zinksulfid im Konzentrat beträgt 65 %.

Der tatsächliche Gehalt an ZnS im Konzentrat ist etwas kleiner, da auch die in geringem Anteil enthaltenen übrigen Sulfide (z. B. PbS) an der Reaktion beteiligt sind.

42

Hinweis: Man könnte auch an [CoCl(NH$_3$)$_4$(H$_2$O)]Cl$_2$·H$_2$O als Ausgangsstoff denken. Bei einer entsprechenden Reaktion müsste die Leitfähigkeit aber relativ noch stärker absinken.

Eine solche Reaktion ist zudem unwahrscheinlich, da Komplexverbindungen dieses Typs in der Regel zuerst das Hydratwasser abgeben.

2.11 $M([Co(H_2O)_2(NH_3)_4]Cl_3) = 269{,}4 \ \text{g·mol}^{-1}$

Der Massenverlust von 6,7 % entspricht demnach einer Verringerung um $M = 0{,}067 \cdot 269{,}4 \ \text{g·mol}^{-1} = 18 \ \text{g·mol}^{-1}$, also der Abgabe eines Wasser-Moleküls pro Formeleinheit.

Die Leitfähigkeitsminderung zeigt an, dass das Wasser-Molekül als Ligand gebunden war und bei der Reaktion durch ein Chlorid-Ion ersetzt wurde:

$$[Co(H_2O)_2(NH_3)_4]Cl_3(s)$$
$$\rightarrow [CoCl(H_2O)(NH_3)_4]Cl_2(s) + H_2O(g)$$

2.12 a) $c(\text{Ca}^{2+}) = \dfrac{17{,}0 \ \text{ml} \cdot 20 \ \text{mmol·l}^{-1}}{100 \ \text{ml}} = 3{,}40 \ \text{mmol·l}^{-1}$

$c(\text{Mg}^{2+}) = \dfrac{2{,}7 \ \text{ml} \cdot 20 \ \text{mmol·l}^{-1}}{100 \ \text{ml}} = 0{,}54 \ \text{mmol·l}^{-1}$

b) $1 \ \text{mmol·l}^{-1}$ an Erdalkali-Ionen entspricht 5,6 °d. Die Gesamthärte beträgt $3{,}94 \cdot 5{,}6 \ °\text{d} = 22 \ °\text{d}$.

c) $M(\text{C}_{17}\text{H}_{35}\text{COONa}) = 306{,}5 \ \text{g·mol}^{-1}$

100 Liter des Wassers enthalten 0,394 mol Erdalkali-Ionen. Es werden also 0,79 mol Stearat-Ionen für die Bildung der Kalkseifen verbraucht:

$m(\text{Seife}) = 0{,}79 \ \text{mol} \cdot 306{,}5 \ \text{g·mol}^{-1} = 242 \ \text{g}$

2.13 $M(\text{Mg}_2\text{P}_2\text{O}_7) = 222{,}6 \ \text{g·mol}^{-1}$

$$\Rightarrow n(\text{Mg}_2\text{P}_2\text{O}_7) = \frac{467{,}5 \ \text{mg}}{222{,}6 \ \text{g·mol}^{-1}} = 2{,}10 \ \text{mmol}$$

$$2 \ \text{MgNH}_4\text{PO}_4 \cdot 6 \ \text{H}_2\text{O}(s)$$
$$\rightarrow \text{Mg}_2\text{P}_2\text{O}_7(s) + 2 \ \text{NH}_3(g) + 7 \ \text{H}_2\text{O}(g)$$

$$\Rightarrow n(\text{PO}_4^{3-}) = 2 \cdot n(\text{Mg}_2\text{P}_2\text{O}_7) = 4{,}20 \ \text{mmol}$$

Die Konzentration der Phosphat-Ionen in der Lösung beträgt demnach:

$$c(\text{PO}_4^{3-}) = \frac{4{,}20 \ \text{mmol}}{10 \ \text{ml}} = 0{,}42 \ \text{mol·l}^{-1}$$

2.14 $M\left([\text{CoCO}_3(\text{NH}_3)_5]_2\text{SO}_4 \cdot 3 \ \text{H}_2\text{O}\right) = 558{,}3 \ \text{g·mol}^{-1}$

$M(\text{CoSO}_4 \cdot 7 \ \text{H}_2\text{O}) = 281{,}1 \ \text{g·mol}^{-1}$

$$n\big([CoCO_3(NH_3)_5]_2SO_4 \cdot 3\,H_2O\big)$$

$$= \frac{20\ \text{g}}{558,3\ \text{g} \cdot \text{mol}^{-1}} = 35,8\ \text{mmol}$$

Die Masse der erforderlichen Stoffportion an $CoSO_4 \cdot 7\,H_2O$ beträgt:

$$m = 2 \cdot 35,8\ \text{mmol} \cdot 281,1\ \text{g} \cdot \text{mol}^{-1} \cdot \frac{100}{60} = 33,5\ \text{g}$$

2.15 a) $m(500\ \text{ml Natronlauge}) = 540\ \text{g}$

$\qquad\quad m(500\ \text{ml Salzsäure}) = 517,5\ \text{g}$

$\Rightarrow m(\text{NaCl-Lösung}) = 1057,5\ \text{g}$

$$\Rightarrow V(\text{Salzlösung}) = \frac{1057,5\ \text{g}}{1,038\ \text{g} \cdot \text{cm}^3} = 1019\ \text{cm}^3$$

Das Volumen nimmt also um fast 2 % zu.

b) Die Bildung von Elektrolytlösungen ist aufgrund der Hydratation mit einer Volumenverringerung verbunden (vgl. Lösung zu Aufgabe 1.21). In den Hydrathüllen der Ionen sind Wasser-Moleküle dementsprechend dichter gepackt als im Wasser selbst.

Durch die Neutralisation verringert sich die Anzahl der Ionen auf die Hälfte, da sich Hydronium-Ionen und Hydroxyd-Ionen unter Bildung von Wasser-Molekülen vereinigen.

$$H^+(aq) + OH^-(aq) \rightarrow H_2O(l)$$

Der Kontraktionseffekt der in den Hydrathüllen dieser Ionen dichter gepackten H_2O-Moleküle wird damit aufgehoben.

2.16

$$m(\text{Schwefel}) = 1,25 \cdot 10^9\ \text{kg}; \quad M(S) = 32,07\ \text{g} \cdot \text{mol}^{-1}$$

$$\Rightarrow n(S) = \frac{1,25 \cdot 10^9\ \text{kg}}{0,032\,07\ \text{kg} \cdot \text{mol}^{-1}} = 38,98 \cdot 10^9\ \text{mol}$$

Die Anzahl der H_2S-Moleküle im Erdgas stimmt mit der Anzahl der S-Atome im Schwefel überein:

$$\Rightarrow n(H_2S) = n(S) = 38,98 \cdot 10^9\ \text{mol}$$

Der gefragte Volumenanteil eines Gases in einem Gasgemisch stimmt mit dem Stoffmengenanteil überein:

$$\varphi(H_2S) = x(H_2S)$$

Das molare Volumen von Gasen bei 20 °C und 1013 hPa beträgt 24 $\text{l} \cdot \text{mol}^{-1}$. Damit ergibt sich für die Stoffmenge aller Teilchen im geförderten Erdgas:

$$n_{\text{ges}} = \frac{22,7 \cdot 10^9 \ \text{m}^3}{24 \ \text{l} \cdot \text{mol}^{-1}} = \frac{22,7 \cdot 10^{12} \ \text{l}}{24 \ \text{l} \cdot \text{mol}^{-1}} = 0,95 \cdot 10^{12} \ \text{mol}$$

Der Stoffmengenanteil x des Schwefelwasserstoffs beträgt demnach:

$$x(\text{H}_2\text{S}) = \frac{n(\text{H}_2\text{S})}{n_{\text{ges}}} = \frac{38,98 \cdot 10^9}{0,95 \cdot 10^{12}} = 4,1 \cdot 10^{-2} = 4,1 \ \%$$

2.17 a) Masse des Stickstoffs, der in der Harnstoff-Jahresproduktion gebunden vorliegt:

$$m(\text{Stickstoff}) = 0,8 \cdot 80 \cdot 10^6 \ \text{t} = 64 \cdot 10^6 \ \text{t}$$
$$M(\text{N}) = 14 \ \text{g} \cdot \text{mol}^{-1}; \quad M(\text{OC(NH}_2)_2) = 60 \ \text{g} \cdot \text{mol}^{-1}$$

$$\rightarrow m(\text{Harnstoff}) = 64 \cdot 10^6 \ \text{t} \cdot \frac{M(\text{OC(NH}_2)_2)}{2 \, M(\text{N})}$$

$$= 64 \cdot 10^6 \ \text{t} \cdot \frac{60 \ \text{g} \cdot \text{mol}^{-1}}{2 \cdot 14 \ \text{g} \cdot \text{mol}^{-1}} \approx 137 \cdot 10^6 \ \text{t}$$

b) Masse des Stickstoffs, der in der Jahresproduktion an NH_4NO_3 gebunden vorliegt:

$$m(\text{Stickstoff}) = 0,2 \cdot 80 \cdot 10^6 \ \text{t} = 16 \cdot 10^6 \ \text{t}$$
$$M(\text{NH}_4\text{NO}_3) = 80 \ \text{g} \cdot \text{mol}^{-1}$$

$$\Rightarrow m(\text{NH}_4\text{NO}_3) = 16 \cdot 10^6 \ \text{t} \cdot \frac{M(\text{NH}_4\text{NO}_3)}{2 \, M(\text{N})}$$

$$= 16 \cdot 10^6 \ \text{t} \cdot \frac{80 \ \text{g} \cdot \text{mol}^{-1}}{2 \cdot 14 \ \text{g} \cdot \text{mol}^{-1}} \approx 46 \cdot 10^6 \ \text{t}$$

2.18 a) Die eingesetzte Menge an pflanzlichem Material ist viel zu gering, um 460 ml Kohlenwasserstoffe zu erzeugen, deren Masse überwiegend auf Kohlenstoff beruht. Da auch die Bildung von Kohlenstoff-Atomen (z.B. aus den Sauerstoff-Atomen des Wassers) bei chemischen Reaktionen nicht möglich ist, kann nur ein trickreich ausgeführter Betrug im Spiel sein.

b) Masse des Kohlenstoffs im eingesetzten pflanzlichen Material:

$$m(\text{C}) = 0,4 \cdot 55 \ \text{g} = 22 \ \text{g}$$

Masse des angeblich gebildeten Benzins:

$$m(\text{Benzin}) = 460 \ \text{ml} \cdot 0,72 \ \text{g} \cdot \text{ml}^{-1} = 331 \ \text{g}$$

Hinweis: Der berechnete durchschnittliche H_2S-Anteil beruht auf sehr unterschiedlichen Einzelwerten; sie reichen von 0 – 35 %.

Der C-Anteil des zugesetzten Essigs ist demgegenüber vernachlässigbar.

Masse des Kohlenstoffs in 331 g Benzin:

$$M(C_8H_{18}) = 114{,}2 \text{ g} \cdot \text{mol}^{-1}$$

$$\Rightarrow m(C) = 331 \text{ g} \cdot \frac{8\,M(C)}{M(C_8H_{18})} = 331 \text{ g} \cdot \frac{96{,}1}{114{,}2}$$

$$= 278{,}5 \text{ g}$$

c) $m(\text{Octan}) = m(\text{Kohlenstoff}) \cdot \dfrac{M(C_8H_{18})}{8\,M(C)}$

$$= 22 \text{ g} \cdot \frac{114{,}2}{96{,}1} = 26{,}1 \text{ g}$$

2.19 a) $M(C_8H_{18}) = 114{,}2 \text{ g} \cdot \text{mol}^{-1}$

$$m(8{,}8\ \text{l}) = 8{,}8\ \text{l} \cdot 0{,}70 \text{ kg} \cdot \text{l}^{-1} = 6{,}16 \text{ kg}$$

$$\Rightarrow n(C_8H_{18}) = \frac{6{,}16 \text{ kg}}{114{,}2 \text{ g} \cdot \text{mol}^{-1}} = 53{,}94 \text{ mol}$$

Verbrennungsreaktion:

$$C_8H_{18}(l) + 12{,}5\ O_2(g) \rightarrow 8\ CO_2(g) + 9\ H_2O(g)$$

Die auf 100 km im Durchschnitt emittierte Stoffmenge an CO_2 beträgt also:

$$n(CO_2) = 8 \cdot 53{,}94 \text{ mol} = 431{,}5 \text{ mol}$$

$$M(CO_2) = 44 \text{ g} \cdot \text{mol}^{-1}$$

$$\Rightarrow m(CO_2) = 431{,}5 \text{ mol} \cdot 44 \text{ g} \cdot \text{mol}^{-1} = 18{,}99 \text{ kg}$$

Der durchschnittliche CO_2-Ausstoß des Fahrzeugs beträgt damit 190 g·km^{-1}.

b) $M(C_{16}H_{34}) = 226{,}4 \text{ g} \cdot \text{mol}^{-1}$

$$m(6{,}7\ \text{l}) = 6{,}7\ \text{l} \cdot 0{,}77 \text{ kg} \cdot \text{l}^{-1} = 5{,}16 \text{ kg}$$

$$\Rightarrow n(C_{16}H_{34}) = \frac{5{,}16 \text{ kg}}{226{,}4 \text{ g} \cdot \text{mol}^{-1}} = 22{,}8 \text{ mol}$$

$$C_{16}H_{34}(l) + 24{,}5\ O_2(g) \rightarrow 16\ CO_2(g) + 17\ H_2O(g)$$

$$\Rightarrow n(CO_2) = 16 \cdot 22{,}8 \text{ mol} = 364{,}8 \text{ mol}$$

$$\Rightarrow m(CO_2) = 364{,}8 \text{ mol} \cdot 44 \text{ g} \cdot \text{mol}^{-1} = 16{,}05 \text{ kg}$$

$$\mathrel{\widehat{=}} 160 \text{ g} \cdot \text{km}^{-1}$$

Die in der Aufgabe genannten Verbrauchswerte gelten für Fahrzeuge mit etwa gleicher Leistung. Da Dieselkraftstoff bei gleichem Volumen einen höheren C-Anteil aufweist als Ottokraftstoff, ist der CO_2-Ausstoß weniger stark erniedrigt (–16 %) als der Kraftstoffverbrauch (–24 %).

c) $M(C_3H_8) = 44{,}1 \text{ g} \cdot \text{mol}^{-1}$

$m(10{,}4 \text{ l}) = 10{,}4 \text{ l} \cdot 0{,}55 \text{ kg} \cdot \text{l}^{-1} = 5{,}72 \text{ kg}$

$\Rightarrow n(C_3H_8) = \dfrac{5{,}72 \text{ kg}}{44{,}1 \text{ g} \cdot \text{mol}^{-1}} = 129{,}7 \text{ mol}$

$C_3H_8(l) + 5\,O_2(g) \rightarrow 3\,CO_2(g) + 4\,H_2O(g)$

$\Rightarrow n(CO_2) = 3 \cdot 129{,}7 \text{ mol} = 389 \text{ mol}$

$\Rightarrow m(CO_2) = 389 \text{ mol} \cdot 44 \text{ g} \cdot \text{mol}^{-1} = 17{,}12 \text{ kg}$

$\qquad\qquad\qquad \hat{=}\, 171 \text{ g} \cdot \text{km}^{-1}$

Hinweis: In der ausgeführten näherungsweisen Berechnung wurde nicht berücksichtigt, dass die eingeatmete Luft einen relativ kleinen, aber im Verlaufe der Zeit ansteigenden CO_2-Gehalt aufweist

2.20 a) Gesamtvolumen der ein- und ausgeatmeten Luft (bei 5 Personen in 2 Stunden):

$8 \text{ l} \cdot \text{min}^{-1} \cdot 120 \text{ min} \cdot 5 = 4800 \text{ l}$

Für die darin enthaltene CO_2-Menge ergibt sich:

$V(CO_2) = 4800 \text{ l} \cdot 5{,}2 \cdot 10^{-2} = 250 \text{ l}$

Der angegebenen Reaktionsgleichung entsprechend ist die gleiche Menge an Sauerstoff verbraucht worden.

Ein Gasvolumen von 250 l entspricht dem folgenden Anteil am Gesamtvolumen der Raumluft:

$\dfrac{250 \text{ l}}{80\,000 \text{ l}} \approx 0{,}00313 = 0{,}313 \ \%$

Der Sauerstoffanteil in der Luft ist demnach von 21 % auf 20,7 % gesunken, der Kohlenstoffdioxidanteil von 0,04 % auf 0,35 % angestiegen.

Wie das Ergebnis zeigt, ist die Abnahme des Sauerstoffanteils relativ geringfügig.
Drastisch angestiegen auf etwa das 9fache des Ausgangswerts ist aber der CO_2-Gehalt.
Der erhöhte CO_2-Gehalt ist demnach eher charakteristisch für „verbrauchte Luft".
Bereits ab einem CO_2-Gehalt von 2,5 % gilt Luft als toxisch.

b) $V_m(CO_2) = 24 \text{ mol} \cdot \text{l}^{-1}$ (20 °C, normaler Luftdruck)

$\Rightarrow n(CO_2) = \dfrac{250 \text{ l}}{24 \text{ l} \cdot \text{mol}^{-1}} = 10{,}4 \text{ mol}$

$\Rightarrow n(C_6H_{12}O_6) = \dfrac{1}{6} \cdot 10{,}4 \text{ mol} = 1{,}73 \text{ mol}$

$M(C_6H_{12}O_6) = 180{,}2 \text{ g} \cdot \text{mol}^{-1}$

$\Rightarrow m(C_6H_{12}O_6) \approx 312 \text{ g}$

2.21 a) Reaktionsgleichung:

$CH_4(g) + 2\,O_2(g) \rightarrow CO_2(g) + 2\,H_2O(g)$

$\Rightarrow n(H_2O) = 2 \cdot n(CH_4)$

$$V_{\mathrm{m}} = 24\,\mathrm{l\cdot mol^{-1}}$$

$$\Rightarrow n(\mathrm{CH_4}) = \frac{2{,}5\cdot 10^6\,\mathrm{l}}{24\,\mathrm{l\cdot mol^{-1}}} = 104\,167\,\mathrm{mol}$$

$$n(\mathrm{H_2O}) = 208\,334\,\mathrm{mol}$$

kondensierter Anteil:

$$n(\mathrm{H_2O}) = 0{,}8\cdot 208\,334\,\mathrm{mol} = 166\,667\,\mathrm{mol}$$

$$\Rightarrow m(\mathrm{H_2O}) = 166\,667\,\mathrm{mol}\cdot 18\,\mathrm{g\cdot mol^{-1}} = 3000\,\mathrm{kg}$$

Diese Beispielrechnung zeigt, dass bei Brennwertgeräten im Verlaufe einer Heizperiode erhebliche Mengen an Kondenswasser anfallen und abgeleitet werden müssen. Zur Grundausstattung der Anlage gehört deshalb in der Regel eine elektrische Pumpe, die automatisch anspringt, sobald der Flüssigkeitsstand im Auffangbehälter eine bestimmte Höhe erreicht.

Die gelegentlich geäußerte Vermutung, man könne die Pumpe einsparen, indem man das Kondenswasser in einem Eimer sammelt (und vielleicht einmal wöchentlich entleert), ist keineswegs realistisch.

3 Gase – Berechnungen mit dem idealen Gasgesetz

Ideale Gase

Bei Gasen kann der Zusammenhang zwischen den Zustandsgrößen Druck p, Volumen V und Temperatur T meist in guter Näherung durch das *ideale Gasgesetz* beschrieben werden:

$$p \cdot V = n \cdot R \cdot T$$

Dabei steht n für die Stoffmenge der betrachteten Gasportion, R ist die **allgemeine Gaskonstante**:

$$R = \frac{p \cdot V}{n \cdot T}$$

Der Zahlenwert von R hängt von den verwendeten Einheiten für Druck und Volumen ab. Besonders häufig angegeben wird:

$$R = 8{,}3145 \ \text{J·mol}^{-1}\text{·K}^{-1}$$

Die Energieeinheit J ergibt sich dabei durch Multiplikation der Druckeinheit Pa (Pascal) ($1 \ \text{Pa} = 1 \ \text{N·m}^{-2}$) mit der Volumeneinheit m³:
$1 \ \text{Pa} \cdot 1 \ \text{m}^3 = 1 \ \text{N·m} = 1 \ \text{J}$

Wichtige Beziehungen

Bei der Anwendung des idealen Gasgesetzes zur Ermittlung der Stoffmenge bzw. der molaren Masse M wird häufig die folgende Beziehung genutzt:

$$n = \frac{m}{M}$$

Für eine bestimmte Stoffmenge n_1 eines idealen Gases ist bei *konstanter Temperatur T_1* das Produkt aus Druck und Volumen konstant:

$$p \cdot V = n_1 \cdot R \cdot T_1 = \text{const.}$$

Analog ist bei *konstantem Druck p_1* für eine bestimmte Stoffmenge n_1 der Quotient aus Volumen und Temperatur konstant:

$$\frac{V}{T} = n_1 \cdot \frac{R}{p_1} = \text{const.}$$

Für die bei zwei unterschiedlichen Temperaturen (T_1, T_2) gemessenen Volumina (V_1, V_2) einer Gasportion gilt demnach:

$$\frac{V_1}{T_1} = \frac{V_2}{T_2} \qquad \text{bzw. } V_2 = V_1 \cdot \frac{T_2}{T_1}$$

Ganz entsprechend ergibt sich bei *konstantem Volumen* für den Zusammenhang zwischen Druck und Temperatur die folgende Beziehung:

$$\frac{p}{T} = n_1 \cdot \frac{R}{V_1} = \text{const.}$$

Für die bei zwei unterschiedlichen Temperaturen (T_1, T_2) gemessenen Drücke (p_1, p_2) einer Gasportion gilt demnach:

$$\frac{p_1}{T_1} = \frac{p_2}{T_2} \qquad \text{bzw. } p_2 = p_1 \cdot \frac{T_2}{T_1}$$

Molares Volumen

Das *molare Volumen* eines beliebigen Stoffes ist definiert als Quotient aus Volumen und Stoffmenge:

$$V_m = \frac{V}{n}$$

Für ideale Gase ist molare Volumen V_m unabhängig von der Art der Teilchen, denn nach dem Avogadroschen Gesetz enthalten gleiche Volumina jeweils gleich viele Teilchen, wenn Druck und Temperatur übereinstimmen.

Als *Standardwert* für das molare Volumen idealer Gase wird häufig der folgende Wert angegeben:

$$V_m = 22{,}414 \ \mathbf{l \cdot mol^{-1}}$$

Dieser Wert gilt für 273.15 K (0 °C) und normalen Druck (1013 hPa).

Bei diesen Bedingungen nimmt 1 mol eines idealen Gases demnach ein Volumen von 22,414 l ein. Dieser Wert wird traditionell auch als *Normvolumen* bezeichnet.

Für andere Temperaturen und Drücke lassen sich die Werte für V_m mithilfe der Gasgesetze berechnen.

Beispiele:
273,15 K (0 °C) / 1000 hPa
$$\Rightarrow V_m = 22{,}71 \ l \cdot mol^{-1}$$
293,15 K (20 °C) / 1000 hPa
$$\Rightarrow V_m = 24{,}37 \ l \cdot mol^{-1}$$
293,15 K (20 °C) / 1013 hPa
$$\Rightarrow V_m = 24{,}06 \ l \cdot mol^{-1}$$
298,15 K (25 °C) / 1000 hPa
$$\Rightarrow V_m = 24{,}79 \ l \cdot mol^{-1}$$
298,15 K (25 °C) / 1013 hPa
$$\Rightarrow V_m = 24{,}47 \ l \cdot mol^{-1}$$

Gasmischungen

Das ideale Gasgesetz gilt nicht nur für reine Gase, sondern auch für Gasgemische. Die Stoffmenge n aller Gasteilchen ist dabei die Summe der Stoffmengen der verschiedenen Teilchenarten:

$$n = \Sigma n_i$$

Der gemessene Gesamtdruck p ist entsprechend die Summe der sogenannten **Partialdrücke** p_i der verschiedenen Gase:

$$p = \Sigma p_i$$

Diese Partialdrücke würden sich einstellen, wenn sich der jeweilige Bestandteil allein in dem Volumen befände.

Für den Zusammenhang zwischen der Stoffmenge und der Masse m einer Gasmischung gilt:

$$m = n \cdot \overline{M}$$

$\overline{M}$ steht dabei für die **mittlere molare Masse** der Gasmischung.

Kennt man die Zusammensetzung einer Gasmischung, so lässt sich die mittlere molare Masse berechnen, indem man die Stoffmengenanteile x_i (bzw. Volumenanteile φ_i) der einzelnen Komponenten berücksichtigt:

$$\overline{M} = \Sigma \ (\varphi_i \cdot M_i)$$

Beispiel: Für trockene Luft erhält man einen brauchbaren Näherungswert, wenn man von folgenden Gehaltsangaben ausgeht:
$\varphi(N_2) = 78{,}1 \ \%$; $\varphi(O_2) = 21{,}0 \ \%$; $\varphi(Ar) = 0{,}9 \ \%$

$$\overline{M}(Luft)$$
$$\simeq (0{,}781 \cdot 28 + 0{,}21 \cdot 32 + 0{,}009 \cdot 40) \ g \cdot mol^{-1}$$
$$= 28{,}95 \ g \cdot mol^{-1}$$

Hinweise

A) In Datensammlungen wird für die allgemeine Gaskonstante vorrangig der Wert $R = 8{,}3145\ \mathrm{J\cdot mol^{-1}\cdot K^{-1}}$ angegeben. In der Einheit tritt also die Energieeinheit Joule als Faktor auf. In dieser Form kann der Wert für R direkt in thermodynamische Berechnungen eingesetzt werden.

Nützlich sind aber auch Werte für R, bei denen statt der Energieeinheit Joule ein Produkt aus Volumen und Druck steht. In diesem Zusammenhang wird häufig auch noch die alte (aber praxisnahe) Druckeinheit bar verwendet:

$$R = 0{,}083145\ \mathrm{l\cdot bar\cdot mol^{-1}\cdot K^{-1}}$$

$$R = 83{,}145\ \mathrm{ml\cdot bar\cdot mol^{-1}\cdot K^{-1}}$$

$$R = 8{,}3145 \cdot 10^{3}\ \mathrm{l\cdot Pa\cdot mol^{-1}\cdot K^{-1}}$$

$$R = 8{,}3145\ \mathrm{m^{3}\cdot Pa\cdot mol^{-1}\cdot K^{-1}}$$

Besonders häufig wird der zuerst genannte Wert ($R = 0{,}083145\ \mathrm{l\cdot bar\cdot mol^{-1}\cdot K^{-1}}$) verwendet, da sich Volumen und Druck einer Gasportion meist problemlos mit den Einheiten Liter und Bar angeben lassen.

Auf diese Weise erspart man sich lästige Umrechnungen bei der Auswertung von Experimenten.

B) Bei der Umrechnung zwischen Volumen und Stoffmenge idealer Gase erspart die folgende Beziehung meist mehrere Rechenschritte:

$$V = n \cdot V_{\mathrm{m}}$$

Das gilt insbesondere, wenn man den Wert für V_{m} für die betreffende Kombination von Druck und Temperatur ohnehin kennt oder nachschlagen kann.

Falls *mehrere* Umrechnungen für eine andere Druck/Temperatur-Kombination durchgeführt werden sollen, berechnet man zweckmäßigerweise zuerst den Wert von V_{m} für die angegebenen Bedingungen. Die Umrechnungen für die einzelnen Fälle werden dann kurz und übersichtlich; dementsprechend nimmt das Risiko zufälliger Fehler bei der Dateneingabe erheblich ab.

C) Abweichungen von den mithilfe des idealen Gasgesetzes berechneten Werten treten vor allem dann auf, wenn eine der folgenden Bedingungen vorliegt:

- Der Druck ist so groß, dass das Eigenvolumen der Gasteilchen gegenüber dem Gesamtvolumen nicht mehr vernachlässigt werden kann.

- Die Gasteilchen haben ein permanentes Dipolmoment oder sind leicht polarisierbar.

- Die Temperatur des Gases liegt nur wenig oberhalb der Kondensationstemperatur.

In diesen Fällen ist für Berechnungen die *van-der-Waals-Gleichung* (📖 8.1) anzuwenden. Sie beschreibt das reale Verhalten von Gasen durch Einbeziehung der *stoffspezifischen van-der-Waals-Koeffizienten*.

D) Die in den nachfolgenden Aufgaben beschriebenen Systeme können hinreichend genau durch das ideale Gasgesetz beschrieben werden.

Aufgaben

3.1 Wird eine bestimmte Stoffmenge eines Gases bei konstanter Temperatur komprimiert bzw. expandiert, so ändert sich der Druck.

Berechnen Sie die in der nachfolgenden Tabelle fehlenden Werte für den Druck p bzw. das Volumen V.

	Anfangszustand		Endzustand	
	Druck	Volumen	Druck	Volumen
a	1 bar	20 l	200 bar	
b	1 bar	1 l	0,1 mbar	
c	10 bar	10 ml		1 m³
d	10^{-3} mbar	20 l	1 bar	
e	1 bar		200 bar	10 l
f		1 l	5 bar	2 l
g	2 bar	1000 m³	100 bar	

3.2 Wird eine bestimmte Stoffmenge eines Gases bei konstantem Druck erwärmt bzw. abgekühlt, so ändert sich das Volumen des Gases.

Berechnen Sie die in der nachfolgenden Tabelle fehlenden Werte für das Volumen V bzw. die Temperatur T.

	Anfangszustand		Endzustand	
	Volumen	Temperatur	Volumen	Temperatur
a	100 ml	20 °C		100 °C
b	2 l	273 K	10 l	
c	1 m³	298 K		−196 °C
d	20 ml	25 °C		1000 °C
e		20 °C	15 l	200 °C
f	40 l		50 l	400 K
g	50 l	20 °C	100 l	

3.3 Wird eine bestimmte Stoffmenge eines Gases in einem Gefäß mit konstantem Volumen erwärmt bzw. abgekühlt, so ändert sich der Druck.

Berechnen Sie die in der nachfolgenden Tabelle fehlenden Werte für den Druck p bzw. die Temperatur T.

	Anfangszustand		Endzustand	
	Druck	Temperatur	Druck	Temperatur
a	1 bar	298 K		1000 K
b	10^{-3} bar	−50 °C		800 K
c	3 mbar	150 °C	8 mbar	
d		0 °C	8 bar	850 K
e	12 bar		10 bar	400 °C
f	3 kbar	800 °C		300 K
g	100 bar	25 °C	200 bar	

3.4 Eine bestimmte Stoffmenge eines idealen Gases wird durch Veränderung von zwei oder drei der Zustandsgrößen Druck, Volumen und Temperatur von einem Anfangs- in einen Endzustand überführt.

Berechnen Sie die in der nachfolgenden Tabelle fehlenden Werte.

	Anfangszustand		
	Druck	Volumen	Temperatur
a	2 bar	500 ml	25 °C
b	11 mbar	5 l	−50 °C
c	2 bar	4 m^3	100 °C
d	0,5 bar	2,5 l	1000 K
e	$1 \cdot 10^{-3}$ mbar	2 l	80 °C
f	0,1 bar		450 °C
g		4,5 l	200 °C

	Endzustand		
	Druck	Volumen	Temperatur
a	1,5 bar	300 ml	
b		100 ml	25 °C
c		2000 l	500 K
d	2 bar		800 K
e		100 ml	1200 K
f	0,3 bar	10 l	200 °C
g	3 kbar	1 l	25 °C

3.5 Im Labor dienen Stahlflaschen zur Aufbewahrung komprimierter Gase. Welche Massen an Gas sind jeweils in Stahlflaschen von 20 Litern Inhalt enthalten, die mit

Wasserstoff, Stickstoff bzw. Argon gefüllt sind?
Gehen Sie bei der Berechnung von einem Druck von je 200 bar bei 20 °C aus.

3.6 Viele Airbag-Systeme enthalten Natriumazid (NaN_3) als eigentlichen Wirkstoff. Bei einem Unfall wird zunächst eine kleine Schwarzpulverladung elektrisch gezündet. Das dadurch erhitzte Natriumazid zerfällt in die Elemente. Das gebildete Stickstoffgas bläst den Airbag auf, während das Natrium zurückgehalten wird.
Wie viel Gramm Natriumazid müssen in einem System eingesetzt werden, dessen Airbag 100 l fasst? Gehen Sie bei der Berechnung von 80 °C und $p = 1500$ hPa aus.

3.7 In einem Wohnraum mit einer Grundfläche von 20 m² und einer Raumhöhe von 2,50 m herrscht bei 22 °C eine relative Luftfeuchtigkeit von 35 %. Wie viel Wasser muss verdampft werden, um einen Wert von 60 % zu erreichen?
(Der Sättigungsdampfdruck von Wasser bei 22 °C beträgt 27 mbar.)

3.8 Die relative Luftfeuchtigkeit über einer Wiese beträgt bei 25 °C tagsüber 70 %. In der Nacht kühlt sich die Luft auf 8 °C ab; dabei erreicht die relative Luftfeuchtigkeit einen Wert von 100 %. Berechnen Sie, wie viel Wasser über einer Fläche von 100 m² in Form von Tau auskondensiert.
Machen Sie dabei die Annahme, dass eine 10 m hohe Luftschicht an diesem Kondensationsvorgang beteiligt ist.
(Die Sättigungsdampfdrücke von Wasser betragen 31,9 mbar bei 25 °C und 10,8 mbar bei 8 °C.)

3.9 Ein Luftballon, dessen Hülle eine Masse von 3 g hat, wird mit 5 l Wasserstoff aufgeblasen.

a) Welche Masse müsste man an diesen Ballon hängen, damit der Auftrieb gerade kompensiert wird und der Ballon in der Schwebe bleibt?
Gehen Sie für die Berechnung von 20 °C und normalem Luftdruck aus; berücksichtigen Sie, dass der Druck im Inneren des Ballons etwas erhöht ist ($p = 1060$ hPa).
Als mittlere molare Masse für Luft kann 29 g·mol^{-1} eingesetzt werden.

b) Welches Ergebnis erhält man für Helium als Füllgas?

c) Um wie viel Prozent wird der Auftrieb verringert, wenn man von Wasserstoff auf Helium als Füllgas übergeht?

3.10 Eine Apparatur mit einem Volumen von 2,5 l wird bei 25 °C bis auf einen Restdruck von $2 \cdot 10^{-6}$ mbar evakuiert.

a) Wie viele Gasteilchen sind in der Apparatur noch vorhanden?

b) Welcher Restdruck müsste erreicht werden, damit in der Apparatur nicht mehr als 1 Million Gasteilchen vorhanden wären?

3.11 Es sollen 5 g wasserfreies Aluminiumchlorid durch die Reaktion von Aluminium mit Chlor hergestellt werden. Welches Volumen an Chlorgas (25 °C, 1 bar) wird hierfür benötigt?

3.12 500 mg eines schwarz glänzenden Feststoffes werden in ein Gefäß mit einem Volumen von 100 ml gefüllt. Das Gefäß wird dann evakuiert und auf 500 °C erhitzt, wobei der Feststoff vollständig verdampft. Eine Messung des Drucks in dem Gefäß ergibt einen Wert von 1265 mbar. Berechnen Sie die molare Masse des Stoffes. Um welchen Stoff handelt es sich?

3.13 Es sollen 5 l Chlorwasserstoffgas (25 °C, 1 bar) durch Reaktion von Ammoniumchlorid mit konzentrierter Schwefelsäure hergestellt werden. Wie viel Ammoniumchlorid muss dazu mindestens eingesetzt werden?

3.14 Die Halbleiterverbindung Galliumphosphid (GaP) soll aus den Elementen synthetisiert werden. Die Umsetzung erfolgt bei einer Temperatur von 1000 °C. Da bei dieser Temperatur der Phosphor gasförmig (als P_4) vorliegt, wird die Reaktion in einem geschlossenen Gefäß aus Quarzglas durchgeführt. Die Reaktion verläuft sehr langsam, sodass vor Beginn der Reaktion der gesamte Phosphor gasförmig vorliegt.
Berechnen Sie, wie viel Phosphor maximal in ein Gefäß mit einem Volumen von 50 ml eingebracht werden darf, ohne dass der Druck den Wert von 10 bar übersteigt, denn sonst könnte das Gefäß platzen.
Wie viel GaP könnte so in einem Arbeitsschritt synthetisiert werden?

3.15 a) In einem Kolben mit einem Volumen von zwei Litern werden 3,0 ml Tetrachlormethan (CCl_4) vollständig verdampft. Welcher Partialdruck ergibt sich bei einer Temperatur von 100 °C?

($\varrho(CCl_4) = 1{,}6$ g·cm^{-3})

b) Welches Volumen an Wasser ist erforderlich, damit sich bei den angegebenen Bedingungen ein Partialdruck von 500 mbar einstellt?

3.16 Berechnen Sie die Dichten der folgenden Gase bei 25 °C und einem Druck von 1 bar: H_2, N_2, SF_6.

3.17 Je 10 ml H_2O, CS_2 und $SnCl_4$ werden verdampft. Welches Volumen hat der Dampf bei einer Temperatur von 120 °C und einem Druck von 1 bar?
Welche Volumina nehmen diese Stoffe im gasförmigen Zustand bei den angegebenen Bedingungen ein?
Die Dichten der drei Flüssigkeiten betragen: 1,0 $g \cdot cm^{-3}$ (H_2O), 1,3 $g \cdot cm^{-3}$ (CS_2) und 2,2 $g \cdot cm^{-3}$ ($SnCl_4$).

3.18 Festes Kohlenstoffdioxid wird auch als *Trockeneis* bezeichnet. Es geht bei Raumtemperatur ohne zu schmelzen in den gasförmigen Zustand über.
Berechnen Sie, welcher Druck nach Sublimation von 1 cm^3 Trockeneis (Dichte: 1,6 $g \cdot cm^{-3}$) in einem zuvor evakuierten Kolben von 500 ml Volumen bei 20 °C herrscht.

3.19 Wasserstoff gilt als mögliche Alternative zu Benzin für den Antrieb von Kraftfahrzeugen. Ein Problem besteht darin, auf welche Weise dieses brennbare und im Gemisch mit Luft explosive Gas gelagert und im Fahrzeug mitgeführt werden könnte. In diesem Zusammenhang sind bestimmte Metalllegierungen von Interesse, die Wasserstoff reversibel aufnehmen und abgeben können. (Man spricht deshalb von *Wasserstoffspeicherlegierungen*.) So kann eine Legierung der Zusammensetzung $LaNi_5$ unter Druck Wasserstoff bis zu einer Zusammensetzung $LaNi_5H_6$ aufnehmen.
Berechnen Sie, welche Menge an Wasserstoff in einem Liter dieser Legierung (Dichte: 10 $g \cdot cm^{-3}$) gespeichert werden kann und vergleichen Sie mit der Menge an Wasserstoff im gleichen Volumen flüssigen Wasserstoffs und komprimierten gasförmigen Wasserstoffs (200 bar, 20 °C).
(Flüssiger Wasserstoff hat bei Siedetemperatur eine Dichte von 0,071 $g \cdot cm^{-3}$.)

In der Praxis wird das Abbinden von Luftmörtel durch den in bewohnten Räumen erheblich erhöhten CO_2-Gehalt begünstigt: Die ausgeatmete Luft weist einen Volumenanteil von etwa 5 % auf!

3.20 Beim Bau eines Einfamilienhauses wurde bei der Aufmauerung der Wände und für den Innenputz Kalkmörtel („Luftmörtel") mit einer Trockenmasse von 45 t eingesetzt.

Etwa 20 % davon sind Calciumhydroxid, das im Laufe der Zeit allmählich unter Bildung von $CaCO_3$ abbindet.

a) Welches Volumen (1013 hPa, 20 °C) bzw. welche Masse CO_2 wird dabei insgesamt verbraucht?
Welche Massenänderung ergibt sich damit für das Haus?

b) In welchem Volumen Luft wäre die erforderliche CO_2-Menge enthalten?

Lösungen

3.1 Für eine gegebene Stoffmenge ist bei konstanter Temperatur das Produkt aus Druck und Volumen konstant. Es gilt also folgender Zusammenhang:

$$p_1 \cdot V_1 = p_2 \cdot V_2$$

(Die Indices 1 bzw. 2 stehen für den Anfangs- bzw. Endzustand.)

Bei Umrechnungen mit dem idealen Gasgesetz ist grundsätzlich darauf zu achten, dass alle Zustandsgrößen in denselben Einheiten verwendet werden.

a) $1\,\text{bar} \cdot 20\,\text{l} = 200\,\text{bar} \cdot V_2$

$$V_2 = \frac{1\,\text{bar} \cdot 20\,\text{l}}{200\,\text{bar}} = 0{,}1\,\text{l}$$

b) $1\,\text{bar} \cdot 1\,\text{l} = 0{,}1 \cdot 10^{-3}\,\text{bar} \cdot V_2$

$$V_2 = \frac{1\,\text{bar} \cdot 1\,\text{l}}{0{,}1 \cdot 10^{-3}\,\text{bar}} = 10\,000\,\text{l}$$

c) $10\,\text{bar} \cdot 10 \cdot 10^{-3}\,\text{l} = p_2 \cdot 1000\,\text{l}$

$$p_2 = \frac{10\,\text{bar} \cdot 10 \cdot 10^{-3}\,\text{l}}{1000\,\text{l}} = 1 \cdot 10^{-4}\,\text{bar}$$

d) $10^{-3} \cdot 10^{-3}\,\text{bar} \cdot 20\,\text{l} = 1\,\text{bar} \cdot V_2$

$$V_2 = \frac{10^{-3} \cdot 10^{-3}\,\text{bar} \cdot 20\,\text{l}}{1\,\text{bar}} = 2 \cdot 10^{-5}\,\text{l} = 0{,}02\ \text{ml}$$

e) $1\,\text{bar} \cdot V_1 = 200\,\text{bar} \cdot 10\,\text{l}$

$$V_1 = \frac{200\,\text{bar} \cdot 10\,\text{l}}{1\,\text{bar}} = 2000\,\text{l}$$

f) $p_1 \cdot 1\,\text{l} = 5\,\text{bar} \cdot 2\,\text{l}$

$$p_1 = \frac{5\,\text{bar} \cdot 2\,\text{l}}{1\,\text{l}} = 10\ \text{bar}$$

g) $2\,\text{bar} \cdot 1000\,\text{m}^3 = 100\,\text{bar} \cdot V_2$

$$V_2 = \frac{2\,\text{bar} \cdot 1000\ \text{m}^3}{100\,\text{bar}} = 20\ \text{m}^3$$

Bei Berechnungen mit dem idealen Gasgesetz muss die Temperatur immer in Kelvin (K) eingesetzt werden.

3.2 Für eine gegebene Stoffmenge ist bei konstantem Druck der Quotient aus V und T konstant. Es gilt also folgender Zusammenhang:

$$\frac{V_1}{T_1} = \frac{V_2}{T_2}$$

a) $\dfrac{100 \text{ ml}}{293 \text{ K}} = \dfrac{V_2}{373 \text{ K}}$

$$V_2 = \frac{100 \text{ ml} \cdot 373 \text{ K}}{293 \text{ K}} = 127,3 \text{ ml}$$

b) $\dfrac{2 \text{ l}}{273 \text{ K}} = \dfrac{10 \text{ l}}{T_2}$

$$T_2 = \frac{10 \text{ l} \cdot 273 \text{ K}}{2 \text{ l}} = 1365 \text{ K}$$

c) $\dfrac{1 \text{ m}^3}{298 \text{ K}} = \dfrac{V_2}{77 \text{ K}}$

$$V_2 = \frac{1 \text{ m}^3 \cdot 77 \text{ K}}{298 \text{ K}} = 0,26 \text{ m}^3$$

d) $\dfrac{20 \text{ ml}}{298 \text{ K}} = \dfrac{V_2}{1273 \text{ K}}$

$$V_2 = \frac{20 \text{ ml} \cdot 1273 \text{ K}}{298 \text{ K}} = 85,4 \text{ ml}$$

e) $\dfrac{V_1}{293 \text{ K}} = \dfrac{15 \text{ l}}{473 \text{ K}}$

$$V_1 = \frac{15 \text{ l} \cdot 293 \text{ K}}{473 \text{ K}} = 9,3 \text{ l}$$

f) $\dfrac{40 \text{ l}}{T_1} = \dfrac{50 \text{ l}}{400 \text{ K}}$

$$T_1 = \frac{40 \text{ l} \cdot 400 \text{ K}}{50 \text{ l}} = 320 \text{ K}$$

g) $\dfrac{50 \text{ l}}{293 \text{ K}} = \dfrac{100 \text{ l}}{T_2}$

$$T_2 = \frac{100 \text{ l} \cdot 293 \text{ K}}{50 \text{ l}} = 586 \text{ K}$$

3.3 Für eine gegebene Stoffmenge ist bei konstantem Volumen der Quotient aus p und T konstant. Es gilt also folgender Zusammenhang:

$$\frac{p_1}{T_1} = \frac{p_2}{T_2}$$

a) $\dfrac{1 \text{ bar}}{298 \text{ K}} = \dfrac{p_2}{1000 \text{ K}}$

$$p_2 = \frac{1 \text{ bar} \cdot 1000 \text{ K}}{298 \text{ K}} = 3,36 \text{ bar}$$

b) $\dfrac{10^{-3} \text{ bar}}{223 \text{ K}} = \dfrac{p_2}{800 \text{ K}}$

$$p_2 = \frac{10^{-3} \text{ bar} \cdot 800 \text{ K}}{223 \text{ K}} = 3,6 \cdot 10^{-3} \text{ bar}$$

c) $\dfrac{3 \cdot 10^{-3} \text{ bar}}{423 \text{ K}} = \dfrac{8 \cdot 10^{-3} \text{ bar}}{T_2}$

$$T_2 = \frac{8 \cdot 10^{-3} \text{ bar} \cdot 423 \text{ K}}{3 \cdot 10^{-3} \text{ bar}} = 1128 \text{ K}$$

d) $\dfrac{p_1}{273 \text{ K}} = \dfrac{8 \text{ bar}}{850 \text{ K}}$

$$p_1 = \frac{8 \text{ bar} \cdot 273 \text{ K}}{850 \text{ K}} = 2,57 \text{ bar}$$

e) $\dfrac{12 \text{ bar}}{T_1} = \dfrac{10 \text{ bar}}{673 \text{ K}}$

$$T_1 = \frac{12 \text{ bar} \cdot 673 \text{ K}}{10 \text{ bar}} = 808 \text{ K}$$

f) $\dfrac{3 \cdot 10^3 \text{ bar}}{1073 \text{ K}} = \dfrac{p_2}{300 \text{ K}}$

$$p_2 = \frac{3 \cdot 10^3 \text{ bar} \cdot 300 \text{ K}}{1073 \text{ K}} = 839 \text{ bar}$$

g) $\dfrac{100 \text{ bar}}{298 \text{ K}} = \dfrac{200 \text{ bar}}{T_2}$

$$T_2 = \frac{200 \text{ bar} \cdot 298 \text{ K}}{100 \text{ bar}} = 596 \text{ K}$$

3.4 Bei dieser Aufgabe wenden wir das ideale Gasgesetz in der Form $p \cdot V = n \cdot R \cdot T$ an und berechnen zunächst die Stoffmenge n und daraus in einem zweiten Schritt die gesuchte Zustandsgröße.

a) $p \cdot V = n \cdot R \cdot T$

$$n = \frac{p_1 \cdot V_1}{R \cdot T_1}$$

$$= \frac{2\ \text{bar} \cdot 0{,}5\ \text{l}}{0{,}083145\ \text{l} \cdot \text{bar} \cdot \text{K}^{-1} \cdot \text{mol}^{-1} \cdot 298\ \text{K}}$$

$$= 0{,}04\ \text{mol}$$

$$T_2 = \frac{p_2 \cdot V_2}{R \cdot n}$$

$$= \frac{1{,}5\ \text{bar} \cdot 0{,}3\ \text{l}}{0{,}083145\ \text{l} \cdot \text{bar} \cdot \text{K}^{-1} \cdot \text{mol}^{-1} \cdot 0{,}04\ \text{mol}}$$

$$= 135\ \text{K} = -138\ {}^{\circ}\text{C}$$

b) $p \cdot V = n \cdot R \cdot T$

$$n = \frac{p_1 \cdot V_1}{R \cdot T_1}$$

$$= \frac{11 \cdot 10^{-3}\ \text{bar} \cdot 5\ \text{l}}{0{,}083145\ \text{l} \cdot \text{bar} \cdot \text{K}^{-1} \cdot \text{mol}^{-1} \cdot 223\ \text{K}}$$

$$= 2{,}97 \cdot 10^{-3}\ \text{mol}$$

$$p_2 = \frac{n \cdot R \cdot T_2}{V_2}$$

$$= \frac{2{,}97 \cdot 10^{-3}\ \text{mol} \cdot 0{,}083145\ \text{l} \cdot \text{bar} \cdot \text{K}^{-1} \cdot \text{mol}^{-1} \cdot 298\ \text{K}}{0{,}1\ \text{l}}$$

$$= 0{,}74\ \text{bar}$$

c) $p \cdot V = n \cdot R \cdot T$

$$n = \frac{p_1 \cdot V_1}{R \cdot T_1} = \frac{2\ \text{bar} \cdot 4 \cdot 10^3\ \text{l}}{0{,}083145\ \text{l} \cdot \text{bar} \cdot \text{K}^{-1} \cdot \text{mol}^{-1} \cdot 373\ \text{K}} = 258\ \text{mol}$$

$$p_2 = \frac{n \cdot R \cdot T_2}{V_2} = \frac{258\ \text{mol} \cdot 0{,}083145\ \text{l} \cdot \text{bar} \cdot \text{K}^{-1} \cdot \text{mol}^{-1} \cdot 500\ \text{K}}{2000\ \text{l}}$$

$$= 5{,}36\ \text{bar}$$

d) $p \cdot V = n \cdot R \cdot T$

$$n = \frac{p_1 \cdot V_1}{R \cdot T_1} = \frac{0,5 \text{ bar} \cdot 2,5 \text{ l}}{0,083145 \text{ l} \cdot \text{bar} \cdot \text{K}^{-1} \cdot \text{mol}^{-1} \cdot 1000 \text{ K}}$$

$$= 0,015 \text{ mol}$$

$$V_2 = \frac{n \cdot R \cdot T_2}{p_2}$$

$$= \frac{0,015 \text{ mol} \cdot 0,083145 \text{ l} \cdot \text{bar} \cdot \text{K}^{-1} \cdot \text{mol}^{-1} \cdot 800 \text{ K}}{2 \text{ bar}} = 0,5 \text{ l}$$

e) $p \cdot V = n \cdot R \cdot T$

$$n = \frac{p_1 \cdot V_1}{R \cdot T_1}$$

$$= \frac{10^{-3} \cdot 10^{-3} \text{ bar} \cdot 2 \text{ l}}{0,083145 \text{ l} \cdot \text{bar} \cdot \text{K}^{-1} \cdot \text{mol}^{-1} \cdot 353 \text{ K}} = 6,8 \cdot 10^{-8} \text{ mol}$$

$$p_2 = \frac{n \cdot R \cdot T_2}{V_2}$$

$$= \frac{6,8 \cdot 10^{-8} \text{ mol} \cdot 0,083145 \text{ l} \cdot \text{bar} \cdot \text{K}^{-1} \cdot \text{mol}^{-1} \cdot 1200 \text{ K}}{0,1 \text{ l}}$$

$$= 6,8 \cdot 10^{-5} \text{ bar} = 6,8 \cdot 10^{-2} \text{ mbar}$$

f) $p \cdot V = n \cdot R \cdot T$

$$n = \frac{p_2 \cdot V_2}{R \cdot T_2}$$

$$= \frac{0,3 \text{ bar} \cdot 10 \text{ l}}{0,083145 \text{ l} \cdot \text{bar} \cdot \text{K}^{-1} \cdot \text{mol}^{-1} \cdot 473 \text{ K}} = 0,076 \text{ mol}$$

$$V_1 = \frac{n \cdot R \cdot T_1}{p_1}$$

$$= \frac{0,076 \text{ mol} \cdot 0,083145 \text{ l} \cdot \text{bar} \cdot \text{K}^{-1} \cdot \text{mol}^{-1} \cdot 723 \text{ K}}{0,1 \text{ bar}} = 45,7 \text{ l}$$

g) $p \cdot V = n \cdot R \cdot T$

$$n = \frac{p_2 \cdot V_2}{R \cdot T_2} = \frac{3 \cdot 10^3 \text{ bar} \cdot 1 \text{ l}}{0,083145 \text{ l} \cdot \text{bar} \cdot \text{K}^{-1} \cdot \text{mol}^{-1} \cdot 298 \text{ K}} = 121 \text{ mol}$$

$$p_1 = \frac{n \cdot R \cdot T_1}{V_1}$$

$$= \frac{121 \ \text{mol} \cdot 0{,}083145 \ \text{l} \cdot \text{bar} \cdot \text{K}^{-1} \cdot \text{mol}^{-1} \cdot 473 \ \text{K}}{4{,}5 \ \text{l}}$$

$$= 1{,}06 \cdot 10^3 \ \text{bar} = 1{,}06 \ \text{kbar}$$

3.5 Wir wenden das ideale Gasgesetz an:

$$p \cdot V = n \cdot R \cdot T = \frac{m}{M} \cdot R \cdot T$$

$$m = \frac{p \cdot V \cdot M}{R \cdot T}$$

$$m(\text{H}_2) = \frac{200 \ \text{bar} \cdot 20 \ \text{l} \cdot 2 \ \text{g} \cdot \text{mol}^{-1}}{0{,}083145 \ \text{l} \cdot \text{bar} \cdot \text{K}^{-1} \cdot \text{mol}^{-1} \cdot 293 \ \text{K}} = 328 \ \text{g}$$

$$m(\text{N}_2) = \frac{200 \ \text{bar} \cdot 20 \ \text{l} \cdot 28 \ \text{g} \cdot \text{mol}^{-1}}{0{,}083145 \ \text{l} \cdot \text{bar} \cdot \text{K}^{-1} \cdot \text{mol}^{-1} \cdot 293 \ \text{K}} = 4600 \ \text{g}$$

$$m(\text{Ar}) = \frac{200 \ \text{bar} \cdot 20 \ \text{l} \cdot 40 \ \text{g} \cdot \text{mol}^{-1}}{0{,}083145 \ \text{l} \cdot \text{bar} \cdot \text{K}^{-1} \cdot \text{mol}^{-1} \cdot 293 \ \text{K}} = 6570 \ \text{g}$$

3.6

$$M(\text{NaN}_3) = 65 \ \text{g} \cdot \text{mol}^{-1}$$

$$n(\text{N}_2) = \frac{3}{2} \cdot n(\text{NaN}_3)$$

Für das molare Volumen bei 80 °C (353 K) und 1500 hPa ergibt sich:

$$V_\text{m} = 22{,}4 \cdot \frac{353}{273} \cdot \frac{1013}{1500} \ \text{l} \cdot \text{mol}^{-1} = 19{,}6 \ \text{l} \cdot \text{mol}^{-1}$$

$$n(\text{N}_2) = \frac{100 \ \text{l}}{19{,}6 \ \text{l} \cdot \text{mol}^{-1}} = 5{,}1 \ \text{mol}$$

Für die benötigte Menge an Natriumazid gilt demnach:

$$n(\text{NaN}_3) = \frac{2}{3} \cdot 5{,}1 \ \text{mol} = 3{,}4 \ \text{mol}$$

$$m(\text{NaN}_3) = 3{,}4 \ \text{mol} \cdot 65 \ \text{g} \cdot \text{mol}^{-1} = 221 \ \text{g}$$

Neuere Airbag-Systeme nutzen überwiegend eine Reaktion zwischen organischen Stickstoffverbindungen zur Erzeugung von Stickstoff.

3.7 Zunächst berechnen wir die Stoffmenge an Wasser, die der Raum bei einer relativen Luftfeuchtigkeit von 35 % enthält:

Für den Wasserdampf-Partialdruck ergibt sich $0{,}35 \cdot 27$ mbar $= 9{,}5$ mbar.

Um die Masse an Wasser zu berechnen, wenden wir das ideale Gasgesetz an:

$$p \cdot V = n \cdot R \cdot T = \frac{m}{M} \cdot R \cdot T$$

$$m = \frac{p \cdot V \cdot M}{R \cdot T} = \frac{9{,}5 \cdot 10^{-3} \ \text{bar} \cdot 50 \cdot 10^3 \ 1 \cdot 18 \ \text{g} \cdot \text{mol}^{-1}}{0{,}083145 \ 1 \cdot \text{bar} \cdot \text{K}^{-1} \cdot \text{mol}^{-1} \cdot 295 \ \text{K}}$$

$$= 349 \ \text{g}$$

Bei einer relativen Luftfeuchtigkeit von 60 % beträgt der Wasserdampf-Partialdruck $0{,}6 \cdot 27$ mbar = 16,2 mbar. Dieser Wert entspricht einer Masse an Wasser von:

$$349 \ \text{g} \cdot \frac{16{,}2 \ \text{mbar}}{9{,}5 \ \text{mbar}} = 595 \ \text{g}$$

Es müssen also $(595 - 349) \ \text{g} = 246 \ \text{g}$ Wasser verdampft werden.

3.8 Aus der relativen Luftfeuchtigkeit von 70 % bei 25 °C errechnet man einen Wasserdampf-Partialdruck von $0{,}7 \cdot 31{,}9$ mbar = 22,3 mbar.

Die der Differenz der Wasserdampf-Partialdrücke $(22{,}3 - 10{,}8)$ mbar = 11,5 mbar entsprechende Masse an Wasser wird also in Form von flüssigem Wasser gebildet. Diese berechnen wir mithilfe des idealen Gasgesetzes:

$$p \cdot V = n \cdot R \cdot T = \frac{m}{M} \cdot R \cdot T$$

$$m = \frac{p \cdot V \cdot M}{R \cdot T} = \frac{11{,}5 \cdot 10^{-3} \ \text{bar} \cdot 10^6 \ 1 \cdot 18 \ \text{g} \ \text{mol}^{-1}}{0{,}083145 \ 1 \cdot \text{bar} \cdot \text{K}^{-1} \cdot \text{mol}^{-1} \cdot 281 \ \text{K}}$$

$$= 8860 \ \text{g}$$

3.9 a) Geht man von $V_{\text{m}} = 24 \ 1 \cdot \text{mol}^{-1}$ (für 1013 hPa und 20 °C) aus, erhält man für 1060 hPa:

$$V_{\text{m}} = 24 \ 1 \cdot \text{mol}^{-1} \cdot \frac{1013}{1060} = 22{,}9 \ 1 \cdot \text{mol}^{-1}$$

$$\Rightarrow n(5 \ 1 \ \text{Wasserstoff}) = \frac{5 \ 1}{22{,}9 \ 1 \cdot \text{mol}^{-1}} = 0{,}22 \ \text{mol}$$

$$\Rightarrow m(5 \ 1 \ \text{Wasserstoff}) = 0{,}22 \ \text{mol} \cdot 2 \ \text{g} \cdot \text{mol}^{-1} = 0{,}44 \ \text{g}$$

Der Ballon hat damit eine Gesamtmasse von 3,44 g.

Der Ballon verdrängt 5 1 Luft (1013 hPa, 20 °C):

$$m(\text{Luft}) = \frac{5 \ 1}{24 \ 1 \cdot \text{mol}^{-1}} \cdot 29 \ \text{g} \cdot \text{mol}^{-1} = 6{,}04 \ \text{g}$$

Um den Auftrieb zu kompensieren, müsste man also eine Masse von $(6{,}04 - 3{,}44) \ \text{g} = 2{,}6 \ \text{g}$ anhängen.

b) $m(\text{Helium-Füllung}) = 0,22 \text{ mol} \cdot 4 \text{ g}\cdot\text{mol}^{-1} = 0,88 \text{ g}$

Man müsste demnach eine Masse von $(6,04 - 3,88) \text{ g} = 2,16 \text{ g}$ anhängen.

c) Der Auftrieb verringert sich von 2,6 g auf 2,16 g. Für die Verringerung ergibt sich damit:

$$\frac{0,44}{2,6} \cdot 100 \ \% = 16,9 \ \%$$

3.10 a) Wir wenden das ideale Gasgesetz an und berechnen zunächst die Stoffmenge n:

$$p \cdot V = n \cdot R \cdot T$$

$$n = \frac{p \cdot V}{R \cdot T} = \frac{2 \cdot 10^{-6} \cdot 10^{-3} \text{ bar} \cdot 2,5 \text{ l}}{0,083145 \text{ l} \cdot \text{bar} \cdot \text{K}^{-1} \cdot \text{mol}^{-1} \cdot 298 \text{ K}}$$

$$= 2 \cdot 10^{-10} \text{ mol}$$

Da ein Mol eines Stoffes $6,02 \cdot 10^{23}$ Teilchen entspricht, ergibt sich für die Anzahl der Gasteilchen in der Apparatur:

$$N = n \cdot N_{\text{A}} = 2 \cdot 10^{-10} \cdot 6,02 \cdot 10^{23} = 1,2 \cdot 10^{14}$$

b) Für eine Million Gasteilchen ergibt sich folgende Stoffmenge:

$$n = \frac{10^{6}}{6,02 \cdot 10^{23}} \text{ mol} = 1,66 \cdot 10^{-18} \text{ mol}$$

Der diesem Wert entsprechende Druck wird mithilfe des idealen Gasgesetzes berechnet:

$$p = \frac{n \cdot R \cdot T}{V}$$

$$p = \frac{1,66 \cdot 10^{-18} \text{ mol} \cdot 0,083145 \text{ l} \cdot \text{bar} \cdot \text{K}^{-1} \cdot \text{mol}^{-1} \cdot 298 \text{ K}}{2,5 \text{ l}}$$

$$= 1,6 \cdot 10^{-17} \text{ bar} = 1,6 \cdot 10^{-14} \text{ mbar}$$

3.11 $M(\text{AlCl}_3) = (26,98 + 3 \cdot 35,45) \text{ g}\cdot\text{mol}^{-1} = 133,33 \text{ g}\cdot\text{mol}^{-1}$

$$\Rightarrow n(\text{AlCl}_3) = \frac{5 \text{ g}}{133,33 \text{ g} \cdot \text{mol}^{-1}} = 3,75 \cdot 10^{-2} \text{ mol}$$

Der Reaktionsgleichung entsprechend wird die 1,5fache Menge an Chlorgas benötigt:

$$n(\text{Cl}_2) = 1,5 \cdot 3,75 \cdot 10^{-2} \text{ mol} = 5,63 \cdot 10^{-2} \text{ mol}$$

Mithilfe des idealen Gasgesetzes lässt sich nun das Volumen des Chlorgases berechnen:

$$V(\text{Chlor}) = \frac{5{,}63 \cdot 10^{-2}\ \text{mol} \cdot 0{,}083145\ \text{l} \cdot \text{bar} \cdot \text{K}^{-1} \cdot \text{mol}^{-1} \cdot 298\ \text{K}}{1\ \text{bar}}$$

$$= 1{,}4\ \text{l}$$

3.12 Zur Lösung der Aufgabe ersetzen wir im idealen Gasgesetz die Stoffmenge n durch den Quotienten aus Masse m und molarer Masse M und lösen nach M auf.

$$p \cdot V = n \cdot R \cdot T \qquad p \cdot V = \frac{m}{M} \cdot R \cdot T$$

$$M = \frac{m \cdot R \cdot T}{p \cdot V} = \frac{0{,}5\ \text{g} \cdot 0{,}083145\ \text{l} \cdot \text{bar} \cdot \text{K}^{-1} \cdot \text{mol}^{-1} \cdot 773\ \text{K}}{1{,}265\ \text{bar} \cdot 0{,}1\ \text{l}}$$

$$= 254\ \text{g} \cdot \text{mol}^{-1}$$

Bei dem Stoff handelt es sich um Iod, das aus I_2-Molekülen besteht.

3.13 Die Reaktion verläuft nach folgender Reaktionsgleichung:

$$2\ NH_4Cl(s) + H_2SO_4(l) \rightleftharpoons (NH_4)_2SO_4(s) + 2\ HCl(g)$$

Zunächst berechnen wir mithilfe des idealen Gasgesetzes die Stoffmenge des Chlorwasserstoffs:

$$p \cdot V = n \cdot R \cdot T$$

$$n = \frac{p \cdot V}{R \cdot T} = \frac{1\ \text{bar} \cdot 5\ \text{l}}{0{,}083145\ \text{l} \cdot \text{bar} \cdot \text{K}^{-1} \cdot \text{mol}^{-1} \cdot 298\ \text{K}} = 0{,}2\ \text{mol}$$

Pro Mol HCl wird ein Mol NH_4Cl verbraucht. Mit der molaren Masse von Ammoniumchlorid von $53{,}45\ \text{g} \cdot \text{mol}^{-1}$ ergibt sich:

$$m(NH_4Cl) = 0{,}2\ \text{mol} \cdot 53{,}45\ \text{g} \cdot \text{mol}^{-1} = 10{,}7\ \text{g}$$

Das Rechenergebnis bedeutet, dass man in der Praxis mindestens 13 g Ammoniumchlorid einsetzen sollte. Auf diese Weise können HCl-Verluste (z.B. aufgrund der Löslichkeit im Reaktionsgemisch) ausreichend sicher kompensiert werden.

3.14 Im Dampf liegt Phosphor als P_4-Molekül mit einer molaren Masse von $124\ \text{g} \cdot \text{mol}^{-1}$ vor. Wir wenden das ideale Gasgesetz an und lösen nach der Masse m auf:

$$p \cdot V = n \cdot R \cdot T = \frac{m}{M} \cdot R \cdot T$$

$$m = \frac{p \cdot V \cdot M}{R \cdot T} = \frac{10\ \text{bar} \cdot 0{,}05\ \text{l} \cdot 124\ \text{g} \cdot \text{mol}^{-1}}{0{,}083145\ \text{l} \cdot \text{bar} \cdot \text{K}^{-1} \cdot \text{mol}^{-1} \cdot 1273\ \text{K}}$$

$$= 0{,}586\ \text{g}$$

$$\Rightarrow n(P) = \frac{0{,}586\ \text{g}}{31\ \text{g} \cdot \text{mol}^{-1}} = 0{,}0189\ \text{mol}$$

Dieselbe Stoffmenge an Gallium wird bei der Reaktion umgesetzt:

$$m(\mathrm{Ga}) = 0,0189\ \mathrm{mol} \cdot 69,7\ \mathrm{g\cdot mol^{-1}} = 1,317\ \mathrm{g}$$

Insgesamt werden also bei vollständigem Umsatz $(1,317 + 0,586)\ \mathrm{g} = 1,9\ \mathrm{g}$ Galliumphosphid erhalten.

3.15 a) Zunächst berechnen wir über die Masse die Stoffmenge an CCl_4:

$$m(\mathrm{CCl_4}) = 3,0\ \mathrm{cm} \cdot 1,6\ \mathrm{g\cdot cm^{-3}} = 4,8\ \mathrm{g}$$

$$M(\mathrm{CCl_4}) = 153,8\ \mathrm{g\cdot mol^{-1}}$$

$$\Rightarrow\ n(\mathrm{CCl_4}) = \frac{m(\mathrm{CCl_4})}{M(\mathrm{CCl_4})} = \frac{4,8\ \mathrm{g}}{153,8\ \mathrm{g\cdot mol^{-1}}} = 0,0312\ \mathrm{mol}$$

Der Partialdruck ergibt sich dann mithilfe des idealen Gasgesetzes:

$$p = \frac{n\cdot R\cdot T}{V}$$

$$p(\mathrm{CCl_4}) = \frac{0,0312\ \mathrm{mol} \cdot 0,083145\ \mathrm{l\cdot bar\cdot K^{-1}\cdot mol^{-1}} \cdot 373\ \mathrm{K}}{2\ \mathrm{l}}$$
$$= 0,484\ \mathrm{bar}$$

b)

$$m(\mathrm{Wasser}) = \frac{p\cdot V\cdot M}{R\cdot T} = \frac{0,5\ \mathrm{bar} \cdot 2\ \mathrm{l} \cdot 18\ \mathrm{g\cdot mol^{-1}}}{0,083145\ \mathrm{l\cdot bar\cdot K^{-1}\cdot mol^{-1}} \cdot 373\ \mathrm{K}}$$
$$= 0,58\ \mathrm{g} \stackrel{\wedge}{=} 0,58\ \mathrm{cm^3}$$

3.16 Wir wenden das ideale Gasgesetz an:

$$p\cdot V = n\cdot R\cdot T = \frac{m}{M}\cdot R\cdot T$$

$$p\cdot M = \frac{m}{V}\cdot R\cdot T = \varrho \cdot R \cdot T$$

$$\varrho = \frac{p\cdot M}{R\cdot T}$$

$$\varrho(\mathrm{H_2}) = \frac{1\ \mathrm{bar} \cdot 2\ \mathrm{g\cdot mol^{-1}}}{0,083145\ \mathrm{l\cdot bar\cdot K^{-1}\cdot mol^{-1}} \cdot 298\ \mathrm{K}} = 0,081\ \mathrm{g\cdot l^{-1}}$$

$$\varrho(\mathrm{N_2}) = \frac{1\ \mathrm{bar} \cdot 28\ \mathrm{g\cdot mol^{-1}}}{0,083145\ \mathrm{l\cdot bar\cdot K^{-1}\cdot mol^{-1}} \cdot 298\ \mathrm{K}} = 1,13\ \mathrm{g\cdot l^{-1}}$$

$$\varrho(\mathrm{SF_6}) = \frac{1\ \mathrm{bar} \cdot 146,1\ \mathrm{g\cdot mol^{-1}}}{0,083145\ \mathrm{l\cdot bar\cdot K^{-1}\cdot mol^{-1}} \cdot 298\ \mathrm{K}} = 5,9\ \mathrm{g\cdot l^{-1}}$$

3.17 Zunächst berechnen wir die Masse der Flüssigkeiten $(m = V \cdot \varrho)$ und ihre Stoffmengen:

$$m(\mathrm{H_2O}) = 10 \ \mathrm{cm}^3 \cdot 1 \ \mathrm{g \cdot cm}^{-3} = 10 \ \mathrm{g}$$

$$M(\mathrm{H_2O}) = 18 \ \mathrm{g \cdot mol}^{-1}$$

$$\Rightarrow n(\mathrm{H_2O}) = \frac{10 \ \mathrm{g}}{18 \ \mathrm{g \cdot mol}^{-1}} = 0{,}556 \ \mathrm{mol}$$

$$m(\mathrm{CS_2}) = 10 \ \mathrm{cm}^3 \cdot 1{,}3 \ \mathrm{g \cdot cm}^{-3} = 13 \ \mathrm{g}$$

$$M(\mathrm{CS_2}) = 76{,}1 \ \mathrm{g \cdot mol}^{-1}$$

$$\Rightarrow n(\mathrm{CS_2}) = \frac{13 \ \mathrm{g}}{76{,}1 \ \mathrm{g \cdot mol}^{-1}} = 0{,}171 \ \mathrm{mol}$$

$$m(\mathrm{SnCl_4}) = 10 \ \mathrm{cm}^3 \cdot 2{,}2 \ \mathrm{g \cdot cm}^{-3} = 22 \ \mathrm{g}$$

$$M(\mathrm{SnCl_4}) = 260{,}5 \ \mathrm{g \cdot mol}^{-1}$$

$$\Rightarrow n(\mathrm{SnCl_4}) = \frac{22 \ \mathrm{g}}{260{,}5 \ \mathrm{g \cdot mol}^{-1}} = 0{,}084 \ \mathrm{mol}$$

Das Volumen des Dampfes ergibt sich als Produkt aus der Stoffmenge und dem molaren Volumen für die genannten Bedingungen.

Für 1 bar und 393 K gilt:

$$V_\mathrm{m} = \frac{0{,}083145 \ \mathrm{l \cdot bar \cdot K}^{-1} \cdot \mathrm{mol}^{-1} \cdot 393 \ \mathrm{K}}{1 \ \mathrm{bar}}$$

$$= 32{,}7 \ \mathrm{l \cdot mol}^{-1}$$

$$V\left(\mathrm{H_2O(g)}\right) = 0{,}556 \ \mathrm{mol} \cdot 32{,}7 \ \mathrm{l \cdot mol}^{-1} = 18{,}2 \ \mathrm{l}$$

$$V\left(\mathrm{CS_2(g)}\right) = 0{,}171 \ \mathrm{mol} \cdot 32{,}7 \ \mathrm{l \cdot mol}^{-1} = 5{,}6 \ \mathrm{l}$$

$$V\left(\mathrm{SnCl_4(g)}\right) = 0{,}084 \ \mathrm{mol} \cdot 32{,}7 \ \mathrm{l \cdot mol}^{-1} = 2{,}8 \ \mathrm{l}$$

Alternative: Man geht direkt vom idealen Gasgesetz aus, ohne die Stoffmenge und V_m zahlenmäßig anzugeben:

$$p \cdot V = n \cdot R \cdot T = \frac{m}{M} \cdot R \cdot T$$

$$V = \frac{m \cdot R \cdot T}{p \cdot M}$$

$$V(\mathrm{H_2O}) = \frac{10 \ \mathrm{g} \cdot 0{,}083145 \ \mathrm{l \cdot bar \cdot K}^{-1} \cdot \mathrm{mol}^{-1} \cdot 393 \ \mathrm{K}}{1 \ \mathrm{bar} \cdot 18 \ \mathrm{g \cdot mol}^{-1}} = 18{,}2 \ \mathrm{l}$$

$$V(\mathrm{CS_2}) = \frac{13 \ \mathrm{g} \cdot 0{,}083145 \ \mathrm{l \cdot bar \cdot K}^{-1} \cdot \mathrm{mol}^{-1} \cdot 393 \ \mathrm{K}}{1 \ \mathrm{bar} \cdot 76{,}1 \ \mathrm{g \cdot mol}^{-1}} = 5{,}6 \ \mathrm{l}$$

Hinweis: Der im ersten Lösungsweg enthaltene Vorschlag, zunächst das molare Volumen V_m für die angegebene Druck/Temperatur-Kombination zu berechnen, ist immer dann vorteilhaft, wenn mehrere Teilaufgaben jeweils mit diesem V_m-Wert übersichtlich in einem Rechenschritt gelöst werden können.

$$V(\mathrm{SnCl_4}) = \frac{22 \text{ g} \cdot 0,083145 \text{ l} \cdot \mathrm{bar} \cdot \mathrm{K}^{-1} \cdot \mathrm{mol}^{-1} \cdot 393 \text{ K}}{1 \text{ bar} \cdot 260,5 \text{ g} \cdot \mathrm{mol}^{-1}} = 2,8 \text{ l}$$

3.18 Die Dichte von Trockeneis beträgt 1,6 g·cm^{-3}.

$$m(\mathrm{CO_2}) = 1 \text{ cm}^3 \cdot 1,6 \text{ g} \cdot \mathrm{cm}^{-3} = 1,6 \text{ g}$$

$$n(\mathrm{CO_2}) = \frac{1,6 \text{ g}}{44 \text{ g} \cdot \mathrm{mol}^{-1}} = 3,64 \cdot 10^{-2} \text{ mol}$$

$$p \cdot V = n \cdot R \cdot T \qquad p = \frac{n \cdot R \cdot T}{V}$$

$$p = \frac{3,64 \cdot 10^{-2} \text{ mol} \cdot 0,083145 \text{ l} \cdot \mathrm{bar} \cdot \mathrm{K}^{-1} \cdot \mathrm{mol}^{-1} \cdot 293 \text{ K}}{0,5 \text{ l}}$$

$$= 1,77 \text{ bar}$$

Wie das Ergebnis zeigt, sind derartige Legierungen prinzipiell als effektive Wasserstoffspeicher geeignet. Zieht man LaNi$_5$ als Wasserstoffspeicher für den mobilen Einsatz in Kraftfahrzeugen in Betracht, erweist sich jedoch die Masse dieser Legierung als nachteilig. So wiegen 50 l der Legierung 500 kg, also etwa halb so viel wie ein Kleinwagen. Diese Masse muss vor allem im Stadtverkehr häufig beschleunigt werden, sodass ein beträchtlicher Energieaufwand erforderlich ist. Zudem sind die Kosten für einen derartigen „Wasserstofftank" wesentlich höher als für einen Behälter für flüssigen oder komprimierten gasförmigen Wasserstoff, sodass aus heutiger Sicht der Einsatz solcher Legierungen als Wasserstoffspeicher in Kraftfahrzeugen unwirtschaftlich erscheint.

3.19 Den Massenanteil des Wasserstoffs $w(\mathrm{H})$ in LaNi$_5$H$_6$ errechnet man folgendermaßen aus den molaren Massen:

$$w(\mathrm{H}) = \frac{6 \cdot 1 \text{ g} \cdot \mathrm{mol}^{-1}}{138,9 \text{ g} \cdot \mathrm{mol}^{-1} + 5 \cdot 58,7 \text{ g} \cdot \mathrm{mol}^{-1} + 6 \cdot 1 \text{ g} \cdot \mathrm{mol}^{-1}}$$

$$= 0,013 \; 7 \triangleq 1,37 \text{ \%}$$

Für die Masse von einem Liter der Legierung LaNi$_5$H$_6$ gilt:
1000 cm^3 · 10 g·cm^{-3} = 10 000 g = 10 kg.
Der Massenanteil des Wasserstoffs beträgt 1,37 %. Dies sind 0,0137 · 10 000 g = 137 g.

Für die Masse an Wasserstoff, die in einem Liter des komprimierten Gases enthalten sind, ergibt sich mithilfe des idealen Gasgesetzes:

$$p \cdot V = n \cdot R \cdot T = \frac{m}{M} \cdot R \cdot T$$

$$m = \frac{p \cdot V \cdot M}{R \cdot T} = \frac{200 \text{ bar} \cdot 1 \text{ l} \cdot 2 \text{ g} \cdot \mathrm{mol}^{-1}}{0,083145 \text{ l} \cdot \mathrm{bar} \cdot \mathrm{K}^{-1} \cdot \mathrm{mol}^{-1} \cdot 293 \text{ K}} = 16,4 \text{ g}$$

Die Masse von einem Liter flüssigem Wasserstoff beträgt 1000 cm^{-3} · 0,071 g·cm^{-3} = 71 g. In der Legierung LaNi$_5$H$_6$ ist also pro Volumeneinheit mehr Wasserstoff enthalten als in flüssigem oder auf 200 bar komprimiertem Wasserstoff.

3.20 a) $Ca(OH)_2(s) + CO_2(g) \rightarrow CaCO_3(s) + H_2O(g)$

$m(Ca(OH)_2) = 9000 \text{ kg}$

$M(Ca(OH)_2) = 74 \text{ g·mol}^{-1}$

$$n(Ca(OH)_2) = \frac{9000 \text{ kg}}{74 \text{ g·mol}^{-1}} = 122 \text{ kmol} \qquad\qquad 1 \text{ kmol} = 1000 \text{ mol}$$

Durch die Reaktion werden also 122 kmol CO_2 gebunden:

$$V(CO_2) = 122 \text{ kmol} \cdot 24 \text{ l·mol}^{-1} = 2930 \text{ m}^3$$

$$m(CO_2) = 122 \text{ kmol} \cdot 44 \text{ g·mol}^{-1} = 5370 \text{ kg}$$

Massenänderung:
Während CO_2 gebunden wird, geht die gleiche Stoffmenge an H_2O verloren.

$M(H_2O) \quad = 18 \text{ g·mol}^{-1}$

$n(H_2O) \quad = 122 \text{ kmol}$

$$\Rightarrow m(H_2O) = 122 \text{ kmol} \cdot 18 \text{ g·mol}^{-1} = 2200 \text{ kg}$$
$$\Delta m = (5370 - 2200) \text{ kg} = 3170 \text{ kg}$$

Durch die beschriebene Reaktion könnte also die Masse des Hauses um mehr als 3 t zunehmen.

b) Luft enthält CO_2 mit einem Volumenanteil von rund 0,04 %.

$$V(\text{Luft}) = 2930 \text{ m}^3 \cdot \frac{100 \text{ \%}}{0,04 \text{ \%}} = 7\,325\,000 \text{ m}^3$$

Die insgesamt benötigte CO_2-Menge entspricht also dem CO_2-Anteil von mehr als 7 Millionen Kubikmeter Luft.

4 Energieumsatz bei chemischen Reaktionen

Bei praktisch allen Reaktionen wird Energie mit der Umgebung ausgetauscht. Wie viel Energie jeweils abgegeben oder aufgenommen wird, ist dabei proportional zu den im Experiment umgesetzten Stoffmengen.

Allgemeingültige Aussagen ergeben sich mit den *stoffmengenbezogenen* Werten (Energie durch Stoffmenge) in der Einheit $kJ \cdot mol^{-1}$.

Reaktionsenthalpie Die mit dem Symbol ΔH_R^0 angegebene *molare* **Standard-Reaktionsenthalpie** bezieht sich auf den Wärmeumsatz beim Standarddruck ($p^0 = 1000$ hPa); ein negatives Vorzeichen zeigt an, dass das reagierende System Wärme an die Umgebung verliert. Der Zahlenwert hängt von den stöchiometrischen Faktoren der Reaktionsgleichung ab:

$$2\,Mg(s) + O_2(g) \rightarrow 2\,MgO(s);\ \Delta H_R^0 = -1202\,kJ \cdot mol^{-1}$$

$$Mg(s) + \tfrac{1}{2}O_2(g) \rightarrow MgO(s);\quad \Delta H_R^0 = -601\,kJ \cdot mol^{-1}$$

Die Standard-Reaktionsenthalpie einer beliebigen Reaktion kann mithilfe von tabellierten Werten für die **Standard-Bildungsenthalpien** ΔH_f^0 berechnet werden:

$$\Delta H_R^0 = \Sigma\,\Delta H_f^0(\text{Produkte}) - \Sigma\,\Delta H_f^0(\text{Ausgangsstoffe})$$

Für elementare Stoffe (in der stabilsten Modifikation) gilt: $\Delta H_f^0 = 0\,kJ \cdot mol^{-1}$

Die Bildungsenthalpie einer Verbindung stimmt mit der Reaktionsenthalpie für die Bildung des Stoffes aus den Elementen überein: $\Delta H_f^0(MgO) = -601\ kJ \cdot mol^{-1}$

Tabellen mit Standard-Bildungsenthalpien enthalten auch Werte für *hydratisierte Ionen*, sodass auch Reaktionsenthalpien für Ionenreaktionen in wässeriger Lösung berechnet werden können. Für das Hydronium-Ion $H^+(aq)$ gilt definitionsgemäß: $\Delta H_f^0 = 0\,kJ \cdot mol^{-1}$

Hinweis: Reaktionsenthalpien sind prinzipiell temperaturabhängig. Der Einfluss der Temperatur ist aber relativ gering.

Die in den meisten Tabellenwerken nur für 298 K aufgeführten Standard-Bildungsenthalpien ergeben deshalb in der Regel auch gute Näherungswerte für die Reaktionsenthalpie bei anderen Temperaturen.

Reaktionsentropie Die Entropie S eines Stoffes ist ein Maß für den Ordnungszustand. Der Wert wird stoffmengenbezogen mit der Einheit $J \cdot mol^{-1} \cdot K^{-1}$ angegeben.

Für einen idealen Kristall bei 0 K gilt jeweils $S = 0\ J \cdot mol^{-1} \cdot K^{-1}$.

Mit steigender Temperatur nimmt S dann stetig zu; sprunghafte Änderungen ergeben sich beim Übergang in einen anderen Aggregatzustand.

Die mit einer chemischen Reaktion verbundene Entropieänderung ΔS_R^0 lässt sich mit den für 298 K (25 °C) tabellierten Werten der Standard-Entropien S^0 berechnen:

$$\Delta S_R^0 = \Sigma\,S^0(\text{Produkte}) - \Sigma\,S^0(\text{Ausgangsstoffe})$$

Freie Reaktionsenthalpie Reaktionsenthalpie und Reaktionsentropie werden über die **Gibbs-Helmholtz-Gleichung** zur *molaren freien Reaktionsenthalpie* ΔG_R verknüpft:

$$\Delta G_R = \Delta H_R - T \cdot \Delta S_R$$

Werte für die *freie Standard-Reaktionsenthalpie* bei 25 °C können auch direkt mit den für 25 °C tabellierten Werten für die *freien Standard-Bildungsenthalpien* ΔG_f^0 berechnet werden:

$$\Delta G_R^0 = \Sigma\, \Delta G_f^0(\text{Produkte}) - \Sigma\, \Delta G_f^0(\text{Ausgangsstoffe})$$

Für andere Temperaturen ergibt sich über die Anwendung der Gibbs-Helmholtz-Gleichung jeweils ein *Näherungswert* für ΔG_R^0, indem man von den für 25 °C gültigen Tabellenwerten für ΔH_f^0 und S^0 ausgeht.

Berechnung von Gleichgewichtskonstanten

Zwischen der molaren freien Standard-Reaktionsenthalpie und der thermodynamischen Gleichgewichtskonstante K der betreffenden Reaktion besteht ein einfacher Zusammenhang:

$$\ln K = \frac{-\Delta G_R^0}{R \cdot T}$$

Mithilfe dieser Beziehung kann K für beliebige Temperaturen *näherungsweise* ermittelt werden:

Man geht von den für 25 °C geltenden Werten für ΔH_R^0 und ΔS_R^0 aus und berechnet über die Gibbs-Helmholtz-Gleichung einen Näherungswert für ΔG_R^0 bei der betreffenden Temperatur. Dieser Wert wird dann in die angegebene Beziehung eingesetzt.

Hinweis

Beziehungen zwischen K und K_c bzw. K_p

Die mithilfe von thermodynamischen Daten berechnete Gleichgewichtskonstante K hat grundsätzlich keine Einheit. Aus der experimentellen Untersuchung eines Gleichgewichts ergibt sich dagegen in der Regel eine Gleichgewichtskonstante (K_c bzw. K_p) mit einer Einheit, die einer (positiven oder negativen) Potenz der Konzentrationseinheit (mol·l^{-1}) bzw. einer Druckeinheit (bar bzw. Pa) entspricht.

Der *Zahlenwert* von K_c stimmt mit dem thermodynamisch berechneten K-Wert überein, soweit die im Gleichgewicht vorliegenden Konzentrationen in mol·l^{-1} angegeben werden.

Bei Gasreaktionen ist der *Zahlenwert* von K_p mit K identisch, soweit alle im Gleichgewicht vorliegenden Partialdrücke in Bar angegeben werden.

Liegen Druckangaben in anderen Einheiten vor, so ergibt sich der thermodynamische Wert für K auf folgende Weise:

Man dividiert die gemessenen Partialdrücke jeweils durch den Standarddruck ($p^0 = 1$ bar $= 10^5$ Pa $= 1000$ hPa) und setzt dann nur die so erhaltenen Zahlenwerte in den zur Berechnung von K_p aufgestellten Term ein.

Aufgaben

4.1 Berechnen Sie mithilfe der für 298 K tabellierten molaren Standard-Bildungsenthalpien die molaren Reaktionsenthalpien der folgenden Reaktionen:

a) $CaO(s) + H_2O(l) \longrightarrow Ca(OH)_2(s)$

b) $Cu(OH)_2(s) \xrightarrow{\Delta} CuO(s) + H_2O(g)$

c) $2\,Al(OH)_3(s) \xrightarrow{\Delta} Al_2O_3(s) + 3\,H_2O(g)$

d) $BaCl_2 \cdot 2\,H_2O(s) \xrightarrow{\Delta} BaCl_2(s) + 2\,H_2O(g)$

e) $CuSO_4 \cdot 5\,H_2O(s) \xrightarrow{\Delta} CuSO_4(s) + 5\,H_2O(g)$

f) $Ba(OH)_2(s) + 8\,H_2O(l) \longrightarrow Ba(OH)_2 \cdot 8\,H_2O(s)$

g) $NaOH(s) \xrightarrow{\text{Wasser}} Na^+(aq) + OH^-(aq)$

h) $H^+(aq) + OH^-(aq) \longrightarrow H_2O(l)$

i) $Ba^{2+}(aq) + SO_4^{2-}(aq) \longrightarrow BaSO_4(s)$

j) $Ag^+(aq) + Br^-(aq) \longrightarrow AgBr(s)$

4.2 Berechnen Sie mithilfe tabellierter thermodynamischer Daten die molaren Reaktionsenthalpien, Reaktionsentropien und freien Reaktionsenthalpien für folgende Reaktionen bei 298 K und 1000 hPa:

a) $H_2(g) + I_2(g) \rightleftharpoons 2\,HI(g)$

b) $CaCO_3(s) \rightleftharpoons CaO(s) + CO_2(g)$

c) $Hg(l) \rightleftharpoons Hg(g)$

d) $F_2(g) \rightleftharpoons 2\,F(g)$

4.3 Berechnen Sie die Gleichgewichtskonstanten K für die in Aufgabe 4.2 aufgeführten Reaktionen

a) für 20 °C,

b) für 1000 °C.

Die Temperaturabhängigkeit der Reaktionsenthalpie und der Reaktionsentropie soll dabei unberücksichtigt bleiben.

4.4 Berechnen Sie mithilfe tabellierter thermodynamischer Daten die Gleichgewichtkonstante K_p für die Verdampfung von Wasser bei 100 °C. Verwenden Sie die Druckeinheit **a)** bar und **b)** Pa.

4.5 Beim Erhitzen zerfällt Calciumcarbonat in Calciumoxid und Kohlenstoffdioxid. Berechnen Sie, bei welcher Temperatur der Zersetzungsdruck 1 bar beträgt.

4.6 Metalle können nicht durch Reduktion des Metallsulfids mit Koks (Kohlenstoff) hergestellt werden. Metallsulfide werden zunächst „abgeröstet", d. h. durch Reaktion mit Luftsauerstoff in die in der Regel stabileren Oxide überführt. Diese können dann mit Koks reduziert werden. Berechnen Sie am Beispiel von Zink die Gleichgewichtskonstanten bei 1000 °C für folgende Reaktionen:

a) die Reaktion von Zinksulfid mit Koks,

b) die Röstreaktion,

c) die Reduktion von Zinkoxid mit Koks.

4.7 Berechnen Sie die Atomisierungsenthalpien folgender Stoffe:

a) $Na(s)$ **b)** $Co(s)$ **c)** $CH_4(g)$

d) $BF_3(s)$ **e)** $AlF_3(g)$

4.8 Berechnen Sie die mittleren Bindungsenthalpien in folgenden Molekülverbindungen:

a) $NH_3(g)$ **b)** $CO(g)$ **c)** $CO_2(g)$

d) $PF_3(g)$ **e)** $PF_5(g)$

4.9 Berechnen Sie die Elektronenaffinität des Brom-Atoms, $\Delta H_{EA}(Br)$, mithilfe des Born-Haber-Kreisprozesses für Kaliumbromid.

Verwenden Sie dabei u. a. die folgenden Werte:

$$\Delta H_{Gitter}(KBr) = -689 \ kJ \cdot mol^{-1}$$

$$\Delta H_I(K) = 425 \ kJ \cdot mol^{-1}$$

4.10 Entscheiden Sie, ob bei der Reaktion von Phosphor(III)-chlorid mit Bor(III)-fluorid bei 200 °C in der Gasphase mit der Bildung von gasförmigem Phosphor(III)-fluorid gerechnet werden muss. Verwenden Sie für Ihre Entscheidung dabei

a) die Zahlenwerte der Bindungsenthalpien und

b) die Werte der Standard-Bildungsenthalpien und Standard-Entropien der beteiligten Stoffe.

Hinweis: Das hier für die Elektronenaffinität vorgeschlagene Symbol ΔH_{EA} macht eindeutig klar, dass der *Enthalpie*-Wert gemeint ist und nicht der etwas abweichende Energiewert.
Für die Ionisierungs-Enthalpie verwendet man entsprechend ΔH_I.

$\Delta H_B(S{=}O) = 536 \text{ kJ} \cdot \text{mol}^{-1}$

4.11 Entscheiden Sie, ob bei der Reaktion von flüssigem Thionylchlorid ($SOCl_2$) mit Wasser bei 25 °C Schwefeldioxid und Chlorwasserstoffgas entstehen können. Verwenden Sie bei Ihrer Argumentation

a) die Zahlenwerte der Bindungsenthalpien,

b) die Werte der Standard-Bildungsenthalpien und Standard-Entropien der beteiligten Stoffe.

4.12 Eine wässerige Lösung enthält äquimolare Mengen der folgenden Ionen: Li^+, Cs^+, F^-, I^-.

Welche Salze bilden sich, wenn das Wasser vollständig verdampft wird, LiF und CsI oder LiI und CsF?

4.13 Kohlenstoff, Wasserstoff, Methan und Octan werden vollständig verbrannt.

a) Berechnen Sie die bei der Verbrennung freiwerdenden Wärmemengen pro Mol und pro Kilogramm des jeweils eingesetzten Brennstoffs.

b) Um wie viel Prozent ändert sich die Verbrennungsenthalpie des Methans, wenn man annimmt, dass das bei der Verbrennung gebildete Wasser nicht als Wasserdampf, sondern in flüssiger Form anfällt?

4.14 Durch Vergärung zuckerhaltiger Pflanzen gewonnenes Ethanol wird als Benzinersatz diskutiert. Ermitteln Sie, bei welchem dieser Treibstoffe pro Liter mehr Energie frei wird. Gehen Sie davon aus, dass die hier relevanten Eigenschaften von Benzin praktisch denen von Octan entsprechen.
($\varrho(C_2H_5OH) = 0{,}79$ g·cm^{-3}, $\varrho(C_8H_{18}) = 0{,}70$ g·cm^{-3})

Hinweis: Im Motor und in der Abgasanlage liegen alle an der Verbrennung beteiligten Stoffe gasförmig vor.

4.15 In einem naturwissenschaftlich-technischen Lexikon findet sich in dem Beitrag über die Arbeit mit einem Schneidbrenner die folgende Angabe:
„Mit dem überschüssigen Sauerstoff verbrennt Eisen unter Bildung von Fe_2O_4. Pro Kilogramm Eisen werden dabei 1615 kcal frei."
Ein Oxid mit der Zusammensetzung Fe_2O_4 existiert jedoch nicht. Die Angabe kann sich daher nur auf eines der Oxide Fe_3O_4 oder Fe_2O_3 beziehen. Offen bleibt auch, ob der Wert

Hinweis: Für die früher in der Thermodynamik in cal angegebenen Werte gilt folgende Umrechnung: 1 cal = 4,184 J

für die Reaktionstemperatur gelten soll, oder ob er aus den thermodynamischen Daten für 25 °C berechnet wurde.

Versuchen Sie, die offenen Fragen zu klären, indem Sie die angegebene Wärmemenge mit den Werten vergleichen, die sich aus den Standard-Bildungsenthalpien der Oxide (für 25 °C) ergeben.

4.16 Berechnen Sie die Lösungsenthalpien von $CaCl_2$, $CaCl_2 \cdot 2\,H_2O$ und von $CaCl_2 \cdot 6\,H_2O$.

4.17 Die Reaktionsenthalpie für die vollständige Verbrennung von Kohlenstoffdisulfid beträgt $-1077\ kJ \cdot mol^{-1}$.
Berechnen Sie die Standard-Bildungsenthalpie des Kohlenstoffdisulfids.

4.18 Mangan reagiert als unedles Metall mit sauren Lösungen unter Wasserstoffentwicklung:

$$Mn(s) + 2\,H^+(aq) \rightarrow Mn^{2+}(aq) + H_2(g)$$

a) Durch ein einfaches Experiment sollte für diese Reaktion die molare Reaktionsenthalpie näherungsweise bestimmt werden.
Dazu wurden 100 ml Salzsäure ($c = 1\ mol \cdot l^{-1}$) in einen Pappbecher gefüllt. Die Temperatur der Lösung betrug 18,5 °C. Dann wurden 0,830 g pulverisiertes Mangan hinzugefügt. Nach vollständiger Umsetzung des Metalls hatte die Lösung eine Temperatur von 26,3 °C.
Berechnen Sie einen Näherungswert für die molare Reaktionsenthalpie.

b) Berechnen Sie die molare Standard-Reaktionsenthalpie mithilfe der tabellierten Bildungsenthalpien.

c) Welche Stoffmenge an Wasser könnte durch die bei der Umsetzung von 1 mol Mangan mit Salzsäure frei werdende Wärmemenge von 20 °C auf 50 °C erwärmt werden?

4.19 a) In einem Pappbecher wurden 50 ml Salpetersäure ($c(HNO_3) = 1\ mol \cdot l^{-1}$) mit dem gleichen Volumen Natronlauge gleicher Konzentration vermischt. Die Temperatur stieg dabei um 6,6 K. Welcher Näherungswert ergibt sich daraus für die molare Neutralisationsenthalpie?

b) Welcher Wert ergibt sich mithilfe der Standard-Reaktionsenthalpien?

Diese Aufgaben beziehen sich auf eine vereinfachte Auswertung von Temperaturänderungen bei Reaktionen in wässeriger Lösung, die in einem Pappbecher durchgeführt wurden.

Gehen Sie bei der Berechnung jeweils von den folgenden Annahmen aus:

• Die Wärmekapazität des Pappbechers und des verwendeten Temperaturfühlers ist im Vergleich zur Wärmekapazität der Lösung so klein, dass sie vernachlässigt werden kann.

• Die Unsicherheit für die Bestimmung der Temperaturdifferenz beträgt $\pm\,0,1$ K.

• Die Wärmekapazität der Lösung stimmt praktisch mit der Wärmekapazität der entsprechenden Menge an Wasser überein. Für die spezifische Wärmekapazität c_p von Wasser gilt:
$c_p = 4,184\ J \cdot K^{-1} \cdot g^{-1}$
Werden 100 ml Lösung um genau 1 K erwärmt, wird also genauso viel Wärme aufgenommen wie von 100 g Wasser: 418,4 J.

4.20 Die Reaktion der Alkalimetalle mit Wasser verläuft vom Lithium über Natrium bis hin zum Caesium zunehmend heftiger.

a) Prüfen Sie über eine Berechnung der molaren Standard-Reaktionsenthalpien, ob bei der Reaktion auch zunehmend mehr Wärme frei wird.

b) Die Ursachen für die Unterschiede in den Bildungsenthalpien der hydratisierten Metall-Ionen lassen sich verstehen, wenn man die Reaktion in eine Folge von Teilschritten zerlegt und die zugehörigen Enthalpie-Werte addiert.
Für die Überführung des Metalls in das hydratisierte Ion ergeben sich drei Schritte:

$$M(s) \xrightarrow{\ \text{I}\ } M(g) \xrightarrow{\ \text{II}\ } M^+(g) + e^- \xrightarrow{\ \text{III}\ } M^+(aq)$$

I: Atomisierung $[\,\hat{=}\, \Delta H_f^0(M(g))]$

II: Ionisierung

III: Hydratation

Ordnen Sie mithilfe der tabellierten Werte der Teilreaktion

$$M(s) \rightarrow M^+(aq) + e^-$$ eine Reaktionsenthalpie zu und zeigen Sie, dass diese ein positives Vorzeichen hat.

c) Die Bildung der hydratisierten Metallionen ist gekoppelt mit der Bildung von Wasserstoff aus Wasser:

$$H_2O(l) + e^- \rightarrow OH^-(aq) + \tfrac{1}{2}H_2(g)$$

Diese Teilreaktion kann in die folgenden vier Schritte zerlegt werden:

I: $\ H_2O(l) \rightarrow H^+(aq) + OH^-(aq)$

II: $\ H^+(aq) \rightarrow H^+(g)$

III: $\ H^+(g) + e^- \rightarrow H(g)$

IV: $\ H(g) \rightarrow \tfrac{1}{2}H_2(g)$

Berechnen Sie wie viel Energie bei der Bildung von Wasserstoff aus Wasser frei werden könnte, wenn die erforderlichen Elektronen frei verfügbar wären.
Berücksichtigen Sie dabei auch die folgenden Werte:

$$H(g) \rightarrow H^+(g) + e^-; \quad \Delta H_I^0 = 1318\ \text{kJ} \cdot \text{mol}^{-1}$$

$$H^+(g) \rightarrow H^+(aq); \Delta H_{\text{Hydr.}}^0 = -1091\ \text{kJ} \cdot \text{mol}^{-1}$$

d) Die molare Reaktionsenthalpie der Gesamtreaktion ergibt sich jeweils durch Addition der in b) berechneten Werte für die Oxidation des Metalls und der in c) berechneten Werte für die Bildung von Wasserstoff.

Vergleichen Sie die sich so ergebenden ΔH_R^0-Werte mit den in a) direkt aus den Bildungsenthalpien berechneten Werten.

e) Die Standard-Elektrodenpotentiale für die Redoxpaare Me^+/M sind direkt proportional zur molaren freien Standard-Reaktionsenthalpie ΔG_R^0 für die folgende Reaktion:

$$M(s) + H^+(aq) \rightarrow M^+(aq) + \frac{1}{2}H_2(g)$$

Ermitteln Sie zunächst ΔG_R^0 für die einzelnen Alkalimetalle und berechnen Sie daraus jeweils $E^0(M^+/M)$ mithilfe der folgenden Beziehung:

$$\Delta G_R^0 = F \cdot E^0(M^+/M)$$

4.21 Aluminium wird großtechnisch durch Schmelzflusselektrolyse erzeugt. Eine moderne Anlage benötigt eine elektrische Energie von 13 kW·h, um 1 kg Aluminium herzustellen.

a) Durch eine Elektrolysezelle fließt bei einer Spannung von 4,2 V ein Strom von 120 000 A. Wie groß ist die pro Stunde umgesetzte elektrische Arbeit W_{el}?

b) Wie viel Aluminium wird pro Stunde in einer Elektrolysezelle gebildet?

c) Eine Tonne Aluminium kostet auf dem Weltmarkt rund 2100 €.

Welcher Anteil des Gesamtpreises entfällt auf die Kosten der elektrischen Energie, wenn das Hüttenwerk einen Preis von 8 ct·(kW·h)$^{-1}$ zahlen muss?

Hinweis: Allgemein wird der Zusammenhang zwischen ΔG^0 und E^0 folgendermaßen beschrieben (📖 11.6):

$$\Delta G^0 = -z \cdot F \cdot E^0$$

Der üblicherweise angegebene Wert für E^0 gilt für die Reduktionsrichtung ($M^+(aq) \rightarrow M(s)$). Die in der Aufgabe für die tatsächlich ablaufende *Oxidation* des Alkalimetalls berechneten ΔG-Werte sind also mit -1 zu multiplizieren.

Lösungen

Die Zahlenwerte für die Standard-Bildungsenthalpien und die Entropien von Stoffen sind in aller Regel experimentell bestimmte Größen. Die Genauigkeiten dieser Werte sind sehr unterschiedlich. Sehr genau bekannt sind die thermodynamischen Daten einfach zusammengesetzter, technisch bedeutsamer Stoffe, wie zum Beispiel Wasser oder Kohlenstoffdioxid. Hier kann man davon ausgehen, dass die Fehler bei den Enthalpiewerten im Bereich von $0{,}1$ kJ·mol^{-1} liegen. Auch die Entropiewerte sind sehr genau bekannt, die Fehler liegen unterhalb von $0{,}1$ J·mol^{-1}·K^{-1}. Bei anderen, weniger gut untersuchten Stoffen können die Fehler jedoch beträchtlich sein und weit mehr als 10 kJ·mol^{-1} bei den Enthalpiewerten betragen. Entsprechendes gilt für die Entropiewerte. Eine übertriebene Genauigkeit beim Rechnen mit thermodynamischen Daten ist also nicht sinnvoll.

4.1 Die Zahlenwerte der molaren Standard-Bildungsenthalpien und der sich daraus ergebenden molaren Reaktionsenthalpien sind in der folgenden Tabelle zusammengestellt (alle Werte in kJ·mol^{-1}):

	Produkt(e)	Ausgangsstoff(e)	ΔH_R^0
a)	-986	$-635/-286$	-65
b)	$-156/-242$	-450	52
c)	$-1676/3\cdot(-242)$	$2\cdot(-1276)$	150
d)	$-859/2\cdot(-242)$	-1460	117
e)	$-770/5\cdot(-242)$	-2280	300
f)	-3342	$-946/8\cdot(-286)$	-108
g)	$-240/-230$	-425	-45
h)	-286	$0/-230$	-56
i)	-1473	$-538/-909$	-26
j)	-101	$106/-121$	-86

4.2 a)
$$H_2(g) + I_2(g) \rightleftharpoons 2\,HI(g)$$

$\Delta H_{f,298}^0$ (kJ·mol^{-1})	0	62	$2\cdot 26$
S_{298}^0 (J·mol^{-1}·K^{-1})	131	260	$2\cdot 207$

$$\Delta H_R^0 = 2\cdot 26 \text{ kJ·mol}^{-1} - 62 \text{ kJ·mol}^{-1} = -10 \text{ kJ·mol}^{-1}$$

$$\Delta S_R^0 = (2\cdot 207 - 260 - 131) \text{ J·mol}^{-1}\cdot\text{K}^{-1} = 23 \text{ J·mol}^{-1}\cdot\text{K}^{-1}$$

$$\Delta G_R^0 = \Delta H_R^0 - T\cdot\Delta S_R^0$$

$$\Delta G_{R,298}^0 = -10\cdot 10^3 \text{ J·mol}^{-1} - 298\,\text{K} \cdot 23\,\text{J·mol}^{-1}\cdot\text{K}^{-1}$$

$$= -16\,854 \text{ J·mol}^{-1} = -16{,}9 \text{ kJ·mol}^{-1}$$

b)
$$CaCO_3(s) \rightleftharpoons CaO(s) + CO_2(g)$$

$\Delta H_{f,298}^0$ (kJ·mol^{-1})	-1208	-635	-394
S_{298}^0 (J·mol^{-1}·K^{-1})	93	38	214

$$\Delta H_R^0 = \left(-635 - 394 - (-1208)\right) \text{ kJ} \cdot \text{mol}^{-1} = 179 \text{ kJ} \cdot \text{mol}^{-1}$$

$$\Delta S_R^0 = (38 + 214 - 93) \text{ J} \cdot \text{mol}^{-1} \cdot \text{K}^{-1} = 159 \text{ J} \cdot \text{mol}^{-1} \cdot \text{K}^{-1}$$

$$\Delta G_R^0 = \Delta H_R^0 - T \cdot \Delta S_R^0$$

$$\Delta G_{R,298}^0 = 179 \cdot 10^3 \text{ J} \cdot \text{mol}^{-1} - 298 \text{ K} \cdot 159 \text{ J} \cdot \text{mol}^{-1} \cdot \text{K}^{-1}$$

$$= 131\,618 \text{ J} \cdot \text{mol}^{-1} = 131{,}6 \text{ kJ} \cdot \text{mol}^{-1}$$

c) $\qquad\qquad$ $\text{Hg(l)} \rightleftharpoons \text{Hg(g)}$

$\Delta H_{f,298}^0 (\text{kJ} \cdot \text{mol}^{-1})$ $\qquad$ 0 $\qquad\qquad$ 61

$S_{298}^0 (\text{J} \cdot \text{mol}^{-1} \cdot \text{K}^{-1})$ $\quad$ 76 $\qquad\quad$ 175

$$\Delta H_R^0 = 61 \text{ kJ} \cdot \text{mol}^{-1}$$

$$\Delta S_R^0 = (175 - 76) \text{ J} \cdot \text{mol}^{-1} \cdot \text{K}^{-1} = 99 \text{ J} \cdot \text{mol}^{-1} \cdot \text{K}^{-1}$$

$$\Delta G_R^0 = \Delta H_R^0 - T \cdot \Delta S_R^0$$

$$\Delta G_{R,298}^0 = 61 \cdot 10^3 \text{ J} \cdot \text{mol}^{-1} - 298 \text{ K} \cdot 99 \text{ J} \cdot \text{mol}^{-1} \cdot \text{K}^{-1}$$

$$= 31\,498 \text{ J} \cdot \text{mol}^{-1} = 31{,}5 \text{ kJ} \cdot \text{mol}^{-1}$$

d) $\qquad\qquad$ $\text{F}_2(\text{g}) \rightleftharpoons 2\,\text{F(g)}$

$\Delta H_{f,298}^0 (\text{kJ} \cdot \text{mol}^{-1})$ $\qquad$ 0 $\qquad\qquad$ $2 \cdot 79$

$S_{298}^0 (\text{J} \cdot \text{mol}^{-1} \cdot \text{K}^{-1})$ $\quad$ 203 $\qquad\quad$ $2 \cdot 159$

Die Entropie gasförmiger Stoffe steigt mit ihrer molaren Masse. Die Entropie des F_2-Moleküls ist also größer als die des Fluor-Atoms.

$$\Delta H_R^0 = 2 \cdot 79 \text{ kJ} \cdot \text{mol}^{-1} = 158 \text{ kJ} \cdot \text{mol}^{-1}$$

$$\Delta S_R^0 = (2 \cdot 159 - 203) \text{ J} \cdot \text{mol}^{-1} \cdot \text{K}^{-1} = 115 \text{ J} \cdot \text{mol}^{-1} \cdot \text{K}^{-1}$$

$$\Delta G_R^0 = \Delta H_R^0 - T \cdot \Delta S_R^0$$

$$\Delta G_{R,298}^0 = 158 \cdot 10^3 \text{ J} \cdot \text{mol}^{-1} - 298 \text{ K} \cdot 115 \text{ J} \cdot \text{mol}^{-1} \cdot \text{K}^{-1}$$

$$= 123\,730 \text{ J} \cdot \text{mol}^{-1} = 123{,}7 \text{ kJ} \cdot \text{mol}^{-1}$$

4.3 a) $H_2(g) + I_2(g) \rightleftharpoons 2\,HI(g)$

$$\Delta G_R^0 = \Delta H_R^0 - T \cdot \Delta S_R^0$$

$$\Delta G_{R,293}^0 = -10 \cdot 10^3\ J \cdot mol^{-1} - 293\,K \cdot 23\ J \cdot mol^{-1} \cdot K^{-1}$$

$$= -16\ 739\ J \cdot mol^{-1} = -16,7\ kJ \cdot mol^{-1}$$

$$\Delta G_R^0 = -R \cdot T \cdot \ln K$$

$$\ln K = -\frac{\Delta G_R^0}{R \cdot T}$$

$$\ln K_{293} = \frac{16\ 700\ J \cdot mol^{-1}}{8,3145\,J \cdot mol^{-1} \cdot K^{-1} \cdot 293\,K} = 6,855$$

$$K_{293} = e^{6,855} = 949$$

$$CaCO_3(s) \rightleftharpoons CaO(s) + CO_2(g)$$

$$\Delta G_R^0 = \Delta H_R^0 - T \cdot \Delta S_R^0$$

$$\Delta G_{R,293}^0 = 179 \cdot 10^3\ J \cdot mol^{-1} - 293\,K \cdot 159\ J \cdot mol^{-1} \cdot K^{-1}$$

$$= 132\ 413\ J \cdot mol^{-1} = 132,4\ kJ \cdot mol^{-1}$$

$$\ln K_{293} = \frac{-132\ 400\ J \cdot mol^{-1}}{8,3145\ J \cdot mol^{-1} \cdot K^{-1} \cdot 293\,K} = -54,348$$

$$K_{293} = e^{-54,348} = 2,5 \cdot 10^{-24}$$

$$Hg(l) \rightleftharpoons Hg(g)$$

$$\Delta G_R^0 = \Delta H_R^0 - T \cdot \Delta S_R^0$$

$$\Delta G_{R,293}^0 = 61 \cdot 10^3\ J \cdot mol^{-1} - 293\,K \cdot 99\ J \cdot mol^{-1} \cdot K^{-1}$$

$$= 31\ 993\ J \cdot mol^{-1} = 32\ kJ \cdot mol^{-1}$$

$$\ln K_{293} = \frac{-32\ 000\ J \cdot mol^{-1}}{8,3145\ J \cdot mol^{-1} \cdot K^{-1} \cdot 293\,K} = -13,135$$

$$K_{293} = e^{-13,135} = 2 \cdot 10^{-6}$$

$$F_2(g) \rightleftharpoons 2\,F(g)$$

$$\Delta G_R^0 = \Delta H_R^0 - T \cdot \Delta S_R^0$$

$$\Delta G_{R,293}^0 = 158 \cdot 10^3 \, J \cdot mol^{-1} - 293\,K \cdot 115 \, J \cdot mol^{-1} \cdot K^{-1}$$

$$= 124\ 305 \, J \cdot mol^{-1} = 124{,}3 \, kJ \cdot mol^{-1}$$

$$\ln K_{293} = \frac{-124\ 300 \, J \cdot mol^{-1}}{8{,}3145 \, J \cdot mol^{-1} \cdot K^{-1} \cdot 293\,K} = -51{,}023$$

$$K_{293} = e^{-51{,}023} = 7 \cdot 10^{-23}$$

b) $H_2(g) + I_2(g) \rightleftharpoons 2\,HI(g)$

$$\Delta G_{R,1273}^0 = -10 \cdot 10^3 \, J \cdot mol^{-1} - 1273\,K \cdot 23 \, J \cdot mol^{-1} \cdot K^{-1}$$

$$= -39\ 279 \, J \cdot mol^{-1} = -39{,}3 \, kJ \cdot mol^{-1}$$

$$\ln K_{1273} = \frac{39\ 300 \, J \cdot mol^{-1}}{8{,}3145 \, J \cdot mol^{-1} \cdot K^{-1} \cdot 1273\,K} = 3{,}713$$

$$K_{1273} = e^{3{,}713} = 41$$

$$CaCO_3(s) \rightleftharpoons CaO(s) + CO_2(g)$$

$$\Delta G_{R,1273}^0 = 179 \cdot 10^3 \, J \cdot mol^{-1} - 1273\,K \cdot 159 \, J \cdot mol^{-1} \cdot K^{-1}$$

$$= -23\ 407 \, J \cdot mol^{-1} = -23{,}4 \, kJ \cdot mol^{-1}$$

$$\ln K_{1273} = \frac{23\ 400 \, J \cdot mol^{-1}}{8{,}3145 \, J \cdot mol^{-1} \cdot K^{-1} \cdot 1273\,K} = 2{,}211$$

$$K_{1273} = e^{2{,}211} = 9{,}1$$

$$Hg(l) \rightleftharpoons Hg(g)$$

$$\Delta G_{R,1273}^0 = 61 \cdot 10^3 \, J \cdot mol^{-1} - 1273\,K \cdot 99 \, J \cdot mol^{-1} \cdot K^{-1}$$

$$= -65\ 027 \, J \cdot mol^{-1} = -65 \, kJ \cdot mol^{-1}$$

$$\ln K_{1273} = \frac{65\ 000 \, J \cdot mol^{-1}}{8{,}3145 \, J \cdot mol^{-1} \cdot K^{-1} \cdot 1273\,K} = 6{,}141$$

$$K_{1273} = e^{6{,}141} = 465$$

$$F_2(g) \rightleftharpoons 2\,F(g)$$

$$\Delta G_{R,1273}^0 = 158 \cdot 10^3 \, J \cdot mol^{-1} - 1273\,K \cdot 115 \, J \cdot mol^{-1} \cdot K^{-1}$$

$$= 11\ 605 \, J \cdot mol^{-1} = 11{,}6 \, kJ \cdot mol^{-1}$$

$$\ln K_{1273} = \frac{-11\,600\ \text{J}\cdot\text{mol}^{-1}}{8{,}3145\ \text{J}\cdot\text{mol}^{-1}\cdot\text{K}^{-1}\cdot 1273\,\text{K}} = -1{,}096$$

$$K_{1273} = e^{-1{,}096} = 0{,}33$$

4.4 $\qquad\qquad\qquad H_2O(l) \;\rightleftharpoons\; H_2O(g)$

$\Delta H^0_{f,298}(\text{kJ}\cdot\text{mol}^{-1}) \qquad -286 \qquad -242$

$S^0_{298}(\text{J}\cdot\text{mol}^{-1}\cdot\text{K}^{-1}) \qquad 70 \qquad\quad 189$

$$\Delta H^0_V = \left(-242 - (-286)\right)\text{kJ}\cdot\text{mol}^{-1} = 44\ \text{kJ}\cdot\text{mol}^{-1}$$

$$\Delta S^0_V = (189 - 70)\ \text{J}\cdot\text{mol}^{-1}\cdot\text{K}^{-1}$$

$$= 119\ \text{J}\cdot\text{mol}^{-1}\cdot\text{K}^{-1}$$

Die Gleichgewichtskonstante K_p für die Verdampfung von Wasser ist gleich dem Dampfdruck des Wassers bei der jeweiligen Temperatur. Wasser siedet bei 100 °C, der Dampfdruck beträgt bei 100 °C also 1,013 bar bzw. $1{,}013\cdot10^5$ Pa. Unsere Rechnung ergibt jedoch für 100 °C einen Wert von 1,13 bar, also einen um 11,5 % höheren Wert. Diese Abweichung ist darauf zurückzuführen, dass die Temperaturabhängigkeit der Enthalpie- und Entropiewerte nicht berücksichtigt wurde. Bezieht man diese mit ein, ergibt sich für K_p ein Wert von 1,013 bar bzw. $1{,}013\cdot10^5$ Pa.

$$\Delta G^0_V = \Delta H^0_V - T\cdot\Delta S^0_V$$

$$\Delta G^0_{V,373} = 44\cdot10^3\ \text{J}\cdot\text{mol}^{-1} - 373\,\text{K}\cdot 119\ \text{J}\cdot\text{mol}^{-1}\cdot\text{K}^{-1}$$

$$= -387\ \text{J}\cdot\text{mol}^{-1} = -0{,}4\ \text{kJ}\cdot\text{mol}^{-1}$$

$$\Delta G^0_V = -R\cdot T\cdot\ln K$$

$$\ln K = -\frac{\Delta G^0_V}{R\cdot T}$$

$$\ln K_{373} = \frac{387\ \text{J}\cdot\text{mol}^{-1}}{8{,}3145\ \text{J}\cdot\text{mol}^{-1}\cdot\text{K}^{-1}\cdot 373\,\text{K}} = 0{,}125$$

$$K_{373} = e^{0{,}125} = 1{,}13$$

$$K = \frac{p(\text{H}_2\text{O})}{p^0} \qquad ; \qquad K_p = p(\text{H}_2\text{O})$$

$$K = \frac{K_p}{p^0} \qquad ; \qquad K_p = K\cdot p^0$$

a) $\quad K_p = 1{,}13\cdot 1\,\text{bar} = 1{,}13\,\text{bar}$

b) $\quad K_p = 1{,}13\cdot 10^5\ \text{Pa}$

4.5
$$CaCO_3(s) \rightleftharpoons CaO(s) + CO_2(g)$$

$\Delta H^0_{f,298}(\text{kJ}\cdot\text{mol}^{-1})$	-1208	-635	-394
$S^0_{298}(\text{J}\cdot\text{mol}^{-1}\cdot\text{K}^{-1})$	93	38	214

Grundlage für die Berechnung sind folgende Beziehungen:

$$K = \frac{p(CO_2)}{p^0}$$

$$\Delta G^0_R = -R\cdot T\cdot \ln K$$

Da K den Zahlenwert von eins haben soll, muss ΔG^0_R bei der gesuchten Temperatur null sein ($\ln 1 = 0$). Wir verwenden die Gibbs-Helmholtz-Gleichung und lösen diese nach der Temperatur T auf.

$$\Delta G^0_R = \Delta H^0_R - T\cdot \Delta S^0_R$$

$$T = -\frac{\Delta G^0_R - \Delta H^0_R}{\Delta S^0_R}$$

Für die Reaktionsenthalpie und die Reaktionsentropie ergeben sich die folgenden Werte:

$$\Delta H^0_R = \left(-635 - 394 - (-1208)\right)\text{kJ}\cdot\text{mol}^{-1}$$
$$= 179\ \text{kJ}\cdot\text{mol}^{-1}$$
$$\Delta S^0_R = (38 + 214 - 93)\text{J}\cdot\text{mol}^{-1}\cdot\text{K}^{-1}$$
$$= 159\ \text{J}\cdot\text{mol}^{-1}\cdot\text{K}^{-1}$$

Da ΔG^0_R in unserer Aufgabe gleich null ist, gilt also folgender Zusammenhang:

$$T = \frac{\Delta H^0_R}{\Delta S^0_R}$$

$$\Rightarrow\ T = \frac{179\,000\ \text{J}\cdot\text{mol}^{-1}}{159\ \text{J}\cdot\text{mol}^{-1}\cdot\text{K}^{-1}} = 1126\,\text{K}$$

Die berechnete Zersetzungstemperatur liegt um etwa 50 K unter der experimentell beobachteten. Der wesentliche Grund hierfür ist darin zu sehen, dass hier die Temperaturabhängigkeit der Reaktionsenthalpie und der Reaktionsentropie nicht berücksichtigt wurde.

4.6 a) Die Reduktion von Zinksulfid mit Koks könnte entweder unter Bildung von $CS(g)$ oder von $CS_2(g)$ erfolgen. Wir berechnen daher die Gleichgewichtslagen für beide Möglichkeiten.

$$ZnS(s) + C(s) \rightleftharpoons Zn(g) + CS(g)$$

$$\Delta H_{f,298}^0\,(\text{kJ}\cdot\text{mol}^{-1}) \quad -205 \qquad 0 \qquad 130 \qquad 280$$

$$S_{298}^0\,(\text{J}\cdot\text{mol}^{-1}\cdot\text{K}^{-1}) \quad 58 \qquad 6 \qquad 161 \qquad 211$$

$$\Delta H_R^0 = (130 + 280 - (-205))\,\text{kJ}\cdot\text{mol}^{-1} = 615\,\text{kJ}\cdot\text{mol}^{-1}$$

$$\Delta S_R^0 = (161 + 211 - (58 + 6))\,\text{J}\cdot\text{mol}^{-1}\cdot\text{K}^{-1}$$

$$= 308\,\text{J}\cdot\text{mol}^{-1}\cdot\text{K}^{-1}$$

$$\Delta G_R^0 = \Delta H_R^0 - T\cdot\Delta S_R^0$$

$$\Delta G_{R,1273}^0 = 615\cdot10^3\,\text{J}\cdot\text{mol}^{-1} - 1273\,\text{K}\cdot 308\,\text{J}\cdot\text{mol}^{-1}\cdot\text{K}^{-1}$$

$$= 222\,916\,\text{J}\cdot\text{mol}^{-1} = 222{,}9\,\text{kJ}\cdot\text{mol}^{-1}$$

$$\Delta G_R^0 = -R\cdot T\cdot\ln K$$

$$\ln K = -\frac{\Delta G_R^0}{R\cdot T}$$

$$\ln K_{1273} = \frac{-222\,916\,\text{J}\cdot\text{mol}^{-1}}{8{,}3145\,\text{J}\cdot\text{mol}^{-1}\cdot\text{K}^{-1}\cdot1273\,\text{K}} = -21{,}061$$

$$K_{1273} = e^{-21{,}061} = 7{,}1\cdot10^{-10}$$

Das Gleichgewicht liegt weit auf der Seite der Ausgangsstoffe, die Reaktion läuft nicht ab.

$$2\,ZnS(s) + C(s) \rightleftharpoons 2\,Zn(g) + CS_2(g)$$

$$\Delta H_{f,298}^0\,(\text{kJ}\cdot\text{mol}^{-1}) \quad 2\cdot(-205) \qquad 0 \qquad 2\cdot130 \qquad 117$$

$$S_{298}^0\,(\text{J}\cdot\text{mol}^{-1}\cdot\text{K}^{-1}) \quad 2\cdot(58) \qquad 6 \qquad 2\cdot161 \qquad 238$$

$$\Delta H_R^0 = (117 + 2\cdot130 - 2\cdot(-205))\,\text{kJ}\cdot\text{mol}^{-1}$$

$$= 787\,\text{kJ}\cdot\text{mol}^{-1}$$

$$\Delta S_R^0 = (2\cdot161 + 238 - (2\cdot58 + 6))\,\text{J}\cdot\text{mol}^{-1}\cdot\text{K}^{-1}$$

$$= 438\,\text{J}\cdot\text{mol}^{-1}\cdot\text{K}^{-1}$$

$$\Delta G_R^0 = \Delta H_R^0 - T \cdot \Delta S_R^0$$

$$\Delta G_{R,1273}^0 = 787 \cdot 10^3 \, \text{J} \cdot \text{mol}^{-1} - 1273 \, \text{K} \cdot 438 \, \text{J} \cdot \text{mol}^{-1} \cdot \text{K}^{-1}$$

$$= 229 \, 426 \, \text{J} \cdot \text{mol}^{-1} = 229,4 \, \text{kJ} \cdot \text{mol}^{-1}$$

$$\Delta G_R^0 = - R \cdot T \cdot \ln K$$

$$\ln K = -\frac{\Delta G_R^0}{R \cdot T}$$

$$\ln K_{1273} = \frac{-229 \, 426 \, \text{J} \cdot \text{mol}^{-1}}{8,3145 \, \text{J} \cdot \text{mol}^{-1} \cdot \text{K}^{-1} \cdot 1273 \, \text{K}} = -21,676$$

$$K_{1273} = e^{-21,676} = 3,9 \cdot 10^{-10}$$

Auch diese Reaktion kann also nicht ablaufen.

b) Die Röstreaktion läuft nach folgender Reaktionsgleichung ab:

$$\text{ZnS(s)} + 1,5 \, \text{O}_2(\text{g}) \rightleftharpoons \text{ZnO(s)} + \text{SO}_2(\text{g})$$

$\Delta H_{f,298}^0 \, (\text{kJ} \cdot \text{mol}^{-1})$ -205	0	-350	-297
$S_{298}^0 \, (\text{J} \cdot \text{mol}^{-1} \cdot \text{K}^{-1})$ $\quad 58$	$1,5 \cdot 205$	44	248

$$\Delta H_R^0 = (-350 + (-297) - (-205)) \, \text{kJ} \cdot \text{mol}^{-1}$$

$$= -442 \, \text{kJ} \cdot \text{mol}^{-1}$$

$$\Delta S_R^0 = (44 + 248 - (58 + 1,5 \cdot 205)) \, \text{J} \cdot \text{mol}^{-1} \cdot \text{K}^{-1}$$

$$= -73,5 \, \text{J} \cdot \text{mol}^{-1} \cdot \text{K}^{-1}$$

$$\Delta G_{R,1273}^0 = -442 \cdot 10^3 \, \text{J} \cdot \text{mol}^{-1} - 1273 \, \text{K} \cdot (-73,5) \, \text{J} \cdot \text{mol}^{-1} \cdot \text{K}^{-1}$$

$$= -348 \, 435 \, \text{J} \cdot \text{mol}^{-1} = -348,4 \, \text{kJ} \cdot \text{mol}^{-1}$$

$$\Delta G_R^0 = - R \cdot T \cdot \ln K$$

$$\ln K = -\frac{\Delta G_R^0}{R \cdot T}$$

$$\ln K_{1273} = \frac{348 \, 435 \, \text{J} \cdot \text{mol}^{-1}}{8,3145 \, \text{J} \cdot \text{mol}^{-1} \cdot \text{K}^{-1} \cdot 1273 \, \text{K}} = 32,92$$

$$K_{1273} = e^{32,92} = 2 \cdot 10^{14}$$

Das Gleichgewicht liegt bei dieser Reaktion also weit auf der Seite der Produkte, Zinksulfid wird vollständig in Zinkoxid umgewandelt.

c) Bei der hohen Reaktionstemperatur ist damit zu rechnen, dass als Oxidationsprodukt des Kohlenstoffs Kohlenstoffmonoxid gebildet wird. Wir betrachten aus diesem Grunde die Gleichgewichtslage der folgenden Reaktion:

$$ZnO(s) + C(s) \rightleftharpoons Zn(g) + CO(g)$$

$$\Delta H^0_{f,298}(\mathrm{kJ \cdot mol^{-1}}) \quad -350 \quad\quad 0 \quad\quad\quad 130 \quad\quad -111$$

$$S^0_{298}(\mathrm{J \cdot mol^{-1} \cdot K^{-1}}) \quad\quad 44 \quad\quad 6 \quad\quad\quad 161 \quad\quad 198$$

$$\Delta H^0_R = (130 + (-111) - (-350))\,\mathrm{kJ \cdot mol^{-1}}$$
$$= 369\ \mathrm{kJ \cdot mol^{-1}}$$

$$\Delta S^0_R = (161 + 198 - (44 + 6))\,\mathrm{J \cdot mol^{-1} \cdot K^{-1}}$$
$$= 309\ \mathrm{J \cdot mol^{-1} \cdot K^{-1}}$$

$$\Delta G^0_R = \Delta H^0_R - T \cdot \Delta S^0_R$$

$$\Delta G^0_{R,1273} = 369 \cdot 10^3\ \mathrm{J \cdot mol^{-1}} - 1273\ \mathrm{K} \cdot 309\ \mathrm{J \cdot mol^{-1} \cdot K^{-1}}$$
$$= -24\,357\ \mathrm{J \cdot mol^{-1}} = -24{,}4\ \mathrm{kJ \cdot mol^{-1}}$$

$$\Delta G^0_R = -R \cdot T \cdot \ln K$$

$$\ln K = -\frac{\Delta G^0_R}{R \cdot T}$$

$$\ln K_{1273} = -\frac{-24\,357\ \mathrm{J \cdot mol^{-1}}}{8{,}3145\ \mathrm{J \cdot mol^{-1} \cdot K^{-1}} \cdot 1273\,\mathrm{K}} = 2{,}301$$

$$K_{1273} = e^{2{,}301} = 10$$

Zinkoxid ist thermodynamisch stabiler als Zinksulfid:

$$\Delta G^0_f\ (ZnO) < \Delta G^0_f\ (ZnS)$$

Trotzdem kann Zinkoxid mit Koks reduziert werden, Zinksulfid dagegen nicht. Der Grund hierfür ist die besondere thermodynamische Stabilität von CO verglichen mit der von CS bzw. CS_2.
Ursache ist die besondere Stabilität von Mehrfachbindungen zwischen Atomen der zweiten Periode.

Das Gleichgewicht liegt also auf der Seite der Produkte. Aus thermodynamischer Sicht sollte die Reaktion ablaufen.

4.7 Unter der Atomisierungsenthalpie versteht man die Energie, die aufzuwenden ist, um den betrachteten Stoff in gasförmige Atome zu zerlegen.

a) Die Atomisierungsenthalpie von Natrium ist identisch mit der Sublimationsenthalpie.

$$Na(s) \rightleftharpoons Na(g)$$

$$\Delta H^0_f(\mathrm{kJ \cdot mol^{-1}}) \quad\quad\quad 0 \quad\quad\quad 107$$

$$\Delta H^0_{at} = 107\ \mathrm{kJ \cdot mol^{-1}}$$

b)
$$Co(s) \rightleftharpoons Co(g)$$

$\Delta H_f^0 (kJ \cdot mol^{-1})$ 0   427

$\Delta H_{at}^0 = 427 \ kJ \cdot mol^{-1}$

c)
$$CH_4(g) \rightleftharpoons C(g) + 4 \ H(g)$$

$\Delta H_f^0 (kJ \cdot mol^{-1})$ -75 717 $4 \cdot 218$

$\Delta H_{at}^0 = 717 \ kJ \cdot mol^{-1} + 4 \cdot 218 \ kJ \cdot mol^{-1} - (-75 \ kJ \cdot mol^{-1})$

$\qquad = 1664 \ kJ \cdot mol^{-1}$

d)
$$BF_3(g) \rightleftharpoons B(g) + 3 \ F(g)$$

$\Delta H_f^0 (kJ \cdot mol^{-1})$ -1136 560 $3 \cdot 79$

$\Delta H_{at}^0 = 560 \ kJ \cdot mol^{-1} + 3 \cdot 79 \ kJ \cdot mol^{-1} - (-1136 \ kJ \cdot mol^{-1})$

$\qquad = 1933 \ kJ \cdot mol^{-1}$

e)
$$AlF_3(g) \rightleftharpoons Al(g) + 3 \ F(g)$$

$\Delta H_f^0 (kJ \cdot mol^{-1})$ -1209 330 $3 \cdot 79$

$\Delta H_{at}^0 = 330 \ kJ \cdot mol^{-1} + 3 \cdot 79 \ kJ \cdot mol^{-1} - (-1209 \ kJ \cdot mol^{-1})$

$\qquad = 1776 \ kJ \cdot mol^{-1}$

4.8 a)
$$NH_3(g) \rightleftharpoons N(g) + 3 \ H(g)$$

$\Delta H_f^0 (kJ \cdot mol^{-1})$ -46 473 $3 \cdot 218$

$\Delta H_{at}^0 = 473 \ kJ \cdot mol^{-1} + 3 \cdot 218 \ kJ \cdot mol^{-1} - (-46 \ kJ \cdot mol^{-1})$

$\qquad = 1173 \ kJ \cdot mol^{-1}$

$$\Delta H_B(N\text{–}H) = \frac{1173 \ kJ \cdot mol^{-1}}{3} = 391 \ kJ \cdot mol^{-1}$$

b)
$$CO(g) \rightleftharpoons C(g) + O(g)$$

$\Delta H_f^0 (kJ \cdot mol^{-1})$ -111 717   249

$\Delta H_{at}^0 = (717 \ kJ \cdot mol^{-1} + 249 \ kJ \cdot mol^{-1}) - (-111 \ kJ \cdot mol^{-1})$

$\qquad = 1077 \ kJ \cdot mol^{-1}$

$$\Delta H_B(C\equiv O) = 1077 \ kJ \cdot mol^{-1}$$

Die Atomisierungsenthalpie von Cobalt ist etwa vier Mal so groß wie die des Natriums. Dies ist auf die sehr starken Bindungskräfte im metallischen Cobalt zurückzuführen. Diese starken Bindungskräfte sind auch an der hohen Siedetemperatur von Cobalt erkennbar ($\approx$ 2900 °C). Natrium siedet bei einer wesentlich niedrigeren Temperatur (883 °C).

Die mittlere Bindungsenthalpie ΔH_B einer A/B-Bindung in einem gasförmig vorliegenden AB_n-Molekül ist gleich der Atomisierungsenthalpie dividiert durch die Zahl der Bindungen.

Die C/O-Bindung im Kohlenstoffmonoxid ist eine der stärksten chemischen Bindungen.

Da im CO_2-Molekül das Kohlenstoff- und die Sauerstoff-Atome durch Doppelbindungen miteinander verbunden sind, ist zu erwarten, dass die C/O-Bindungsenthalpie im CO_2-Molekül kleiner ist als im CO-Molekül (805 bzw. 1077 $kJ \cdot mol^{-1}$).

Bei Bindungen zwischen zwei Atomen der zweiten Periode steigt die Bindungsenthalpie mit zunehmender Bindungsordnung an und der Bindungsabstand wird geringer. Diese einfache Regel lässt sich jedoch nicht ohne weiteres auf Bindungen übertragen, an denen Atome höherer Perioden beteiligt sind.

In den Molekülen PF_3 und PF_5 sind die Phosphor-Atome jeweils durch Einfachbindungen an die Fluor-Atome gebunden. Dennoch sind die P/F-Bindungsenthalpien in beiden Verbindungen unterschiedlich groß: Die mittlere Bindungsenthalpie im PF_3 ist um $45 \ kJ \cdot mol^{-1}$ höher als im PF_5. Der wesentliche Grund hierfür ist darin zu sehen, dass die fünf negativ polarisierten Fluor-Atome stärkere abstoßende Kräfte aufeinander ausüben als die drei Fluor-Atome im PF_3. Allgemein gilt, dass in Molekülen AB_n die A/B-Bindungsenthalpie mit steigendem n sinkt.

c)
$$CO_2(g) \rightleftharpoons C(g) + 2\,O(g)$$

$$\Delta H_f^0 (kJ \cdot mol^{-1}) \quad -394 \qquad 717 \qquad 2 \cdot 249$$

$$\Delta H_{at}^0 = 717 \ kJ \cdot mol^{-1} + 2 \cdot 249 \ kJ \cdot mol^{-1} - (-394 \ kJ \cdot mol^{-1})$$
$$= 1609 \ kJ \cdot mol^{-1}$$

$$\Delta H_B(C{=}O) = \frac{1609 \ kJ \cdot mol^{-1}}{2} = 805 \ kJ \cdot mol^{-1}$$

d)
$$PF_3(g) \rightleftharpoons P(g) + 3\,F(g)$$

$$\Delta H_f^0 (kJ \cdot mol^{-1}) \quad -958 \qquad 334 \qquad 3 \cdot 79$$

$$\Delta H_{at}^0 = 334 \ kJ \cdot mol^{-1} + 3 \cdot 79 \ kJ \cdot mol^{-1} - (-958 \ kJ \cdot mol^{-1})$$
$$= 1529 \ kJ \cdot mol^{-1}$$

$$\Delta H_B(P{-}F) = \frac{1529 \ kJ \cdot mol^{-1}}{3} = 510 \ kJ \cdot mol^{-1}$$

e)
$$PF_5(g) \rightleftharpoons P(g) + 5\,F(g)$$

$$\Delta H_f^0 (kJ \cdot mol^{-1}) \quad -1594 \qquad 334 \qquad 5 \cdot 79$$

$$\Delta H_{at}^0 = 334 \ kJ \cdot mol^{-1} + 5 \cdot 79 \ kJ \cdot mol^{-1} - (-1594 \ kJ \cdot mol^{-1})$$
$$= 2323 \ kJ \cdot mol^{-1}$$

$$\Delta H_B(P{-}F) = \frac{2323 \ kJ \cdot mol^{-1}}{5} = 465 \ kJ \cdot mol^{-1}$$

4.9 Der Born-Haber-Kreisprozess beruht auf dem Satz von Hess:

Die gesamte Energiebilanz für einen chemischen Vorgang ist unabhängig vom Weg, auf dem das Produkt aus den Edukten gebildet wird ($\square$ 7.2).

Man kann danach folgende Beziehung aufstellen:

$$\Delta H_f^0(KBr) = \Delta H_{Subl}^0(K) + \Delta H^0(Br) + \Delta H_I(K)$$
$$+ \Delta H_{EA}(Br) + \Delta H_{Gitter}^0(KBr)$$

$$\Rightarrow \Delta H_{EA}(Br) = \Delta H_f^0(KBr) - \Delta H_{Subl}^0(K) - \Delta H^0(Br)$$
$$- \Delta H_I(K) - \Delta H_{Gitter}^0(KBr)$$
$$= \left(-394 - 89 - 112 - 425 - (-689)\right) kJ \cdot mol^{-1}$$
$$= -331 \ kJ \cdot mol^{-1}$$

4.10 Zunächst formulieren wir die Reaktionsgleichung:

$$PCl_3(g) + BF_3(g) \rightleftharpoons PF_3(g) + BCl_3(g)$$

a) Im Verlaufe dieser Reaktion werden drei P/Cl- und drei B/F-Bindungen gebrochen und drei P/F- und drei B/Cl-Bindungen geknüpft:

Energieaufwand:

$$3 \cdot \left(\Delta H_B(\text{P–Cl}) + \Delta H_B(\text{B–F}) \right) = 3 \cdot (328 + 645)\,\text{kJ} \cdot \text{mol}^{-1}$$
$$= 2919\,\text{kJ} \cdot \text{mol}^{-1}$$

Energiegewinn:

$$-3 \cdot \left(\Delta H_B(\text{P–F}) + \Delta H_B(\text{B–Cl}) \right) = -3 \cdot (510 + 442)\,\text{kJ} \cdot \text{mol}^{-1}$$
$$= -2856\,\text{kJ} \cdot \text{mol}^{-1}$$

Die Gesamtbilanz beträgt also:

$$2919\,\text{kJ} \cdot \text{mol}^{-1} - 2856\,\text{kJ} \cdot \text{mol}^{-1} = 63\,\text{kJ} \cdot \text{mol}^{-1}$$

Insgesamt ist also mit einem Energieverlust zu rechnen, die Reaktion sollte nicht ablaufen.

b) $\qquad\qquad PCl_3(g) + BF_3(g) \rightleftharpoons PF_3(g) + BCl_3(g)$

$\Delta H^0_{f,298}(\text{kJ} \cdot \text{mol}^{-1})$	-289	-1136	-958	-404
$S^0_{298}(\text{J} \cdot \text{mol}^{-1} \cdot \text{K}^{-1})$	312	254	273	290

$$\Delta H^0_R = 63\,\text{kJ} \cdot \text{mol}^{-1}$$

$$\Delta S^0_R = -3\,\text{J} \cdot \text{mol}^{-1} \cdot \text{K}^{-1}$$

$$\Delta G^0_R = \Delta H^0_R - T \cdot \Delta S^0_R$$

$$\Delta G^0_{R,473} = 63\,000\,\text{J} \cdot \text{mol}^{-1} + 473\,\text{K} \cdot 3\,\text{J} \cdot \text{mol}^{-1} \cdot \text{K}^{-1}$$
$$= 64\,419\,\text{J} \cdot \text{mol}^{-1} = 64{,}4\,\text{kJ} \cdot \text{mol}^{-1}$$

$$\Delta G^0_R = -R \cdot T \cdot \ln K$$

$$\ln K_{473} = -\frac{\Delta G^0_R}{R \cdot T} = \frac{-64\,400\,\text{J} \cdot \text{mol}^{-1}}{8{,}3145\,\text{J} \cdot \text{mol}^{-1} \cdot \text{K}^{-1} \cdot 473\,\text{K}} = -16{,}38$$

$$K_{473} = 7{,}7 \cdot 10^{-8}$$

Die Berechnung der Gleichgewichtskonstanten aus den thermodynamischen Daten der beteiligten Verbindungen führt also zu derselben Schlussfolgerung:
Die Reaktion kann nicht unter Bildung von Phosphor(III)-fluorid und Bor(III)-chlorid ablaufen.

Bei Reaktionen, die ohne Änderung der Teilchenzahl verlaufen, liegt die Reaktionsentropie nahe bei null $\text{J} \cdot \text{mol}^{-1} \cdot \text{K}^{-1}$.

Bor(III)-fluorid ist aufgrund der besonderen Bindungsverhältnisse eine außerordentlich stabile Verbindung (📖 17.3).

4.11 Zunächst formulieren wir die Reaktionsgleichung:

$$SOCl_2\,(l) + H_2O(l) \rightleftharpoons SO_2\,(g) + 2\,HCl(g)$$

a) Im Verlaufe der Reaktion werden zwei S/Cl- und zwei O/H-Bindungen gebrochen und eine S/O-Doppelbindung und zwei H/Cl-Bindungen geknüpft:

Energieaufwand:

$$2 \cdot \left(\Delta H_B(\text{S--Cl}) + \Delta H_B(\text{O--H})\right) = 2 \cdot (269 + 464)\,\text{kJ} \cdot \text{mol}^{-1}$$

$$= 1466\,\text{kJ} \cdot \text{mol}^{-1}$$

Energiegewinn:

$$-\left(\Delta H_B(\text{S}{=}\text{O}) + 2 \cdot \Delta H_B(\text{H--Cl})\right) = -(536 + 2 \cdot 432)\,\text{kJ} \cdot \text{mol}^{-1}$$

$$= -1400\,\text{kJ} \cdot \text{mol}^{-1}$$

Die Gesamtbilanz beträgt also:

$$1466\,\text{kJ} \cdot \text{mol}^{-1} - 1400\,\text{kJ} \cdot \text{mol}^{-1} = 66\,\text{kJ} \cdot \text{mol}^{-1}$$

Insgesamt ist also mit einer endothermen Reaktion zu rechnen.

Hinweis: Die Betrachtung der Bindungsenthalpien erlaubt prinzipiell keine Aussage über die Entropiebilanz einer Reaktion.

Bezüglich einer Voraussage der Gleichgewichtslage ist immer dann Vorsicht geboten, wenn sich die Teilchenzahl im Verlaufe der Reaktion ändert, insbesondere wenn, wie in diesem Fall, gasförmige Reaktionsprodukte entstehen.

Aus den thermodynamischen Daten errechnet man eine etwas andere Reaktionsenthalpie als aus den Bindungsenthalpien. Dies hat seine Ursache im Wesentlichen darin, dass die S/Cl-Bindungsenthalpie aus den thermodynamischen Daten von SCl_2 abgeleitet ist. Die S/Cl-Bindungsenthalpie in $SOCl_2$ hat einen etwas abweichenden Zahlenwert, denn sowohl die Oxidationsstufe des Schwefel-Atoms als auch die Koordinationszahl unterscheiden sich von denen im SCl_2.

b)

$$SOCl_2\,(l) + H_2O(l) \rightleftharpoons SO_2\,(g) + 2\,HCl(g)$$

	$SOCl_2$	H_2O	SO_2	HCl
$\Delta H^0_{f,298}(\text{kJ} \cdot \text{mol}^{-1})$	-247	-286	-297	$2 \cdot (-92)$
$S^0_{298}(\text{J} \cdot \text{mol}^{-1} \cdot \text{K}^{-1})$	207	70	248	$2 \cdot 187$

$$\Delta H^0_R = 52\,\text{kJ} \cdot \text{mol}^{-1}$$

$$\Delta S^0_R = 345\,\text{J} \cdot \text{mol}^{-1} \cdot \text{K}^{-1}$$

Mithilfe der Gibbs-Helmholtz-Gleichung ergibt sich die freie Reaktionsenthalpie:

$$\Delta G^0_R = \Delta H^0_R - T \cdot \Delta S^0_R$$

$$= 52\,000\,\text{J} \cdot \text{mol}^{-1} - 298\,\text{K} \cdot 345\,\text{J} \cdot \text{mol}^{-1} \cdot \text{K}^{-1}$$

$$= -50\,810\,\text{J} \cdot \text{mol}^{-1} = -50,8\,\text{kJ} \cdot \text{mol}^{-1}$$

Aus diesem Wert wird die Gleichgewichtskonstante für 298 K berechnet:

$$\Delta G_R^0 = - R \cdot T \cdot \ln K$$

$$\ln K = - \frac{\Delta G_R^0}{R \cdot T}$$

$$\ln K_{298} = \frac{50\,800\,\text{J} \cdot \text{mol}^{-1}}{8{,}3145\,\text{J} \cdot \text{mol}^{-1} \cdot \text{K}^{-1} \cdot 298\,\text{K}} = 20{,}5$$

$$K_{298} = e^{20{,}5} = 8 \cdot 10^8$$

Die Rechnung zeigt, dass aus thermodynamischer Sicht unter Berücksichtigung der Entropiebilanz der Reaktion mit einer praktisch vollständigen Hydrolyse des Thionylchlorids zu rechnen ist.

Das Experiment bestätigt diese Voraussage: Thionylchlorid ist eine äußerst wasserempfindliche Flüssigkeit.

4.12 Die Aufgabe ist nichts anderes als die Frage nach der freien Reaktionsenthalpie ΔG_R^0 der folgenden Reaktion:

$$LiF(s) + CsI(s) \rightleftharpoons LiI(s) + CsF(s)$$

$$\Delta G_{f,298}^0 (\text{kJ} \cdot \text{mol}^{-1}) \qquad -588 \qquad -341 \qquad -270 \qquad -526$$

$$\Delta G_R^0 = -270\,\text{kJ} \cdot \text{mol}^{-1} - 526\,\text{kJ} \cdot \text{mol}^{-1}$$
$$- (-588\,\text{kJ} \cdot \text{mol}^{-1} - 341\,\text{kJ} \cdot \text{mol}^{-1})$$
$$= 133\,\text{kJ} \cdot \text{mol}^{-1}$$

Es bilden sich also LiF und CsI

Hinweis: Dieses Beispiel zeigt, dass die Kombination eines kleinen Kations mit einem kleinen Anion sowie eines großen Kations mit einem großen Anion energetisch offenbar günstiger ist als die Kombination klein/groß bzw. groß/klein. Dieses Ergebnis entspricht dem HSAB-Konzept (⟐ 10.6) und kann weitgehend verallgemeinert werden:

Soll aus einer Lösung ein kleines Ion mit hoher Ladungsdichte ausgefällt und in eine stabile Verbindung überführt werden, geschieht dies im Allgemeinen mit einen kleinem Gegenion. Für große Ionen mit niedriger Ladungsdichte gilt Entsprechendes.

Die Abschätzung der Gleichgewichtslage einer chemischen Reaktion anhand von Bindungsenthalpien führt nur dann zu richtigen Schlussfolgerungen, wenn die Reaktionsentropie nahe null $\text{J} \cdot \text{mol}^{-1} \cdot \text{K}^{-1}$ ist.

Bei einer Reaktion, an der ausschließlich feste Stoffe beteiligt sind, kommt es nicht wie bei Reaktionen zwischen flüssigen, gelösten oder gasförmigen Reaktionsteilnehmern zu einer Gleichgewichtseinstellung, bei der je nach äußeren Bedingungen im Gleichgewicht alle Reaktionsteilnehmer in bestimmten Konzentrationen vorhanden sind. Ist die freie Reaktionsenthalpie einer Festkörperreaktion negativ, so werden die Ausgangsstoffe vollständig zu den Produkten umgesetzt, unabhängig vom Zahlenwert der freien Reaktionsenthalpie; ist die freie Reaktionsenthalpie hingegen positiv, erfolgt keine Reaktion. Feststoffreaktionen verlaufen im Allgemeinen recht langsam, sodass die aus thermodynamischer Sicht erwarteten Produkte häufig erst nach langer Zeit gebildet werden.

Bei thermodynamischen Betrachtungen beziehen wir uns in der Regel auf eine *Stoffmenge* von einem Mol. In der Technik ist es häufig sinnvoller, sich auf eine *Masse* von einem Kilogramm zu beziehen, da sich auch die Kosten auf die Masse (oder das Volumen) des jeweiligen Stoffs beziehen.

In nachstehender Tabelle sind die Verbrennungsenthalpien pro Mol und pro kg zusammengestellt:

Stoff	ΔH_R^0 *	ΔH_R^0 **
C	−394	−32 800
H_2	−242	−120 040
CH_4	−803	−50 060
C_8H_{18}	−5080	−44 480
* $(kJ \cdot mol^{-1})$	** $(kJ \cdot kg^{-1})$	

Wasserstoff setzt unter den betrachteten Brennstoffen bei der Verbrennung die niedrigste Wärmemenge pro Mol frei, jedoch die mit Abstand größte pro Kilogramm.

4.13 a) *Kohlenstoff:*

$$C(s) + 2\,O_2(g) \;\rightleftharpoons\; CO_2(g)$$

$$\Delta H_{f,298}^0\,(kJ \cdot mol^{-1}) \qquad 0 \qquad 0 \qquad -394$$

$$\Delta H_R^0 = -394\,kJ \cdot mol^{-1}$$

Eine Wärmemenge von 394 kJ wird frei, wenn 1 mol ($\hat{=}$ 12,01 g) Kohlenstoff verbrannt wird. Bei der Verbrennung von 1 kg sind es demnach:

$$394\,kJ \cdot mol^{-1} \cdot \frac{1000\,g}{12,01\,g \cdot mol^{-1}} = 32\,800\,kJ$$

Wasserstoff:

$$H_2(g) + \tfrac{1}{2}O_2(g) \;\rightleftharpoons\; H_2O(g)$$

$$\Delta H_{f,298}^0\,(kJ \cdot mol^{-1}) \qquad 0 \qquad 0 \qquad -242$$

$$\Delta H_R^0 = -242\,kJ \cdot mol^{-1}$$

Eine Wärmemenge von 242 kJ wird frei, wenn 1 mol ($\hat{=}$ 2,016 g) Wasserstoff verbrannt wird. Bei der Verbrennung von 1 kg sind es demnach:

$$242\,kJ \cdot mol^{-1} \cdot \frac{1000\,g}{2,016\,g \cdot mol^{-1}} = 120\,040\,kJ$$

Methan:

$$CH_4(g) + 2\,O_2(g) \rightleftharpoons CO_2(g) + 2\,H_2O(g)$$

$$\Delta H_{f,298}^0\,(kJ \cdot mol^{-1}) \quad -75 \qquad 0 \qquad -394 \qquad 2 \cdot (-242)$$

$$\Delta H_R^0 = -394\,kJ \cdot mol^{-1} - 2 \cdot 242\,kJ \cdot mol^{-1} - (-75\,kJ \cdot mol^{-1})$$

$$= -803\,kJ \cdot mol^{-1}$$

Eine Wärmemenge von 803 kJ wird frei, wenn 1 mol ($\hat{=}$ 16,04 g) Methan verbrannt wird. Bei der Verbrennung von 1 kg sind es demnach:

$$803\,kJ \cdot mol^{-1} \cdot \frac{1000\,g}{16,04\,g \cdot mol^{-1}} = 50\,060\,kJ$$

Octan:

$$C_8H_{18}(l) + 12,5\,O_2(g) \;\rightleftharpoons\; 8\,CO_2(g) + 9\,H_2O(g)$$

$$\Delta H_{f,298}^0\,(kJ \cdot mol^{-1}) \quad -250 \qquad 0 \qquad 8 \cdot (-394) \quad 9 \cdot (-242)$$

$$\Delta H_R^0 = -5080\,kJ \cdot mol^{-1}$$

Eine Wärmemenge von 5080 kJ wird frei, wenn 1 mol ($\hat{=}$ 114,2 g) Octan verbrannt wird. Bei der Verbrennung von 1 kg sind es demnach:

$$5080\,kJ \cdot mol^{-1} \cdot \frac{1000\,g}{114,2\,g \cdot mol^{-1}} = 44\,480\,kJ$$

b)
$$CH_4(g) + 2\,O_2(g) \rightleftharpoons CO_2(g) + 2\,H_2O(l)$$

$$\Delta H_f^0 (kJ \cdot mol^{-1}) \quad -75 \quad\quad 0 \quad\quad -394 \quad\quad 2 \cdot (-286)$$

$$\Delta H_R^0 = -394\,kJ \cdot mol^{-1} - 2 \cdot 286\,kJ \cdot mol^{-1} - (-75\,kJ \cdot mol^{-1})$$

$$= -891\,kJ \cdot mol^{-1}$$

Die Verbrennung von Methan liefert mehr Energie, wenn das gebildete Wasser nicht als Wasserdampf, sondern in flüssiger Form anfällt. Prozentual betrachtet ergibt sich ein zusätzlicher Energiegewinn von:

$$\frac{-891\,kJ \cdot mol^{-1} - (-803\,kJ \cdot mol^{-1})}{-803\,kJ \cdot mol^{-1}} \cdot 100\,\% = 11\,\%$$

Diesen zusätzlichen Energiegewinn kann man sich bei der Beheizung von Gebäuden mit Erdgas oder Heizöl bei der sogenannten Brennwerttechnik zu Nutze machen. In der Praxis ist der Energiegewinn jedoch geringer als hier berechnet. Zudem muss bedacht werden, dass beim Einbau einer solchen Anlage zusätzliche Kosten entstehen.

4.14

Octan:
$$C_8H_{18}(g) + 12{,}5\,O_2(g) \rightleftharpoons 8\,CO_2(g) + 9\,H_2O(g)$$

$$\Delta H_{f,298}^0 \quad -208 \quad\quad 0 \quad\quad 8 \cdot (-394) \quad 9 \cdot (-242)$$
$$(kJ \cdot mol^{-1})$$

$$\Delta H_R^0 = \big(8 \cdot (-394) + 9 \cdot (-242)\big)\,kJ \cdot mol^{-1} - (-208\,kJ \cdot mol^{-1})$$

$$= -5122\,kJ \cdot mol^{-1}$$

Eine Wärmemenge von 5122 kJ wird bei der Verbrennung von einem Mol Octan (= 114,2 g) frei. Für die Verbrennung von einem Liter (= 700 g) ergeben sich damit:

$$-5122\,kJ \cdot mol^{-1} \cdot \frac{700\,g}{114{,}2\,g \cdot mol^{-1}} = -31\,400\,kJ$$

Ethanol:
$$C_2H_5OH(g) + 3{,}5\,O_2(g) \rightleftharpoons 2\,CO_2(g) + 3\,H_2O(g)$$

$$\Delta H_{f,298}^0 \quad -235 \quad\quad 0 \quad\quad 2 \cdot (-394) \quad 3 \cdot (-242)$$
$$(kJ \cdot mol^{-1})$$

$$\Delta H_R^0 = \big(2 \cdot (-394) - 3 \cdot (-242)\big)\,kJ \cdot mol^{-1} - (-235\,kJ \cdot mol^{-1})$$

$$= -1279\,kJ \cdot mol^{-1}$$

Eine Wärmemenge von 1279 kJ wird bei der Verbrennung von einem Mol Ethanol (= 46,1 g) frei. Für die Verbrennung von einem Liter (= 790 g) ergeben sich damit:

$$-1279\,kJ \cdot mol^{-1} \cdot \frac{790\,g}{46{,}1\,g \cdot mol^{-1}} = -21\,920\,kJ$$

Verglichen mit Octan liefert Ethanol bei der Verbrennung gleicher Volumina etwa 30 % weniger Energie.

4.15 Pro kg Eisen freigesetzte Wärme:

$$1615 \cdot 4{,}184\,\text{kJ} = 6757\,\text{kJ}$$

Stoffmenge $n(\text{Fe})$ in 1 kg Eisen:

$$n(\text{Fe}) = \frac{1000\,\text{g}}{55{,}847\,\text{g}\cdot\text{mol}^{-1}} = 17{,}91\,\text{mol}$$

a) Bildung von $Fe_2O_3(s)$:

$$n(\text{Fe}_2\text{O}_3) = \frac{1}{2}n(\text{Fe}) \Rightarrow n(\text{Fe}_2\text{O}_3) = \frac{1}{2}\cdot 17{,}91\,\text{mol} = 8{,}955\,\text{mol}$$

$$\Delta H = n \cdot \Delta H_\text{f}^0$$
$$= 8{,}955\,\text{mol}\cdot(-823\,\text{kJ}\cdot\text{mol}^{-1}) = -7370\,\text{kJ} = -1761\,\text{kcal}$$

b) Bildung von $Fe_3O_4(s)$:

$$n(\text{Fe}_3\text{O}_4) = \frac{1}{3}n(\text{Fe}) \Rightarrow n(\text{Fe}_3\text{O}_4) = \frac{1}{3}\cdot 17{,}91\,\text{mol} = 5{,}97\,\text{mol}$$

$$\Delta H = n \cdot \Delta H_\text{f}^0$$
$$= 5{,}97\,\text{mol}\cdot(-1116\,\text{kJ}\cdot\text{mol}^{-1}) = -6663\,\text{kJ} = -1592\,\text{kcal}$$

Der aus der Standard-Bildungsenthalpie berechnete Wert weicht nur um 1,4 % von dem im Lexikon in Bezug auf „Fe$_2$O$_4$" genannten Wert ab. Es ist daher anzunehmen, dass er rechnerisch analog zu b) für 298 K ermittelt wurde.

Der Berechnung lag allerdings ein etwas abweichender ΔH_f^0-Wert für Fe_3O_4 zugrunde, wobei auch Rundungen im Rechengang möglicherweise gröber ausgeführt wurden.

Die in der Technik häufig auftretende Oxidation von glühendem oder schmelzflüssigem Eisen führt regelmäßig zu Fe_3O_4. Das schwarze spröde Produkt wird in der Technik als *Hammerschlag* bezeichnet.

4.16

CaCl$_2$: Zunächst formulieren wir die Reaktionsgleichung:

$$\text{CaCl}_2(\text{s}) \rightleftharpoons \text{Ca}^{2+}(\text{aq}) + 2\,\text{Cl}^-(\text{aq})$$

$$\Delta H_\text{f,298}^0(\text{kJ}\cdot\text{mol}^{-1}) \quad -796 \qquad -543 \qquad 2\cdot(-167)$$

$$\Delta H_\text{R}^0 = -543\,\text{kJ}\cdot\text{mol}^{-1} - 2\cdot 167\,\text{kJ}\cdot\text{mol}^{-1} - (-796\,\text{kJ}\cdot\text{mol}^{-1})$$
$$= -81\,\text{kJ}\cdot\text{mol}^{-1}$$

CaCl$_2\cdot 2\,H_2O$: Die Bildungsenthalpie des Calciumchlorid-Dihydrats ($-1403\,\text{kJ}\cdot\text{mol}^{-1}$) unterscheidet sich sehr stark von der des wasserfreien $CaCl_2$ ($-796\,\text{kJ}\cdot\text{mol}^{-1}$), denn sie beinhaltet auch die Bildungsenthalpie von 2 mol Wasser ($2\cdot(-286\,\text{kJ}\cdot\text{mol}^{-1})$). Aus diesem Grunde müssen die beiden Wasser-Moleküle, die beim Lösungsvorgang formal frei werden, berücksichtigt werden.

Die Reaktionsgleichung ist also folgendermaßen zu formulieren:

$$CaCl_2 \cdot 2\,H_2O(s) \rightarrow Ca^{2+}(aq) + 2\,Cl^-(aq) + 2\,H_2O(l)$$

$$\Delta H^0_{f,298}(kJ \cdot mol^{-1})$$

$$-1403 \qquad -543 \qquad 2 \cdot (-167) \quad 2 \cdot (-286)$$

$$\Delta H^0_R = -543\,kJ \cdot mol^{-1} - 2 \cdot 167\,kJ \cdot mol^{-1} - 2 \cdot 286\,kJ \cdot mol^{-1}$$

$$-(-1403\,kJ \cdot mol^{-1})$$

$$= -46\,kJ \cdot mol^{-1}$$

CaCl₂·6 H₂O: Die Reaktionsgleichung lautet folgendermaßen:

$$CaCl_2 \cdot 6\,H_2O(s) \rightarrow Ca^{2+}(aq) + 2\,Cl^-(aq) + 6\,H_2O(l)$$

$$\Delta H^0_{f,298} \quad -2608 \qquad -543 \qquad 2 \cdot (-167) \quad 6 \cdot (-286)$$
$$(kJ \cdot mol^{-1})$$

$$\Delta H^0_R = -543\,kJ \cdot mol^{-1} - 2 \cdot 167\,kJ \cdot mol^{-1} - 6 \cdot 286\,kJ \cdot mol^{-1}$$

$$-(-2608\,kJ \cdot mol^{-1})$$

$$= 15\,kJ \cdot mol^{-1}$$

4.17 Zunächst stellen wir die Reaktionsgleichung für den Verbrennungsvorgang auf:

$$CS_2(l) + 3\,O_2(g) \rightleftharpoons CO_2(g) + 2\,SO_2(g)$$

$$\Delta H^0_{f,298}(kJ \cdot mol^{-1}) \qquad x \qquad 0 \qquad -394 \quad 2 \cdot (-297)$$

$$-1077\,kJ \cdot mol^{-1} = -394\,kJ \cdot mol^{-1} - 2 \cdot 297\,kJ \cdot mol^{-1} - x$$

$$x = 1077\,kJ \cdot mol^{-1} - 394\,kJ \cdot mol^{-1} - 2 \cdot 297\,kJ \cdot mol^{-1}$$

$$x = 89\,kJ \cdot mol^{-1}$$

$$\Delta H^0_{f,298}(CS_2) = 89\,kJ \cdot mol^{-1}$$

4.18 a)

$$\Delta T = (7,8 \pm 0,1)\,K$$

$$\Rightarrow Q = (7,8 \pm 0,1)\,K \cdot 100\,g \cdot 4,184\,J \cdot K^{-1} \cdot g^{-1}$$

$$= (3\,263,5 \pm 41,8)\,J$$

Ähnliche Trends findet man bei vielen anderen Salzen, von denen neben der wasserfreien Form auch Hydrate auftreten: Während der Lösungsvorgang bei wasserfreien Salzen und wasserarmen Hydraten exotherm verläuft, ist er bei den häufigen Hexahydraten endotherm.

Viele Verbindungen bilden sich nicht aus den Elementen, aus denen sie aufgebaut sind. Um die Standard-Bildungsenthalpien solcher Verbindungen zu ermitteln, untersucht man eine einheitlich und vollständig verlaufende Reaktion der Verbindung, zum Beispiel die Verbrennungsreaktion.

$$M(\text{Mn}) = 54{,}94 \ \text{g} \cdot \text{mol}^{-1}$$

$$\Rightarrow n(\text{Mn}) = \frac{0{,}830 \ \text{g}}{54{,}94 \ \text{g} \cdot \text{mol}^{-1}} = 15{,}11 \ \text{mmol}$$

$$\Rightarrow \Delta H_\text{R} = \frac{3{,}2635 \ \text{kJ}}{0{,}01511 \ \text{mol}} \pm \frac{0{,}0418 \ \text{kJ}}{0{,}01511 \ \text{mol}}$$

$$= (216 \pm 2{,}8) \, \text{kJ} \cdot \text{mol}$$

b) Da für die molaren Standard-Bildungsenthalpien von Mn(s), H_2(g) und H^+(aq) jeweils $\Delta H_\text{f}^0 = 0 \ \text{kJ} \cdot \text{mol}^{-1}$ gilt, stimmt die molare Standard-Reaktionsenthalpie mit der molaren Standard-Bildungsenthalpie für Mn^{2+}(aq) überein:

$$\Delta H_\text{R}^0 = \Delta H_\text{f}^0(Mn^{2+}) = -221 \ \text{kJ} \cdot \text{mol}^{-1}$$

Der mit den vereinfachenden Annahmen aus dem Experiment erhaltene Wert liegt bemerkenswert nahe an diesem „Literaturwert".

c) Es werden 221 kJ frei.

Die zur Erwärmung von 1 kg Wasser von 20 °C auf 50 °C benötigte Wärmemenge beträgt:

$$Q = 1 \ \text{kg} \cdot 4{,}184 \ \text{J} \cdot \text{K}^{-1} \cdot \text{g}^{-1} \cdot 30 \ \text{K}$$

$$= 125{,}5 \ \text{kJ}$$

Mit 221 kJ kann also die folgende Menge an Wasser um 30 K erwärmt werden:

$$m(\text{Wasser}) = \frac{221 \ \text{kJ}}{125{,}5 \ \text{kJ} \cdot \text{kg}^{-1}} = 1{,}76 \ \text{kg}$$

$$n(H_2O) = \frac{m(\text{Wasser})}{M(H_2O)} = \frac{1760 \ \text{g}}{18 \ \text{g} \cdot \text{mol}^{-1}} = 97{,}8 \ \text{mol}$$

Mit der bei der Umsetzung von 1 mol Mangan mit Salzsäure frei werdenden Wärme lassen sich fast 100 mol Wasser um 30 K erwärmen.

4.19 a)

$$Q = 100 \ \text{g} \cdot 4{,}184 \ \text{J} \cdot \text{K}^{-1} \cdot \text{g}^{-1} \cdot (6{,}6 \pm 0{,}1) \, \text{K}$$

$$= (2761 \pm 42) \, \text{J}$$

Umgesetzte Stoffmengen:

$$n(H^+) = n(OH^-) = 1 \ \text{mol} \cdot \text{l}^{-1} \cdot 0{,}05 \ \text{l} = 0{,}05 \ \text{mol}$$

$$\Rightarrow \Delta H_\text{Neutralisation}^0 = \frac{(2761 \pm 42) \, \text{J}}{0{,}05 \ \text{mol}} = (55{,}2 \pm 0{,}8) \, \text{kJ} \cdot \text{mol}^{-1}$$

Das Beispiel macht deutlich, dass bei chemischen Reaktionen in der Regel erheblich mehr Energie umgesetzt wird als bei Temperaturänderungen von Stoffportionen mit vergleichbarer Stoffmenge.

b)
$$H^+(aq) + OH^-(aq) \rightarrow H_2O(l)$$

$$\Delta H_f^0 (kJ \cdot mol^{-1}) \qquad 0 \qquad -230 \qquad -286$$

$$\Delta H_R^0 = \left(-286 - (-230)\right) kJ \cdot mol^{-1}$$

$$= -56 \ kJ \cdot mol^{-1}$$

4.20 a) $\quad M(s) + H_2O(l) \rightarrow M^+(aq) + OH^-(aq) + \frac{1}{2}H_2(g)$

$$\Delta H_f^0 \qquad 0 \qquad -286 \quad (unterschiedl.) \quad -230 \qquad 0$$

$$(kJ \cdot mol^{-1})$$

Die Standard-Bildungsenthalpien der hydratisierten Metall-ionen und die sich ergebenden Standard-Reaktionsenthalpien sind in der folgenden Tabelle zusammengestellt:

M	Li	Na	K	Rb	Cs
$\Delta H_f^0 (M^+(aq))$ $(kJ \cdot mol^{-1})$	-278	-240	-252	-251	-258
ΔH_R^0 $(kJ \cdot mol^{-1})$	-222	-184	-196	-195	-202

Entgegen dem Anschein ist die Reaktion von Lithium mit Wasser stärker exotherm als bei allen anderen Alkalimetallen. Zu einer einfachen Erklärung des Reaktionsverhaltens von Lithium vergleiche man die Lösung zur Lehrbuch-Aufgabe 15.3.

b) Die einzelnen Enthalpie-Werte (in $kJ \cdot mol^{-1}$) sind in der folgenden Tabelle zusammengestellt:

	I	II	III	I + II + III
Li	159	526	-520	165
Na	107	502	-406	203
K	89	425	-322	192
Rb	81	409	-298	192
Cs	76	382	-273	185

Die Werte für II, III und IV ergeben sich – unter Umkehrung des Vorzeichens – aus den Tabellenwerten für die Hydratation (II), die Ionisierung (III) und die Bindungsenthalpie (bzw. die Bildungsenthalpie) (IV).

c)

	$\Delta H^0\,(\mathrm{kJ\cdot mol^{-1}})$
I: $H_2O(l) \rightarrow H^+(aq) + OH^-(aq)$	56
II: $H^+(aq) \rightarrow H^+(g)$	1091
III: $H^+(g) + e^- \rightarrow H(g)$	-1318
IV: $H(g) \rightarrow \frac{1}{2}H_2(g)$	-218
I + II + III + IV	-389

d)

$$\text{Li:}\quad \Delta H_R^0 = \left(165 + (-389)\right)\,\mathrm{kJ\cdot mol^{-1}} = -224\,\mathrm{kJ\cdot mol^{-1}}$$

$$\text{Na:}\quad \Delta H_R^0 = \left(203 + (-389)\right)\,\mathrm{kJ\cdot mol^{-1}} = -186\,\mathrm{kJ\cdot mol^{-1}}$$

$$\text{K:}\quad \Delta H_R^0 = \left(192 + (-389)\right)\,\mathrm{kJ\cdot mol^{-1}} = -197\,\mathrm{kJ\cdot mol^{-1}}$$

$$\text{Rb:}\quad \Delta H_R^0 = \left(192 + (-389)\right)\,\mathrm{kJ\cdot mol^{-1}} = -197\,\mathrm{kJ\cdot mol^{-1}}$$

$$\text{Cs:}\quad \Delta H_R^0 = \left(185 + (-389)\right)\,\mathrm{kJ\cdot mol^{-1}} = -204\,\mathrm{kJ\cdot mol^{-1}}$$

e) Die molare freie Reaktionsenthalpie ΔG_R^0 für die angegebene Reaktion stimmt jeweils mit der freien Standard-Bildungsenthalpie des hydratisierten Ions überein:

ΔG_f^0	$Li^+(aq)$	$Na^+(aq)$	$K^+(aq)$	$Rb^+(aq)$	$Cs^+(aq)$
$(\mathrm{kJ\cdot mol^{-1}})$	-293	-262	-284	-284	-291

Aufgrund der angegebenen Beziehung gilt demnach:

$$E^0(M^+/M) = \frac{\Delta G_f^0\left(M^+(aq)\right)}{F}$$

Dabei ist F die Faraday-Konstante:

$$F = 96\,485\ \mathrm{A\cdot s\cdot mol^{-1}}$$

Für die Berechnung ist der folgende Zusammenhang zwischen thermischer Energie und elektrischer Energie zu beachten:

$$1\ \mathrm{J} = 1\ \mathrm{W\cdot s} = 1\ \mathrm{V\cdot A\cdot s}$$

Damit ergeben sich die folgenden E^0-Werte:

	Li^+/Li	Na^+/Na	K^+/K	Rb^+/Rb	Cs^+/Cs
E^0/V	$-3{,}04$	$-2{,}71$	$-2{,}94$	$-2{,}94$	$-3{,}02$

4.21 a) $W_{el} = U \cdot I \cdot t$

$\qquad = 4{,}2\ \text{V} \cdot 120 \cdot 10^3\ \text{A} \cdot 1\ \text{h}$

$\qquad = 504\ \text{kWh}$

b) $m(\text{Al}) = \dfrac{504\ \text{kW} \cdot \text{h}}{13\ \text{kW} \cdot \text{h} \cdot \text{kg}^{-1}} = 38{,}8\ \text{kg}$

c) Energiekosten für 1 kg Aluminium:

$13\ \text{kW} \cdot \text{h} \cdot 0{,}08\ \text{€} \cdot (\text{kWh})^{-1} = 1{,}04\ \text{€}$

Kostenanteil am Gesamtpreis von $2{,}10\ \text{€} \cdot \text{kg}^{-1}$:

$\dfrac{1{,}04\ \text{€}}{2{,}10\ \text{€}} \cdot 100\ \% = 49{,}5\ \%$

5 Chemisches Gleichgewicht – Massenwirkungsgesetz

Chemisches Gleichgewicht

Chemische Reaktionen sind im Prinzip umkehrbar. Verläuft die *Hinreaktion* exo-therm, so ist die *Rückreaktion* endotherm.

In der Regel stellt sich in einem geschlossenen System bei konstanter Temperatur und konstantem Druck nach einer gewissen Zeit ein gleichbleibendes Verhältnis zwischen den Stoffmengen der Ausgangsstoffe und der Reaktionsprodukte ein.

Dieser Gleichgewichtszustand entspricht einem *dynamischen Gleichgewicht*, in dem die Hinreaktion und die Rückreaktion mit gleicher Geschwindigkeit ablaufen.

Das Prinzip des kleinsten Zwangs

Die Verschiebung der Lage eines chemischen Gleichgewichts durch äußere Einflüsse wie eine Änderung der Temperatur oder der Konzentration bzw. des Drucks lässt sich qualitativ durch das *Prinzip des kleinsten Zwangs* beschreiben (**Prinzip von Le Chatelier**).

Dieses allgemein und streng gültige Prinzip kann folgendermaßen formuliert werden:

Ein im chemischen Gleichgewicht befindliches System weicht einem äußeren Zwang, wie einer Änderung der Temperatur oder der Konzentration bzw. des Drucks, in der Weise aus, dass der Zwang geringer wird.

Temperaturabhängigkeit Durch eine *Temperaturerhöhung* wird bei einer exotherm verlaufenden Reaktion das Gleichgewicht auf die Seite der Ausgangsstoffe verschoben, bei einer endothermen Reaktion dagegen auf die Seite der Reaktionsprodukte.

Druckabhängigkeit Bei vielen Reaktionen, an denen Gase beteiligt sind, ändert sich im Verlaufe der Reaktion die Anzahl der gasförmigen Teilchen. Durch eine *Druckerhöhung* verschiebt sich das Gleichgewicht zu der Seite, auf der die Anzahl gasförmiger Teilchen geringer ist.

Konzentrationsabhängigkeit Falls sich bei einer Reaktion in Lösung die Teilchenzahl ändert, führt eine *Erhöhung der Konzentration* zu einer Verschiebung der Gleichgewichtslage auf die Seite mit der geringeren Teilchenzahl. Eine *Erniedrigung der Konzentration* verschiebt das Gleichgewicht zugunsten der Seite mit der größeren Teilchenzahl. So nimmt beispielsweise das Ausmaß der Dissoziation einer Säure mit sinkender Konzentration zu.

Erhöht man in einer Lösung, in der sich der Gleichgewichtszustand eingestellt hat, durch Zugabe eines der Ausgangsstoffe oder eines der Reaktionsprodukte dessen Konzentration, stellen sich die Konzentrationen aller Reaktionsteilnehmer neu ein.

Massenwirkungsgesetz und Gleichgewichtskonstante K

Grundlage für die quantitative Beschreibung chemischer Gleichgewichte ist die Angabe von reaktionsspezifischen Gleichgewichtskonstanten K, deren Werte jeweils für eine bestimmte Temperatur gültig sind.

Befinden sich alle Reaktionsteilnehmer in einem *homogenen* System, also in einer Lösung oder in der Gasphase, gilt für eine beliebige Reaktion nach dem Massenwirkungsgesetz der folgende Zusammenhang:

$$i\,A + j\,B \;\rightleftharpoons\; m\,C + n\,D$$

$$K = \frac{c^{m}(C)\cdot c^{n}(D)}{c^{i}(A)\cdot c^{j}(B)}$$

Bei Reaktionen in *heterogenen* Systemen bleiben hingegen reine feste oder flüssige Reaktionsteilnehmer unberücksichtigt, denn deren Stoffmenge beeinflusst die Gleichgewichtskonzentrationen der übrigen Reaktionsteilnehmer nicht.

Löslichkeitsgleichgewicht

Löslichkeitsgleichgewichte sind heterogene Systeme, bei denen ein fester Bodenkörper im Gleichgewicht mit einer gesättigten Lösung steht. Für einen salzartigen Stoff wie *Calciumfluorid* lässt sich das Löslichkeitsgleichgewicht folgendermaßen formulieren:

$$CaF_2(s) \;\rightleftharpoons\; Ca^{2+}(aq) + 2\,F^{-}(aq)$$

$$K_L = c(Ca^{2+})\cdot c^{2}(F^{-})$$

Die Gleichgewichtskonstante K_L wird als **Löslichkeitsprodukt** bezeichnet. Häufig gibt man den negativen dekadischen Logarithmus des Zahlenwerts an, den **pK_L**-Wert.

Verteilungsgleichgewicht

Für die Verteilung eines Stoffes zwischen zwei miteinander nicht oder nur unvollständig mischbaren Flüssigkeiten gilt das **Nernstsche Verteilungsgesetz**:

Das Verhältnis der Konzentrationen des gelösten Stoffes in den beiden Lösemitteln ist konstant.

Beispiel: Für die Verteilung von Iod zwischen Wasser und Tetrachlormethan (bei 25 °C) gilt:

$$K = \frac{c(\text{Iod in Tetrachlormethan})}{c(\text{Iod in Wasser})} = 85$$

K wird allgemein als **Verteilungskoeffizient** bezeichnet.

Hinweise zur Berechnung von Gleichgewichtskonstanten

• Die Lage eines chemischen Gleichgewichts wird durch die Gleichgewichtskonstante K beschrieben. Bei einer einführenden Behandlung wird ihr Wert nach den Regeln des Massenwirkungsgesetzes aus den im Gleichgewichtszustand nebeneinander vorliegenden *Konzentrationen* von Ausgangsstoffen und Reaktionsprodukten berechnet. Zur Verdeutlichung wird deshalb K auch mit dem Index c versehen: K_c.

• Bei Reaktionen unter Beteiligung von *gasförmigen* Stoffen betrachtet man statt der Konzentrationen meist die **Partialdrücke**.

Die mit den im Gleichgewichtszustand vorliegenden Partialdrücken berechnete Gleichgewichtskonstante wird dann als K_p bezeichnet.

- Der Zahlenwert von K macht eine Aussage darüber, in welchem Umfang die jeweilige Reaktion abläuft. Ist K groß ($K \gg 1$), so ist der Anteil der gebildeten Produkte hoch, ist K hingegen sehr klein ($K \ll 1$), läuft die Reaktion nicht in nennenswertem Umfang ab.

- Kennt man den Zahlenwert der Gleichgewichtskonstanten, können die Konzentrationen aller Reaktionsteilnehmer berechnet werden. Die Ergebnisse können im Allgemeinen nur als *Näherungen* angesehen werden, da eigentlich die Aktivitäten berechnet werden und – insbesondere in höher konzentrierten Lösungen – Aktivitäten und Konzentrationen deutlich unter-schiedliche Zahlenwerte aufweisen können; die Ergebnisse von Berechnungen sollten also sinnvoll gerundet werden.

- Stellt sich das Gleichgewicht in einem homogenen System wie in einer Gasphase oder einer Lösung ein, spricht man von einem **homogenen** chemischen Gleichgewicht. Ein Beispiel dieser Art ist die Bildung von Iodwasserstoff aus Wasserstoff und Iod bei erhöhten Temperaturen.

$$H_2(g) + I_2(g) \rightleftharpoons 2\,HI(g)$$

Die zugehörige Gleichgewichtskonstante ist in diesem Fall:

$$K_c = \frac{c^2(HI)}{c(H_2) \cdot c(I_2)}$$

bzw. $$K_p = \frac{p^2(HI)}{p(H_2) \cdot p(I_2)}$$

- Sind mehrere Phasen beteiligt – wie bei der Zersetzung von festem Calciumcarbonat in festes Calciumoxid und gasförmiges Kohlenstoffdioxid – spricht man von einem **heterogenen** chemischen Gleichgewicht:

$$CaCO_3(s) \rightleftharpoons CaO(s) + CO_2(g)$$

Wendet man das Massenwirkungsgesetz auf diese beiden Reaktionen an, muss beachtet werden, dass reine feste oder flüssige Stoffe nicht berücksichtigt werden, denn ihre Aktivität ist definitionsgemäß gleich eins. Der Massenwirkungsausdruck für diese Reaktion lautet also:

$$K_c = c(CO_2) \quad \text{bzw.} \quad K_p = p(CO_2)$$

Umrechnung zwischen K_p- und K_c-Werten

Bei Reaktionen, an denen gasförmige Stoffe beteiligt sind, gibt man häufig nicht deren Konzentrationen c_i, sondern ihre Partialdrücke p_i an.

Bei der Berechnung der Gleichgewichtskonstanten ist zu beachten, dass die Zahlenwerte von K_c und K_p nur dann identisch sind, wenn sich die Teilchenzahlen bei der Reaktion nicht ändern ($\square$ 9.2). Dies ist beim Iodwasserstoff-Gleichgewicht der Fall, bei der Calciumcarbonat-Zersetzung jedoch nicht.

Das *allgemeine Gasgesetz* ermöglicht die Umrechnung von der Konzentration eines gasförmigen Reaktionsteilnehmers in den Partialdruck und umgekehrt:

$$p \cdot V = n \cdot R \cdot T$$

$$p = \frac{n}{V} \cdot R \cdot T = c \cdot R \cdot T; \quad c = \frac{p}{R \cdot T}$$

Der Zahlenwert von K_p hängt von der verwendeten Druckeinheit ab.

Beispiele:

$K_p = 0{,}21 \text{ bar} = 210 \text{ hPa} = 21 \cdot 10^3 \text{ Pa}$

$K_p = 4 \text{ bar}^{-1}$

$= \dfrac{4}{1000 \text{ hPa}} = 4 \cdot 10^{-3} \text{ hPa}^{-1} = 4 \cdot 10^{-5} \text{ Pa}^{-1}$

Berechnung von K aus thermodynamischen Daten

Die Gleichgewichtskonstante K einer beliebigen Reaktion kann ohne spezielle experimentelle Untersuchungen direkt aus thermodynamischen Daten berechnet werden:

$$R \cdot T \cdot \ln K = - \Delta G_R^0 (T)$$

Man benötigt also die freie Standard-Reaktionsenthalpie für die jeweilige Temperatur. Zur Berechnung von $\Delta G_R^0 (T)$ nutzt man die **Gibbs-Helmholtz-Gleichung**:

$$\Delta G_R^0 = \Delta H_R^0 - T \cdot \Delta S_R^0$$

Für die Reaktionsenthalpie ΔH_R^0 und die Reaktionsentropie ΔS_R^0 setzt man dabei meist voraus, dass ihre Temperaturabhängigkeit vernachlässigt werden kann.

Ihre Werte ergeben sich also direkt aus den für 298 K tabellierten Werten der Standard-Bildungsenthalpien ΔH_f^0 und der Standard-Entropien ΔS^0. Der auf diesem Wege berechnete Wert für K ist ein reiner Zahlenwert.

Für einen Vergleich mit K_c- und K_p-Werten, die aus den im Gleichgewicht vorliegenden Konzentrationen bzw. Partialdrücken berechnet wurden, ist Folgendes zu beachten:

Der Zahlenwert von K_c stimmt mit dem berechneten K-Wert überein, wenn alle Konzentrationen in $\text{mol} \cdot \text{l}^{-1}$ angegeben werden.

Bei Gasreaktionen ist der Zahlenwert von K_p mit K identisch, wenn alle Partialdrücke die Einheit Bar aufweisen.

Falls die Partialdrücke in einer anderen Einheit angegeben sind, dividiert man alle p_i-Werte durch den Standarddruck ($1 \text{ bar} = 10^5 \text{ Pa} = 1000 \text{ hPa}$). Mit den so erhaltenen Zahlenwerten ergibt sich dann ein K-Wert, der mit dem thermodynamisch berechneten Wert direkt vergleichbar ist.

Aufgrund der zentralen Bedeutung des chemischen Gleichgewichts für das Verständnis chemischer Reaktionen werden Aufgabenbeispiele aus verschiedenen Anwendungsbereichen zusammengestellt:

- Das Prinzip des kleinsten Zwangs
- Reaktionsgleichung und Gleichgewichtskonstante
- Homogene Gleichgewichte
- Heterogene Gleichgewichte
- Löslichkeitsgleichgewichte
- Verteilungsgleichgewichte
- Gekoppelte Gleichgewichte

Zu den für die Praxis besonders wichtigen Säure/Base-Gleichgewichten und Redox-Gleichgewichten ist jeweils nur ein Beispiel bei den homogenen bzw. den heterogenen Gleichgewichten einbezogen worden. Ausführlicher werden diese Bereiche in den nachfolgenden Kapiteln erfasst.

Aufgaben

Das Prinzip des kleinsten Zwangs

5.1 NO_2-Moleküle liegen im Gleichgewicht mit N_2O_4-Molekülen vor:

$$2\,NO_2(g) \rightleftharpoons N_2O_4(g)$$

Die Bildung von N_2O_4-Molekülen aus NO_2-Molekülen verläuft dabei exotherm. Welchen Einfluss auf die Gleichgewichtslage hat

a) eine Temperaturerhöhung?

b) eine Erhöhung des Gesamtdrucks?

5.2 Die Bildung von $NO(g)$ aus $N_2(g)$ und $O_2(g)$ erfolgt mit steigender Temperatur in zunehmendem Umfang. Ist die Reaktion exotherm oder endotherm?

5.3 Welchen Einfluss hat eine erhöhte Temperatur bzw. ein erhöhter Druck auf die Lage des Gleichgewichts bei den folgenden Reaktionen? Benutzen Sie zur Lösung tabellierte thermodynamische Daten (siehe Anhang).

a) $C(s) + H_2O(g) \rightleftharpoons CO(g) + H_2(g)$

b) $CO(g) + H_2O(g) \rightleftharpoons CO_2(g) + H_2(g)$

c) $N_2(g) + 3\,H_2(g) \rightleftharpoons 2\,NH_3(g)$

d) $SO_2(g) + \frac{1}{2}O_2(g) \rightleftharpoons SO_3(g)$

e) $C(s) + CO_2(g) \rightleftharpoons 2\,CO(g)$

5.4 Triiodid-Ionen (I_3^-) bilden sich bei der Reaktion von Iod mit Iodid-Ionen in wässeriger Lösung. Wie verändert sich der Anteil der Triiodid-Ionen, wenn eine solche Lösung verdünnt wird?

5.5 Das Ausmaß der Eigendissoziation von Wassers steigt mit zunehmender Temperatur. Ist die Autoprotolyse des Wassers ein endothermer oder ein exothermer Vorgang?

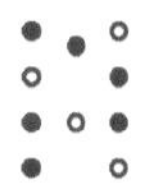

5.6 Die Abbildung in der Randspalte stellt schematisch einen kleinen Ausschnitt aus einem System dar, in dem sich ein Gleichgewicht eingestellt hat:

$$\circ(g) \rightleftharpoons \bullet(g); \quad \Delta H_R < 0$$

Prinzipiell kann man sich darunter eine Reaktion vorstellen, bei der Moleküle einer bestimmten Struktur ($\circ$) exotherm in Moleküle einer anderen Struktur ($\bullet$) übergehen können. $\circ$ und $\bullet$ sind also Isomere mit der gleichen Molekülformel. Die Reaktionsbedingungen sollen nun auf unterschiedliche Weise verändert werden. Welche der Abbildungen A bis E stellt jeweils den neuen Gleichgewichtszustand am besten dar?

a) Dem System wurde das $\bullet$-Isomere hinzugefügt.

b) Die Temperatur wurde erhöht.

c) Der Druck wurde erhöht.

Reaktionsgleichung und Gleichgewichtskonstante

5.7 Formulieren Sie den Term zur Berechnung der Gleichgewichtskonstanten K_c für die folgenden Reaktionen. Geben Sie die Einheiten für K_c an.

a) $I_2(aq) + I^-(aq) \rightleftharpoons I_3^-(aq)$

b) $H_2SO_4(aq) + H_2O(l) \rightleftharpoons H_3O^+(aq) + HSO_4^-(aq)$

c) $HSO_4^-(aq) + H_2O(l) \rightleftharpoons H_3O^+(aq) + SO_4^{2-}(aq)$

d) $H_2SO_4(aq) + 2\,H_2O(l) \rightleftharpoons 2\,H_3O^+(aq) + SO_4^{2-}(aq)$

e) $AgCl(s) \rightleftharpoons Ag^+(aq) + Cl^-(aq)$

f) $CH_3COOH(l) + C_2H_5OH(l) \rightleftharpoons CH_3COOC_2H_5(l) + H_2O(l)$

5.8 Formulieren Sie das Massenwirkungsgesetz mit der Gleichgewichtskonstanten K_p für die folgenden Reaktionen. Geben Sie die Einheiten für K_p an.

a) $2\,NO_2(g) \rightleftharpoons N_2O_4(g)$

b) $C(s) + CO_2(g) \rightleftharpoons 2\,CO(g)$

c) $Fe_2O_3(s) + 3\,CO(g) \rightleftharpoons 2\,Fe(l) + 3\,CO_2(g)$

d) $N_2(g) + O_2(g) \rightleftharpoons 2\,NO(g)$

e) $H_2O(l) \rightleftharpoons H_2O(g)$

f) $Ni(s) + 4\,CO(g) \rightleftharpoons Ni(CO)_4(g)$

g) $3\,PbO_2(s) \rightleftharpoons Pb_3O_4(s) + O_2(g)$

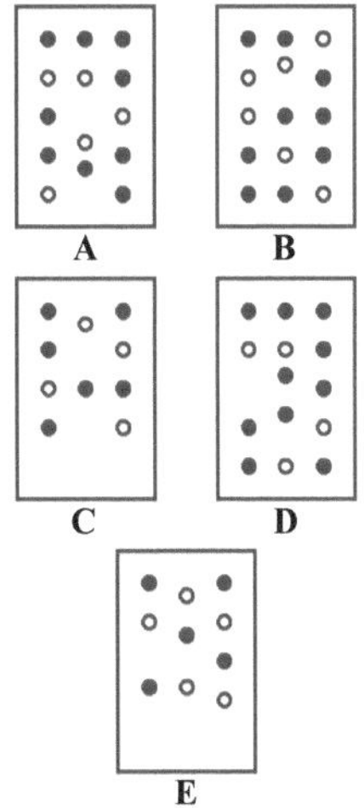

Ein Beispiel, das dem in 5.6 beschriebenen Prinzip entspricht, ist das Gleichgewicht zwischen S_2F_2-Molekülen unterschiedlicher Struktur (FSSF bzw. SSF$_2$, 📖 20.9, Abb. 20.32).

Zu 5.4 und 5.7 a): Das Triiodid-Ion ist ein Beispiel für sogenannte Polyhalogenid-Ionen.

Iod ist in Wasser nicht sehr gut löslich. In Gegenwart von Iodid-Ionen steigt die Löslichkeit jedoch beträchtlich an. Ursache für die größere Löslichkeit ist die Bildung der Triiodid-Ionen I_3^-. Solche Lösungen werden als Iod-Maßlösungen bei der quantitativen Analyse eingesetzt.

Die Berechnung von Konzentrationen und Drücken im chemischen Gleichgewicht ist die wohl wichtigste Anwendung des Massenwirkungsgesetzes. Solche Berechnungen spielen im Chemieunterricht, in der Forschung und der chemischen Technik eine wichtige Rolle, denn sie erlauben Voraussagen über das Ausmaß, in dem chemische Reaktionen bei bestimmten äußeren Bedingungen ablaufen. Solche Berechnungen folgen nicht immer genau demselben Schema, sodass keine allgemein gültigen Lösungsformeln angegeben werden können. Wir behandeln nachfolgend für verschiedene Typen chemischer Gleichgewichte jeweils einige ausgewählte Beispiele.

Homogene Gleichgewichte

5.9 Bei hohen Temperaturen zerfallen Halogen-Moleküle teilweise in die Atome:

$$X_2(g) \;\rightleftharpoons\; 2\,X(g)$$

Bei 1000 °C gelten für die Gleichgewichtskonstanten dieser Reaktionen folgende Werte: Fluor: 0,68 bar, Chlor: $9,3 \cdot 10^{-5}$ bar, Brom: $8,3 \cdot 10^{-3}$ bar, Iod: 0,17 bar
Berechnen Sie, mit welchem Bruchteil Halogen-Atome in Fluor-, Chlor-, Brom- und Ioddampf vorliegen

a) bei einem Gesamtdruck von 1 bar,
b) bei einem Gesamtdruck von 1 mbar.

5.10 Zu 100 ml einer Silbernitrat-Lösung der Stoffmengenkonzentration $0,01$ mol$\cdot$l^{-1} werden 50 ml Ammoniak-Lösung ($c = 0,1$ mol$\cdot$l^{-1}) gegeben. Dabei läuft folgende Reaktion ab:

$$Ag^+(aq) + 2\,NH_3(aq) \;\rightleftharpoons\; [Ag(NH_3)_2]^+(aq)$$

Die Gleichgewichtskonstante K_c beträgt $1,6 \cdot 10^7$ mol$^{-2} \cdot$l^2.

a) Formulieren Sie den Lösungsansatz für eine mathematisch exakte Berechnung der Konzentration der im Gleichgewicht vorliegenden Ag^+-Ionen.

b) Berechnen Sie die Konzentration der im Gleichgewicht vorliegenden Ag^+-Ionen unter Verwendung einer sinnvollen Näherung.

Hinweis: Lassen Sie in beiden Fällen die Protolyse von Ammoniak unberücksichtigt.

5.11 Phosphor(V)-chlorid zerfällt beim Erhitzen in Phosphor(III)-chlorid und Chlor. Werden 2 g Phosphor(V)-chlorid in ein Glasgefäß ($V = 0,5$ l) eingeschlossen und auf 250 °C erhitzt, so verdampft der gesamte Bodenkörper und ein Teil des Phosphor(V)-chlorids zerfällt. Die Messung des Drucks in dem Gefäß ergibt einen Wert von 1,392 bar. Berechnen Sie K_p und K_c.

5.12 Ammoniak-Gas löst sich in großem Umfang in Wasser. Dabei stellt sich folgendes Gleichgewicht ein:

$$NH_3(aq) + H_2O(l) \;\rightleftharpoons\; NH_4^+(aq) + OH^-(aq)$$

Die mit den Konzentrationen aller angeführten Teilchen

berechnete Gleichgewichtskonstante K_c für die Reaktion beträgt $4{,}2 \cdot 10^{-7}$.

Berechnen Sie die Konzentrationen aller vier Reaktionsteilnehmer im Gleichgewicht bei einer Anfangskonzentration $c_0(NH_3) = 0{,}1 \; mol \cdot l^{-1}$.

Hinweis: Üblicherweise gibt man die sogenannte Basenkonstante K_B an:

$$K_B = \frac{c(NH_4^+) \cdot c(OH^-)}{c(NH_3)} = 2{,}3 \cdot 10^{-5} \; mol \cdot l^{-1}$$

Dieser Zahlenwert ergibt sich aus dem von K_c durch Multiplikation mit der als konstant betrachteten Konzen-tration von Wasser $c(H_2O) = 55{,}3 \; mol \cdot l^{-1}$.

Heterogene Gleichgewichte

5.13 Berechnen Sie für die Zersetzung von Calciumcarbonat bei 1000 °C einen Näherungswert für die Gleichgewichtskonstante K aus den Daten für die Reaktionsenthalpie und Reaktionsentropie bei 298 K. Welche Werte ergeben sich für K_p in den Druckeinheiten bar und Pa?

5.14 Für die Zersetzung von Calciumcarbonat bei 1000 °C beträgt die Gleichgewichtskonstante $K_p = 4$ bar.
Berechnen Sie $c(CO_2)$ und K_c.

5.15 Zu 50 ml einer Eisen(II)-sulfat-Lösung ($c = 0{,}1 \; mol \cdot l^{-1}$) werden 30 ml einer Silbernitrat-Lösung ($c = 0{,}1 \; mol \cdot l^{-1}$) gegeben. Dabei stellt sich das folgende Redox-Gleichgewicht ein:

$$Fe^{2+}(aq) + Ag^+(aq) \; \rightleftharpoons \; Fe^{3+}(aq) + Ag(s)$$

Die Gleichgewichtskonstante für diese Reaktion beträgt bei Raumtemperatur $12 \; mol^{-1} \cdot l$.

a) Berechnen Sie die Konzentrationen aller Kationen im Gleichgewicht.

b) Berechnen Sie, wie viel Silber gebildet wird.

5.16 Quecksilberoxid (HgO) zerfällt beim Erhitzen in Quecksilber-Dampf und Sauerstoff.
Schließt man 1 g HgO in ein Glasgefäß mit einem Volumen von $V = 50$ ml ein und erhitzt anschließend auf 300 °C, baut

sich in dem Gefäß ein Gesamtdruck p_{ges} von 0,015 bar auf. Bei 400 °C beträgt der Druck 0,32 bar, bei 500 °C sind es 3,024 bar.

Berechnen Sie jeweils K_p und K_c. Berechnen Sie, wie viel festes HgO bei den drei Temperaturen noch vorhanden ist.

5.17 Ein Reaktionsgefäß wird bei Raumtemperatur (298 K) mit Kohlenstoffdioxid ($p_0(CO_2) = 1$ bar) und etwas Kohlenstoff gefüllt, verschlossen und anschließend auf 750 °C (1023 K) erhitzt. Es stellt sich das Boudouard-Gleichgewicht ein.

a) Berechnen Sie die Anteile von CO und CO_2 (in %) sowie den Gesamtdruck mithilfe der Gleichgewichtskonstanten $K_{p,1023} = 2{,}75$ bar.

b) Berechnen Sie die Anteile von CO und CO_2 bei 750 °C und einem Gesamtdruck von 0,1 bar.

Löslichkeitsgleichgewichte

Löslichkeitsprodukt und Löslichkeit Bei zahlreichen Salzen beobachtet man eine recht geringe Löslichkeit, insbesondere dann, wenn höher geladene Ionen am Aufbau des Salzes beteiligt sind. Einen Hinweis über das Ausmaß der Löslichkeit solcher schwer löslicher Salze gibt der Zahlenwert des Löslichkeitsproduktes K_L bzw. dessen negativer dekadischer Logarithmus, der pK_L-Wert. Für das Löslichkeitsprodukt von Silberchlorid beispielsweise gilt:

$$K_L = c(Ag^+) \cdot c(Cl^-) = 2 \cdot 10^{-10} \ mol^2 \cdot l^{-2}$$

Da in einer gesättigten Lösung von Silberchlorid die Konzentration der Silber-Ionen genauso groß sein muss wie die der Chlorid-Ionen, lässt sich deren Konzentration leicht berechnen:

$$c(Ag^+) = c(Cl^-) = \sqrt{2 \cdot 10^{-10} \ mol^2 \cdot l^{-2}} = 1{,}4 \cdot 10^{-5} \ mol \cdot l^{-1}$$

Dieser Zahlenwert entspricht der molaren Löslichkeit von Silberchlorid.

Etwas komplizierter ist der Zusammenhang bei einem Salz des Formeltyps AB_2 wie CaF_2:
Da beim Auflösen von Calciumfluorid pro Calcium-Ion zwei Fluorid-Ionen in Lösung gehen, ist die Konzentration

der Fluorid-Ionen doppelt so groß wie die der Calcium-Ionen:

$$K_L = c(Ca^{2+}) \cdot c^2(F^-)$$

$$c(F^-) = 2 \cdot c(Ca^{2+})$$

$$K_L = c(Ca^{2+}) \cdot (2 \cdot c(Ca^{2+}))^2 = 4 \cdot c^3(Ca^{2+})$$

$$c(Ca^{2+}) = \sqrt[3]{\frac{K_L}{4}} \quad \Rightarrow \quad c(Ca^{2+}) = \frac{1}{2}\sqrt[3]{K_L}$$

Zu beachten ist bei derartigen Umrechnungen, dass die so berechnete Konzentration der Kationen nicht automatisch der Löslichkeit des jeweiligen Salzes in Mol pro Liter entspricht. Betrachtet man beispielsweise das Löslichkeitsgleichgewicht von Silberchromat (Ag_2CrO_4), so wird deutlich, dass aus einem Mol Silberchromat beim Auflösen zwei Mol Ag^+-Ionen entstehen. Die Löslichkeit des Silberchromats in Mol pro Liter ist also nur halb so groß wie die Konzentration der Silber-Ionen in der gesättigten Lösung.

Hinweis: In zahlreichen Fällen führen solche Berechnungen der molaren Löslichkeit aus dem Zahlenwert des Löslichkeitsprodukts zu realitätsfernen Ergebnissen. Die experimentell bestimmten Löslichkeiten sind häufig beträchtlich größer, in manchen Fällen um mehrere Zehnerpotenzen. Die Ursachen für diese großen Abweichungen liegen vor allem darin begründet, dass die Zahlenwerte der Löslichkeitsprodukte sich auf die Aktivitäten und nicht die Konzentrationen der Ionen in der Lösung beziehen.

Aktivitäten und Konzentrationen können jedoch deutlich voneinander verschieden sein; das gilt vor allem in Gegenwart anderer Teilchen in der Lösung, die mit dem eigentlichen Löslichkeitsgleichgewicht gar nichts zu tun haben. Insbesondere wird auch die Bildung von Ionenpaaren in der Lösung unter Beteiligung der Kationen und der Anionen des Salzes im tabellierten K_L-Wert nicht berück-sichtigt. Aufgaben, die Umrechnungen zwischen Löslichkeit und Löslichkeitsprodukt zum Ziel haben, sind also häufig nicht praxisgerecht.

5.18 Bei 20 °C lösen sich in 100 g Wasser 0,99 g Blei(II)-chlorid, bei 100 °C sind es 3,31 g.

a) Welches Vorzeichen hat die Lösungsenthalpie?

b) Berechnen Sie K_L für diese beiden Temperaturen.

c) Vergleichen Sie den für 20 °C berechneten K_L-Wert mit dem für 25 °C tabellierten pK_L-Wert.

5.19 Die Löslichkeit von $CaCO_3$ in Wasser ist in saurer Lösung stark abhängig vom pH-Wert, die von $CaSO_4$ hingegen nicht. Erläutern Sie diesen Befund.

5.20 Die pK_L-Werte für $AgCl$ bzw. Ag_2CrO_4 betragen 9,7 bzw. 11,9. Welcher der beiden Stoffe hat die höhere molare Löslichkeit?

5.21 Berechnen Sie die Löslichkeit von Magnesiumhydroxid ($pK_L = 11,2$) bei den pH-Werten 9 und 10.

5.22 Zur Ermittlung des Einflusses zusätzlicher OH^--Ionen auf die Löslichkeit von Calciumhydroxid wurden gesättigte Lösungen in reinem Wasser (**A**) sowie in Natronlauge der Konzentrationen $0,025\ mol \cdot l^{-1}$ (**B**), $0,05\ mol \cdot l^{-1}$ (**C**) und $0,1\ mol \cdot l^{-1}$ (**D**) untersucht. Zum Vergleich wurde auch eine gesättigte Lösung in Natriumnitrat-Lösung ($1\ mol \cdot l^{-1}$) (**E**) herangezogen.

Die Bestimmung der Löslichkeit erfolgte über eine Titration mit Salzsäure-Maßlösung ($c = 0,1\ mol \cdot l^{-1}$). Zur Neutralisation von jeweils 20 ml der gesättigten Lösungen wurden die in der Tabelle angegebenen Volumina benötigt:

Probelösung	A	B	C	D	E
V (HCl) (in ml)	9,5	11,6	14,2	21,8	11,6
$c_{ges}(OH^-)$					
$c_1(OH^-)$ aus NaOH					
$c_2(OH^-)$ aus $Ca(OH)_2$					
$c(Ca^{2+}) = 0,5 \cdot c_2(OH^-)$					
$c(Ca^{2+}) \cdot c_{ges}^2(OH^-)$					

Berechnen Sie für die einzelnen Proben:

a) die Gesamtkonzentration c_{ges} der Hydroxid-Ionen im Löslichkeitsgleichgewicht und teilen Sie diesen Wert ggf. auf in einen Wert c_1 für die OH^--Ionen aus der verwendeten Natronlauge und einen Wert c_2 für die aus dem gelösten $Ca(OH)_2$ stammenden OH^--Ionen,

b) die zugehörige Ca^{2+}-Konzentration und den sich ergebenden Wert für das Löslichkeitsprodukt.

c) Vergleichen Sie die Ergebnisse mit dem tabellierten Wert für $pK_L(Ca(OH)_2)$.
Worauf sind die Abweichungen zurückzuführen?

5.23 100 ml einer Cadmiumnitrat-Lösung ($0,1\ mol\cdot l^{-1}$) wurden mit Kaliumiodat-Lösung ($0,3\ mol\cdot l^{-1}$) titriert, bis eine bleibende Trübung durch Cadmiumiodat ($Cd(IO_3)_2$) auftrat. Entsprechend wurden auch 100 ml der Kaliumiodat-Lösung mit der Cadmiumnitrat-Lösung titriert. Die Ergebnisse sind in der folgenden Tabelle zusammengestellt (Verhältnisse beim Auftreten der Trübung):

Experiment	1	2
$Cd(NO_3)_2$-Lösung	100 ml	2,6 ml
KIO_3-Lösung	20,6 ml	100 ml
Gesamtvolumen:	120,6 ml	102,6 ml

a) Formulieren Sie die Reaktionsgleichung und das Löslichkeitsprodukt.

b) Berechnen Sie für beide Fälle die Konzentrationen der Cadmium-Ionen und der Iodat-Ionen; lassen Sie dabei den im gefällten Cadmiumiodat gebundenen Anteil unberücksichtigt. Welche Werte ergeben sich für das Löslichkeitsprodukt?

5.24 Eine Lösung, die Mn^{2+}-Ionen mit einer Konzentration von $10^{-1}\ mol\cdot l^{-1}$ enthält, wird tropfenweise mit verdünnter Natronlauge versetzt.

a) Welchen pH-Wert hat die Lösung nach Beginn der Fällung von $Mn(OH)_2$?

b) Wie groß ist die Konzentration der Mn^{2+}-Ionen in der Lösung bei pH = 12 ?

5.25 Eine wissenschaftliche Untersuchung über den Einfluss von Ammoniumsulfat auf die Löslichkeit von Calciumsulfat führte zu folgenden Ergebnissen:

$c\left((NH_4)_2SO_4\right)^*$	0	0,771	3,125	12,50
$c(CaSO_4)^*$	1,53	1,327	1,131	1,064

* Werte in 10^{-2} mol·l^{-1}

a) Berechnen Sie für die verschiedenen gesättigten Lösungen jeweils das Produkt $c(Ca^{2+}) \cdot c(SO_4^{2-})$.

b) Vergleichen Sie die Ergebnisse mit dem tabellierten Wert für $pK_L(Ca(SO)_4)$

Verteilungsgleichgewichte

Verteilungsgleichgewichte stellen die Grundlage der *Chromatographie* dar (8.11). Bei chromatographischen Verfahren erfolgen sehr viele Verteilungsschritte nacheinander. Auch wenn ein einziger Verteilungsschritt nur mit einer geringen Anreicherung eines Stoffes verbunden ist, können so auch chemisch sehr ähnliche Stoffe mit fast gleich großen Verteilungskoeffizienten voneinander getrennt werden.

Verteilungsgleichgewichte werden genutzt, um Stoffe voneinander zu trennen. Die Einstellung des Gleichgewichts wird wesentlich beschleunigt, wenn man die beiden Phasen kräftig schüttelt. Auf diese Weise wird die Grenzfläche zwischen den beiden Phasen wesentlich vergrößert.

Der Trenneffekt basiert darauf, dass verschiedene Stoffe in der Regel unterschiedliche Verteilungskoeffizienten haben. Sind die Verteilungskoeffizienten zweier Stoffe ähnlich groß, muss der Verteilungsvorgang gegebenenfalls mehrfach hintereinander durchgeführt werden, um die gewünschte Trennung zu erreichen.

Wie bei anderen Gleichgewichten wird auch hier der Wert von K durch die Temperatur beeinflusst.

Das Verteilungsgesetz gilt nicht, wenn der gelöste Stoff in den beiden Phasen in Form unterschiedlicher Spezies auftritt. So ändert sich der Verteilungskoeffizient von Iod zwischen Wasser und Tetrachlormethan drastisch, wenn man Kaliumiodid in der wässerigen Phase löst: Es bilden sich in beträchtlichem Umfang Triiodid-Ionen (I_3^-), sodass sich das Verteilungsgleichgewicht zugunsten der wässerigen Phase verschiebt.

Die Gültigkeit des Verteilungsgesetzes setzt ferner voraus, dass der gelöste Stoff weder dissoziiert noch assoziiert oder mit einem der beiden Lösemittel reagiert.

5.26 Bei 25 °C verteilt sich Iod zwischen Chloroform (Trichlormethan, $CHCl_3$) und Wasser mit einem Verteilungskoeffizienten von 130.

Welche Iod-Konzentration bleibt in der wässerigen Phase zurück, wenn man eine gesättigte Lösung von Iod in Wasser ($c(I_2) = 1{,}3 \cdot 10^{-3}$ mol·l^{-1}) mit dem gleichen Volumen an Chloroform ausschüttelt?

5.27 Der Verteilungskoeffizient von Iod zwischen Tetrachlormethan und Wasser beträgt 85. Wie viel Iod bleibt in der wässerigen Phase zurück, wenn man 100 ml einer wässerigen Lösung von 20 mg Iod

a) einmal mit 10 ml Tetrachlormethan ausschüttelt?

b) anschließend ein zweites Mal mit 10 ml Tetrachlormethan ausschüttelt?

c) einmal mit 20 ml Tetrachlormethan ausschüttelt?

5.28 Für die Verteilung von Essigsäure zwischen Wasser und Amylalkohol (Pentanol) wurde $K = 1{,}1$ ermittelt.

a) Welcher Anteil der Essigsäure bleibt in der organischen Phase zurück, wenn man 50 ml einer Lösung von Essigsäure in Amylalkohol (0,5 mol·l^{-1}) mit 200 ml Wasser extrahiert?

b) Wie groß ist der Anteil, wenn man viermal mit je 50 ml Wasser extrahiert?

c) Warum führen sehr kleine Essigsäurekonzentrationen zu Abweichungen von dem angegebenen Wert für K?

Gekoppelte Gleichgewichte

Bei zahlreichen chemischen Vorgängen lässt sich das Reaktionsgeschehen nicht durch eine einzige Reaktions-gleichung beschreiben. Dieselben Ausgangstoffe führen nicht selten zur Bildung verschiedener Produkte nebeneinander. Häufig laufen zwei, drei oder noch mehr Reaktionen gleichzeitig ab. Auch auf solche, kompliziertere Abläufe lässt sich das Massenwirkungsgesetz anwenden. Es ist jedoch zu beachten, dass die verschiedenen, nebeneinander verlau-fenden Reaktionen nicht einzeln betrachtet werden dürfen, sie bilden ein gemeinsames Gleichgewichtssystem. Dieses bezüg-lich seiner Gleichgewichtslage quantitativ zu beschreiben, ist nicht immer einfach; es erfordert in der Regel die Lösung nicht linearer Gleichungssysteme höherer Ordnung.

5.29 Die pK_L-Werte von CuCl und CuBr betragen 7,4 bzw. 8,3.

a) Berechnen sie die molaren Löslichkeiten in einer gesättigten CuCl- bzw. einer gesättigten CuBr-Lösung.

b) Berechnen sie die molaren Löslichkeiten in einer gesättigten wässerigen Lösung, die beide Stoffe neben-einander enthält.

5.30 Berechnen Sie die Löslichkeit von Silberchlorid ($K_L = 2 \cdot 10^{-10}\ \mathrm{mol^2 \cdot l^{-2}}$) in einer Natriumchlorid-Lösung der Konzentration 0,1 mol$\cdot$l^{-1}.

Hinweis: Berücksichtigen Sie dabei auch die Bildung des Komplex-Ions $[AgCl_2]^-$.   ($\beta_2([AgCl_2]^-) = 1,5 \cdot 10^5\ \mathrm{mol^{-2} \cdot l^2}$)

5.31 In einer Natriumchlorid-Lösung mit $c = 1$ mol$\cdot$l^{-1} können sich entsprechend dem Löslichkeitsprodukt von Silberchlorid nur $2 \cdot 10^{-10}$ mol$\cdot$l^{-1} Ag$^+$-Ionen in Lösung befin-den. Wie groß muss die Ammoniakkonzentration gemacht werden, damit sich in einem Liter 0,1 mol Silberchlorid voll-ständig auflösen lassen?
($\beta_2([Ag(NH_3)_2]^+) = 1,6 \cdot 10^7\ \mathrm{mol^{-2} \cdot l^{-2}}$)

Zu 5.31: Die Bildung von $[AgCl_2]^-$ soll hier nicht berück-sichtigt werden.

5.32 Berechnen Sie den pH-Wert einer zweiprotonigen Säu-re am Beispiel der Schwefelsäure ($c = 0,1$ mol$\cdot$l^{-1}).
Beachten Sie, dass Schwefelsäure eine sehr starke Säure ist, der erste Protolyseschritt erfolgt also praktisch vollständig.
($pK_S(HSO_4^-) = 1,6$)

Lösungen

Das Prinzip des kleinsten Zwangs

5.1 a) Der äußere Zwang ist in diesem Fall die Temperaturerhöhung. Diese Temperaturerhöhung könnte durch die endotherm verlaufende Spaltung von N_2O_4 teilweise rückgängig gemacht werden. Folglich verschiebt sich das Gleichgewicht bei Temperaturerhöhung auf die Seite der Ausgangsstoffe.

b) Der äußere Zwang ist die Druckerhöhung. Die Bildung von N_2O_4 führt zu Druckerniedrigung, also zu einer Verringerung des äußeren Zwangs: Die Gleichgewichtslage verschiebt sich zugunsten des Reaktionsprodukts N_2O_4.

5.2 Wenn mit steigender Temperatur der Anteil der Reaktionsprodukte steigt, muss auch die Gleichgewichts-konstante mit steigender Temperatur größer werden. Dies ist bei einer endothermen Reaktion der Fall.

5.3 a) Die Reaktion ist endotherm und die Anzahl gasförmiger Teilchen wird größer. Folglich verschiebt sich die Gleichgewichtlage bei Temperaturerhöhung auf die Seite der Produkte und bei Druckerhöhung auf die Seite der Ausgangsstoffe.

b) Die Reaktion ist exotherm und verläuft ohne Änderung der Teilchenzahl. Eine Temperaturerhöhung bewirkt also eine Verschiebung der Gleichgewichtslage auf die Seite der Ausgangsstoffe. Eine Druckänderung hat keinen Einfluss auf die Gleichgewichtslage.

c) Die Bildung von Ammoniak aus den Elementen ist eine exotherme Reaktion, die unter Abnahme der Teilchenzahl verläuft. Folglich sollte man erwarten, dass mit sinkender Temperatur der Anteil an Ammoniak im Reaktionsgemisch steigt. Dies ist jedoch nicht der Fall, denn bei niedrigen Temperaturen ist die Reaktionsgeschwindigkeit der Bildung von Ammoniak extrem niedrig, das Gleichgewicht kann sich also gar nicht einstellen. Im Haber-Bosch-Verfahren muss deshalb bei relativ hoher Temperatur gearbeitet werden (□ 19.4). Hoher Druck führt, wie erwartet, zu einer Verschiebung der Gleichgewichtslage auf die Seite von Ammoniak.

d) Die Reaktion ist exotherm und verläuft unter Verringerung der Teilchenzahl. Erhöhter Druck führt also zu einer Vergrößerung des SO_3-Anteils. Steigende Temperaturen begünstigen den Zerfall von SO_3.

Prinzipiell sollte man deshalb bei möglichst niedrigen Temperaturen arbeiten. Bei niedrigen Temperaturen ist die Reaktionsgeschwindigkeit jedoch zu klein. Tatsächlich wird SO_3 nur dann gebildet, wenn bei erhöhter Temperatur ein geeigneter Katalysator die Reaktion beschleunigt ($\square$ 20.8).

e) Die Bildung von Kohlenstoffmonoxid aus Koks und Kohlenstoffdioxid ist eine endotherme Reaktion, die unter Vergrößerung der Teilchenzahl verläuft.

Mit steigender Temperatur vergrößert sich der Anteil an Kohlenstoffmonoxid.

Mit steigendem Druck verlagert sich das Gleichgewicht auf die Seite von Kohlenstoff und Kohlenstoffdioxid.

Die hier angesprochene Gleichgewichtsreaktion wird als Boudouard-Gleichgewicht bezeichnet. Dieses Gleichgewicht ist technisch von großer Bedeutung für den Hochofenprozess und weitere Verfahren, bei denen Kohlenstoff als Reduktionsmittel verwendet wird ($\square$ 24.2 (Exkurs)).

5.4 Die Reaktion erfolgt nach folgender Reaktionsgleichung:

$$I_2(aq) + I^-(aq) \; \rightleftharpoons \; I_3^-(aq)$$

Die Bildung der I_3^--Ionen erfolgt also unter Verringerung der Teilchenzahl. Folglich wird sich das Gleichgewicht bei Verdünnung auf die Seite der Ausgangsstoffe verschieben.

5.5 Die Autoprotolyse des Wassers kann durch folgende Reaktionsgleichung beschrieben werden:

$$H_2O(l) \; \rightleftharpoons \; H^+(aq) + OH^-(aq)$$

Da die Konzentration der Ionen mit steigender Temperatur zunimmt, muss es sich bei der Autoprotolyse um einen endothermen Vorgang handeln.

5.6 a) Im Gleichgewichtszustand liegen die Isomeren ○ und ● in einem Anzahlverhältnis von 4:6 = 0,667 vor. Durch Hinzufügen des ●-Isomers erhöht sich die Gesamtzahl der Teilchen pro Volumeneinheit. Das Gleichgewicht ist zunächst gestört.

Nach erneuter Einstellung des Gleichgewichts muss das Anzahlverhältnis wieder dem ursprünglichen Wert entsprechen. Das ist in Abbildung **B** erfüllt.

b) Bei erhöhter Temperatur erhöht sich der Anteil des ○-Isomers − bei gleich bleibender Gesamtzahl der Teilchen. Dieser Sachverhalt wird durch Abbildung **E** angemessen dargestellt.

c) Da die Gesamtzahl der Teilchen durch die Reaktion nicht verändert wird, hat eine Druckänderung keinen Einfluss auf das Verhältnis der Teilchenzahlen. Ein erhöhter Druck bedeutet jedoch eine größere Zahl von Teilchen pro Volumeneinheit. Dementsprechend ist Abbildung **B** als einzige Darstellung angemessen.

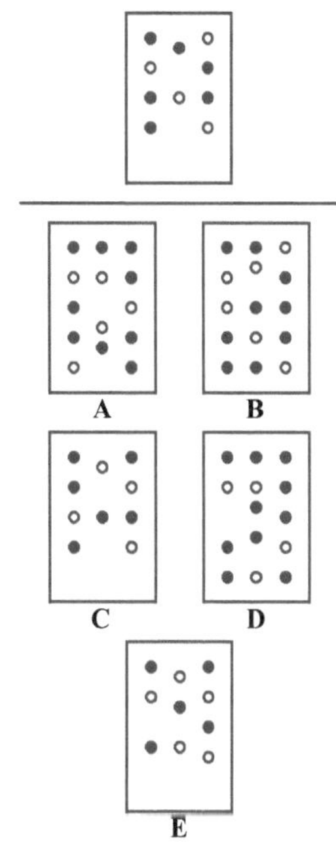

Reaktionsgleichung und Gleichgewichtskonstante

5.7 a)
$$K_c = \frac{c(I_3^-)}{c(I_2) \cdot c(I^-)}$$

In diesem Fall hat K_c die Einheit $\mathrm{mol^{-1} \cdot l}$.

b) Da Wasser hier Reaktionsteilnehmer ist, liegt es nahe, die Konzentration des Wassers im Massenwirkungsausdruck zu berücksichtigen:

$$K_c = \frac{c(H_3O^+) \cdot c(HSO_4^-)}{c(H_2SO_4) \cdot c(H_2O)}$$

In diesem Fall ist K_c eine dimensionslose Größe.

In der Praxis verwendet man jedoch die sogenannte Säurekonstante K_S, in der die Konzentration des Wassers als konstanter Faktor enthalten ist:

$$K_S = \frac{c(H_3O^+) \cdot c(HSO_4^-)}{c(H_2SO_4)}$$

Betrachten wir als Beispiel eine Schwefelsäure-Lösung der Stoffmengenkonzentration $0,1\ \mathrm{mol \cdot l^{-1}}$: Wir nehmen an, dass die betrachtete Reaktion praktisch vollständig verläuft. Die Konzentration der Hydronium-Ionen beträgt dann $0,1\ \mathrm{mol \cdot l^{-1}}$. Da für reines Wasser (bei 25 °C) die Konzentration der H_2O-Moleküle $55,3\ \mathrm{mol \cdot l^{-1}}$ beträgt, gilt für die Lösung:

$$c(H_2O) = (55,3 - 0,1)\ \mathrm{mol \cdot l^{-1}}$$
$$= 55,2\ \mathrm{mol \cdot l^{-1}}$$

Die Gleichgewichtskonzentration von H_2O stimmt also praktisch mit $c(H_2O)$ in reinem Wasser überein. Bei der Anwendung des Massenwirkungsgesetzes auf Reaktionen in verdünnten wässerigen Lösungen wird deshalb üblicherweise die Änderung der H_2O-Konzentration nicht berücksichtigt.

Das Hydrogensulfat-Ion bildet sich in wässerigen Lösungen von Schwefelsäure. Es ist auch Bestandteil von Salzen wie Natriumhydrogensulfat $NaHSO_4$.

Zu 5.7 e): Wir haben es hier mit einem heterogenen Gleichgewicht zu tun, bei dem das schwer lösliche Silberchlorid im Gleichgewicht mit Ag^+- und Cl^--Ionen steht. Der Bodenkörper, reines Silberchlorid, taucht im Massenwirkungsausdruck nicht auf. In solchen Fällen bezeichnet man die Gleichgewichtskonstante als das **Löslichkeitsprodukt K_L**.

Zu 5.7 f): Die angegebene Reaktionsgleichung beschreibt die Bildung von Essigsäureethylester aus Essigsäure und Ethanol. Im Gleichgewicht ist der Anteil des Essigsäureethylesters nicht besonders groß. Er steigt stark an, wenn man das gebildete Wasser aus dem Gleichgewicht entfernt. Eine Möglichkeit ist der Zusatz von konzentrierter Schwefelsäure als wasserentziehendem Reagenz. Man beachte, dass bei diesem Beispiel die Konzentration von Wasser im Massenwirkungsgesetz auftaucht.

Für den Zusammenhang zwischen K_c und K_S gilt:

$$K_S = K_c \cdot c(H_2O)$$

K_S hat in diesem Fall die Einheit $mol \cdot l^{-1}$.

c)
$$K_c = \frac{c(H_3O^+) \cdot c(SO_4^{2-})}{c(HSO_4^-) \cdot c(H_2O)}$$

In diesem Fall ist K_c dimensionslos.

d)
$$K_c = \frac{c^2(H_3O^+) \cdot c(SO_4^{2-})}{c(H_2SO_4) \cdot c^2(H_2O)}$$

Auch in diesem Fall ist K_c dimensionslos.

Hinweis: Die Addition der Reaktionsgleichungen b) und c) führt zur Reaktionsgleichung d). Werden zwei Reaktionsgleichungen addiert, müssen die dazugehörigen Massenwirkungsausdrücke miteinander multipliziert werden. Die Reaktion d), die sich durch Addition ergebende Reaktion, wird auch als **Bruttoreaktion** bezeichnet; sie beschreibt das Reaktionsgeschehen in diesem Fall nicht wirklichkeitsnah, denn sie vermittelt den Eindruck, dass als Reaktionsprodukte der Reaktion von Schwefelsäure mit Wasser ausschließlich Hydronium- und Sulfat-Ionen gebildet werden.

Tatsächlich werden aber überwiegend Hydronium- und Hydrogensulfat-Ionen gebildet. Der Anteil der Sulfat-Ionen in wässerigen Lösungen von Schwefelsäure ist jedoch nur in stärker verdünnten Lösungen von Bedeutung. Normalerweise überwiegen die Hydrogensulfat-Ionen bei weitem.

e)
$$K_c = K_L = c(Ag^+) \cdot c(Cl^-)$$

In diesem Fall hat K_c bzw. K_L die Einheit $mol^2 \cdot l^{-2}$.

f)
$$K_c = \frac{c(CH_3COOC_2H_5) \cdot c(H_2O)}{c(CH_3COOH) \cdot c(C_2H_5OH)}$$

Auch in diesem Fall ist K_c dimensionslos.

5.8 a)
$$K_p = \frac{p(N_2O_4)}{p^2(NO_2)}$$

Gibt man die Partialdrücke in der Einheit bar an, ergibt sich für K_p die Einheit bar^{-1}.

b)
$$K_p = \frac{p^2(\mathrm{CO})}{p(\mathrm{CO_2})}$$

K_p hat in diesem Fall die Einheit bar oder Pa.

Da ein heterogenes Gleichgewicht vorliegt, taucht der feste Kohlenstoff im Massenwirkungsausdruck nicht auf.

Hinweis: Bei dieser Reaktion handelt es sich um das „Boudouard-Gleichgewicht", das bei zahlreichen technischen Prozessen eine zentrale Rolle spielt, insbesondere bei der Reduktion von oxidischen Erzen unter Verwendung von Koks. Die Gleichgewichtslage dieser endotherm verlaufen-den Reaktion verschiebt sich mit steigender Temperatur auf die Seite des Kohlenstoffmonoxids. Kohlenstoffmonoxid wird bei der Reduktion einer Reihe von Metalloxiden zum Metall verwendet. Es bildet sich aus Kohlenstoffdioxid und Koks („Boudouard-Gleichgewicht", 📖 24.2).

c)
$$K_p = \frac{p^3(\mathrm{CO_2})}{p^3(\mathrm{CO})}$$

In diesem Fall ist K_p eine dimensionslose Zahl, da die Anzahl gasförmiger Teilchen auf der Seite der Produkte genau so groß ist wie auf der Seite der Ausgangsstoffe.

d)
$$K_p = \frac{p^2(\mathrm{NO})}{p(\mathrm{O_2}) \cdot p(\mathrm{N_2})}$$

In diesem Fall ist K_p eine dimensionslose Zahl, da die Teilchenzahl auf der Seite der Produkte genau so groß ist wie auf der Seite der Ausgangsstoffe.

Hinweis: Diese endotherme Reaktion zwischen Stickstoff und Sauerstoff führt bei hohen Temperaturen zur Bildung gewisser Anteile von Stickstoffmonoxid. Bei Verbrennungsvorgängen mit Luft als Oxidationsmittel entsteht deshalb auch Stickstoffmonoxid als Nebenprodukt. Dieses ist umweltschädlich, denn es oxidiert an der Luft zu Stickstoffdioxid und dann in Gegenwart von Wasser weiter zu Salpetersäure, einen der Verursacher für den „sauren Regen".
In den Abgasen von Verbrennungskraftwerken und Verbrennungsmotoren wird das Stickstoffmonoxid weitgehend aus den Abgasen entfernt.

Die Einheit der Gleichgewichtskonstanten K_p hängt von der verwendeten Einheit für den Druck ab; in diesem Fall kann K_p zum Beispiel in den Einheiten bar^{-1} oder Pa^{-1} angegeben werden. Da die SI-Einheit des Drucks Pa einem sehr kleinen Wert entspricht, berechnet man den K_p-Wert häufig mit Partial-drücken in der Einheit bar.

Die Bedeutung von $\mathrm{NO_2}$ bei der Bildung von Ozon in der Troposphäre ist in 📖 19.6 (Exkurs) dargestellt.

e) $\qquad K_p = p(\mathrm{H_2O})$

In diesem Fall ist die Einheit von K_p eine Druckeinheit, zum Beispiel bar oder Pa.

In diesem Beispiel haben wir es mit einem heterogenen chemischen Gleichgewicht zu tun; das reine flüssige Wasser taucht im Massenwirkungsausdruck nicht auf. Dies ist im Einklang mit der Beobachtung, dass der Dampfdruck eines Stoffes, hier Wasser, nicht von der Menge des Stoffes abhängt.

Bildet sich Wasserdampf nicht durch Verdampfen von reinem Wassers, sondern beispielsweise durch Verdampfen aus einer Salzlösung heraus, gilt die oben angegebene Formulierung des Massenwirkungsgesetzes nicht: Wir haben keinen reinen flüssigen Stoff mit einer Aktivität von eins, sondern ein Zweistoffsystem, in dem Wasser ein Bestandteil mit einer Aktivität kleiner als eins ist. Die Gleichgewichtskonstante hat jedoch bei vorgegebener Temperatur denselben Zahlenwert. Das Massenwirkungsgesetz muss in diesem Fall folgender-maßen formuliert werden:

$$K_p = \frac{p(\mathrm{H_2O})}{a(\mathrm{H_2O})}$$

Der Dampfdruck des Wassers über einer solchen Lösung ergibt sich also durch folgenden Zusammenhang:

$$p(\mathrm{H_2O}) = a(\mathrm{H_2O}) \cdot K_p$$

Da die Aktivität des flüssigen Wassers in der Lösung kleiner ist als eins, muss der Wasserdampfdruck über der Lösung niedriger sein als über reinem Wasser. Wir kennen diese Erscheinung auch unter der Bezeichnung „Dampfdruckerniedrigung" (📖 8.7). Aus der Messung des Wasserdampfdrucks $p(\mathrm{H_2O})$ über einer Lösung und über reinem Wasser $p_0(\mathrm{H_2O})$ erhält man die Aktivität des Wassers in der Lösung durch folgende Beziehung:

$$a(\mathrm{H_2O}) = \frac{p(\mathrm{H_2O})}{p_0(\mathrm{H_2O})}$$

f)
$$K_p = \frac{p(\text{Ni(CO)}_4)}{p^4(\text{CO})}$$

In diesem Fall hat K_p die Einheit bar^{-3} oder Pa^{-3}.

g)
$$K_p = p(\text{O}_2)$$

In diesem Fall hat K_p die Einheit bar oder Pa.

5.9 $\text{X}_2(\text{g}) \rightleftharpoons 2\,\text{X}(\text{g})$

$$K_p = \frac{p^2(\text{X})}{p(\text{X}_2)}$$

$$p_{\text{ges}} = p(\text{X}_2) + p(\text{X}) \qquad p(\text{X}_2) = p_{\text{ges}} - p(\text{X})$$

$$K_p = \frac{p^2(\text{X})}{p_{\text{ges}} - p(\text{X})}$$

$$K_p \cdot p_{\text{ges}} - K_p \cdot p(\text{X}) = p^2(\text{X})$$

$$p^2(\text{X}) + K_p \cdot p(\text{X}) - K_p \cdot p_{\text{ges}} = 0$$

$$p_{1,2}(\text{X}) = -\frac{K_p}{2} + \sqrt{\frac{K_p^2}{4} + K_p \cdot p_{\text{ges}}}$$

a) $p_{\text{ges}} = 1\ \text{bar}$

Fluor:

$$p_{1,2}(\text{F}) = -\frac{0{,}68}{2}\,\text{bar} + \sqrt{0{,}1156\,\text{bar}^2 + 0{,}68\,\text{bar}^2}$$

$$= -0{,}34\,\text{bar} + 0{,}892\,\text{bar}$$

$$= 0{,}55\,\text{bar}$$

Da der Gesamtdruck 1 bar ist, beträgt der Anteil der Fluor-Atome 0,55 oder 55 %.

$p(\text{F}) = 0{,}55\ \text{bar}$

$p(\text{F}_2) = (1 - 0{,}55)\ \text{bar} = 0{,}45\ \text{bar}$

Chlor:

$$p_{1,2}(\text{Cl}) = -\frac{9{,}3 \cdot 10^{-5}}{2}\,\text{bar} + \sqrt{(2{,}16 \cdot 10^{-9} + 9{,}3 \cdot 10^{-5})\,\text{bar}^2}$$

$$= -4{,}65 \cdot 10^{-5}\,\text{bar} + 9{,}64 \cdot 10^{-3}\,\text{bar}$$

$$= 9{,}6 \cdot 10^{-3}\,\text{bar}$$

Der Anteil der Chlor-Atome beträgt 0,96 %.

Zu 5.8 f) Da die Bildung von Ni(CO)$_4$ exotherm verläuft, kann die Bildung von Tetracarbonylnickel bei relativ niedrigen Temperaturen (z.B. 100 °C) und der thermische Zerfall bei etwas höherer Temperatur zur Reinigung des Metalls verwendet werden (Mond-Langer-Verfahren, 📖 24.7).

Zu 5.8 g) Eine ganze Reihe von Metallen bilden mehrere Sauerstoffverbindungen. So kennt man von Blei die Oxide PbO$_2$, Pb$_3$O$_4$ und PbO. Erhitzt man solche Oxide auf bestimmte Temperaturen, zerfallen sie unter Bildung von Sauerstoff und dem nächst sauerstoffärmeren Oxid: PbO$_2$ zerfällt in Pb$_3$O$_4$ und Sauerstoff, Pb$_3$O$_4$ zerfällt bei höheren Temperaturen in PbO und Sauerstoff, PbO zerfällt schließlich in Blei und Sauerstoff.

Zu 5.9 a) Das Ergebnis kann leicht kontrolliert werden, denn durch Einsetzen der berechneten Werte für die Partialdrücke in das Massenwirkungsgesetz muss sich die Gleichgewichtskonstante ergeben:

Probe :

$$\frac{p^2(\text{F})}{p(\text{F}_2)} = \frac{0{,}55^2\,\text{bar}^2}{0{,}45\,\text{bar}} = 0{,}67\,\text{bar}$$

Brom:

$$p_{1,2}(\mathrm{Br}) = -\frac{8,3\cdot 10^{-3}}{2}\,\mathrm{bar} + \sqrt{(1,72\cdot 10^{-5} + 8,3\cdot 10^{-3})\,\mathrm{bar}^2}$$

$$= -4,15\cdot 10^{-3}\,\mathrm{bar} + 9,12\cdot 10^{-2}\,\mathrm{bar}$$

$$= 8,71\cdot 10^{-2}\,\mathrm{bar}$$

Der Anteil der Brom-Atome beträgt 8,7 %

Iod:

$$p_{1,2}(\mathrm{I}) = -\frac{0,17}{2}\,\mathrm{bar} + \sqrt{7,225\cdot 10^{-3}\,\mathrm{bar}^2 + 0,17\,\mathrm{bar}^2}$$

$$= -8,5\cdot 10^{-2}\,\mathrm{bar} + 4,21\cdot 10^{-1}\,\mathrm{bar}$$

$$= 0,336\,\mathrm{bar}$$

Der Anteil der Iod-Atome beträgt 33,6 %.

b) $p_{\mathrm{ges}} = 10^{-3}\,\mathrm{bar}$

Fluor:
$p(\mathrm{F}) = 9{,}985\cdot 10^{-4}\,\mathrm{bar}$
Der Anteil der Fluor-Atome beträgt 99,85 %.

Chlor:
$p(\mathrm{Cl}) = 2{,}62\cdot 10^{-4}\,\mathrm{bar}$
Der Anteil der Chlor-Atome beträgt 26,2 %.

Brom:
$p(\mathrm{Br}) = 9{,}02\cdot 10^{-4}\,\mathrm{bar}$
Der Anteil der Brom-Atome beträgt 90,2 %.

Iod:
$p(\mathrm{I}) = 9{,}94\cdot 10^{-4}\,\mathrm{bar}$
Der Anteil der Iod-Atome beträgt 99,4 %.

Die berechneten Werte zeigen, dass das Cl_2-Molekül am stabilsten bezüglich der Dissoziation in die Atome ist (Gründe: 21.1). Die Ergebnisse zeigen auch, dass das Ausmaß der Dissoziation mit sinkendem Gesamtdruck beträchtlich zunimmt, wie es nach dem Prinzip vom kleinsten Zwang auch qualitativ zu erwarten ist.

5.10 a) Die Gleichgewichtskonstante für die angegebene Reaktion ist folgendermaßen definiert:

$$K_c = \frac{c([\mathrm{Ag(NH_3)_2}]^+)}{c(\mathrm{Ag}^+)\cdot c^2(\mathrm{NH_3})} \tag{1}$$

Das betrachtete System enthält drei unbekannte Größen: die Konzentrationen von $\mathrm{Ag}^+(\mathrm{aq})$, $\mathrm{NH_3(aq)}$ und $[\mathrm{Ag(NH_3)_2}]^+(\mathrm{aq})$. Neben dem Wert von K_c benötigen wir zur Lösung zwei weitere, voneinander unabhängige Gleichungen. Dies sind sogenannte Stoffmengenbeziehungen bzw. Konzentrationsbeziehungen.

So kennen wir die Gesamtkonzentrationen für Silber-Ionen und für Ammoniak:

$$c_0(\text{Ag}^+) = 0,01\,\text{mol}\cdot\text{l}^{-1}\cdot\frac{100\,\text{ml}}{100\,\text{ml}+50\,\text{ml}} = 6,667\cdot10^{-3}\,\text{mol}\cdot\text{l}^{-1}$$

$$c_0(\text{NH}_3) = 0,1\,\text{mol}\cdot\text{l}^{-1}\cdot\frac{50\,\text{ml}}{100\,\text{ml}+50\,\text{ml}} = 3,333\cdot10^{-2}\,\text{mol}\cdot\text{l}^{-1}$$

Nach Einstellung des Gleichgewichts liegt das Silber teilweise in Form von Ag^+-Ionen und teilweise in Form von $[\text{Ag}(\text{NH}_3)_2]^+$-Ionen vor. Es gilt also:

$$c_0(\text{Ag}^+) = c(\text{Ag}^+) + c([\text{Ag}(\text{NH}_3)_2]^+) \qquad (2)$$

Eine ähnliche Beziehung ergibt sich für Ammoniak:

$$c_0(\text{NH}_3) = c(\text{NH}_3) + 2\cdot c([\text{Ag}(\text{NH}_3)_2]^+) \qquad (3)$$

Durch den Faktor 2 wird die Tatsache berücksichtigt, dass ein $[\text{Ag}(\text{NH}_3)_2]^+$-Ion zwei NH_3-Moleküle enthält.

Wir haben nun ein System von drei Gleichungen mit drei Unbekannten zu lösen. In diesem Fall ergibt sich eine Gleichung dritten Grades, deren Lösungen nicht ohne Weiteres angegeben werden können.

b) Eine sehr gute Näherung ergibt sich jedoch auf einfache Weise durch folgende Überlegung:

Der gebildete Komplex ist, wie die Stabilitätskonstante ausweist, sehr stabil. Ammoniak ist im Überschuss vorhanden ($c_0(\text{NH}_3) \gg c_0(\text{Ag}^+)$). Wir können also davon ausgehen, dass praktisch das gesamte Silber komplex gebunden vorliegt. Die Beziehung (2) vereinfacht sich damit:

$$c([\text{Ag}(\text{NH}_3)_2]^+) \approx c_0(\text{Ag}^+) = 6{,}667\cdot10^{-3}\,\text{mol}\cdot\text{l}^{-1}$$

$$c(\text{NH}_3) = (3{,}333\cdot10^{-2} - 2\cdot6{,}667\cdot10^{-3})\,\text{mol}\cdot\text{l}^{-1} = 2\cdot10^{-2}\,\text{mol}\cdot\text{l}^{-1}$$

Nun können wir mithilfe des Massenwirkungsterms und des Wertes für K_c die Konzentration an freien Ag^+-Ionen berechnen:

Der hier vorgestellte Lösungsweg führt nur dann zu einem sinnvollen Ergebnis, wenn der Komplexbildner, hier Ammoniak, im Überschuss vorhanden ist. Bei niedrigeren Konzentrationen des Komplexbildners muss zusätzlich mit der Bildung anderer Komplexe, hier $[Ag(NH_3)]^+$(aq), gerechnet werden. Die Beschreibung des Gleichgewichtszustandes wird dann komplizierter.

$$c(Ag^+) = \frac{c([Ag(NH_3)_2]^+)}{K_c \cdot c^2(NH_3)}$$

$$= \frac{6,667 \cdot 10^{-3} \text{ mol} \cdot l^{-1}}{1,6 \cdot 10^7 \text{ mol}^{-2} \cdot l^2 \cdot (2 \cdot 10^{-2} \text{ mol} \cdot l^{-1})^2}$$

$$c(Ag^+) = 1,04 \cdot 10^{-6} \text{ mol} \cdot l^{-1}$$

Setzt man die berechneten Konzentrationen in die drei Gleichungen des Gleichungssystems ein, sieht man, dass alle mit guter Näherung erfüllt sind.

5.11 Zunächst berechnen wir, wie groß der Druck in dem Gefäß wäre, wenn Phosphor(V)-chlorid unter diesen Bedingungen nicht zerfallen würde. Man nennt diesen Druck den Anfangsdruck p_0. (Die molare Masse von PCl_5 beträgt 208,22 g·mol^{-1}.)

$$p_0 \cdot V = n \cdot R \cdot T$$

$$p_0 = \frac{2 \text{ g}}{208,22 \text{ g} \cdot \text{mol}^{-1} \cdot 0,5 \text{ l}} \cdot 0,083145 \text{ l} \cdot \text{bar} \cdot \text{mol}^{-1} \cdot K^{-1} \cdot 523\,K$$

$$= 0,835 \text{ bar}$$

Der gemessene Druck ist mit 1,392 bar um 0,557 bar höher. Ursache hierfür ist die Zunahme der Teilchenzahl beim Zerfall:

$$PCl_5(g) \rightleftharpoons PCl_3(g) + Cl_2(g)$$

$$K_p = \frac{p(PCl_3) \cdot p(Cl_2)}{p(PCl_5)}$$

Die Abbildung verdeutlicht die Änderung der Partialdrücke und des Gesamtdruckes. Der ursprünglich vorhandene Druck des PCl_5 ($p_0(PCl_5)$) verringert sich um einen bestimmten Betrag. Auf genau diesen Betrag steigen die Partialdrücke von PCl_3 und Cl_2, denn entsprechend den stöchiometrischen Faktoren der Reaktionsgleichung entstehen beim Zerfall von x PCl_5-Molekülen x PCl_3-Moleküle und x Cl_2-Moleküle. Die Partialdrücke im Gleichgewicht betragen also:

$$p(PCl_3) = p(Cl_2) = 0,557 \text{ bar}$$

$$p(PCl_5) = 0,835 \text{ bar} - 0,557 \text{ bar} = 0,278 \text{ bar}$$

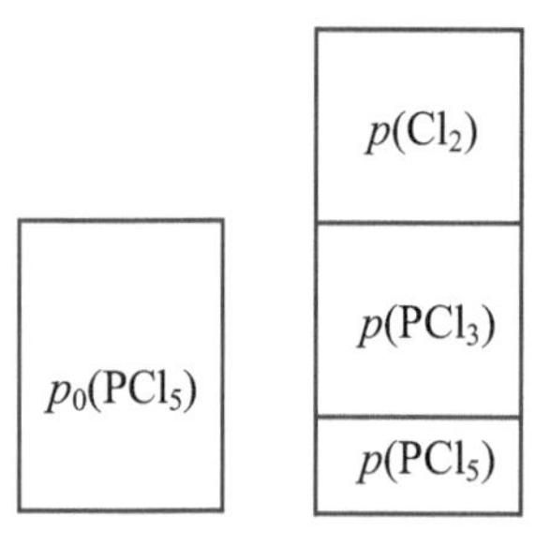

hypothetischer Ausgangszustand   Gleichgewichtszustand

Aus diesen Werten erhalten wir die Gleichgewichtskonstante:

$$K_p = \frac{0,557\ \text{bar} \cdot 0,557\ \text{bar}}{0,278\ \text{bar}} = 1,12\ \text{bar}$$

Die Konzentration der drei Spezies berechnen wir mithilfe der allgemeinen Gasgleichung:

$$p \cdot V = n \cdot R \cdot T \quad \Rightarrow \quad p = \frac{n}{V} \cdot R \cdot T = c \cdot R \cdot T$$

$$c = \frac{p}{R \cdot T} \qquad R = 0,083145\ 1 \cdot \text{bar} \cdot \text{mol}^{-1} \cdot \text{K}^{-1}$$

$$K_c = \frac{0,557\ \text{bar} \cdot 0,557\ \text{bar}}{0,278\ \text{bar}} \cdot \frac{1}{0,083145\ 1 \cdot \text{bar} \cdot \text{mol}^{-1} \cdot \text{K}^{-1} \cdot 523\ \text{K}}$$

$$= 1,12\ \text{bar} \cdot \frac{1}{43,48\ 1 \cdot \text{bar} \cdot \text{mol}^{-1}} = 2,57 \cdot 10^{-2}\ \text{mol} \cdot \text{l}^{-1}$$

5.12 Zu berechnen sind die Konzentrationen von NH_3, H_2O, NH_4^+ und OH^-. Wir benötigen also insgesamt vier Bestimmungsgleichungen, um das Problem lösen zu können. Eine Gleichung liefert das Massenwirkungsgesetz:

$$K_c = \frac{c(NH_4^+) \cdot c(OH^-)}{c(NH_3) \cdot c(H_2O)}$$

Eine weitere Gleichung ergibt sich aus der Elektroneutralitätsbedingung:

$$c(NH_4^+) = c(OH^-)$$

Die beiden noch fehlenden Gleichungen ergeben sich aus den Stoffmengenbilanzen der Ausgangsstoffe:

$$c_0(NH_3) = c(NH_3) + c(NH_4^+)$$

$$c_0(H_2O) = c(H_2O) + c(OH^-)$$

Im Prinzip ist dieses Gleichungssystem also lösbar. Man macht bei der Lösung jedoch üblicherweise einige Näherungen, die den Rechenaufwand wesentlich verringern, ohne das Ergebnis nennenswert zu verfälschen:
Die Gleichgewichtskonstante ist sehr klein, die Reaktion läuft also nur in geringem Umfang ab. Deshalb gelten näherungsweise folgende Beziehungen:

Reaktionen, die unter Änderung des Gesamtdruckes verlaufen, lassen sich durch Messung dieses Gesamtdruckes gut verfolgen. Bei Kenntnis der zugrunde liegenden chemischen Reaktion erhält man aus der Gesamtdruckmessung die Gleichgewichtskonstante K_p und aus der Temperaturabhängigkeit von K_p die Reaktionsenthalpie und die Reaktionsentropie.

Die Anfangskonzentration der Wasser-Moleküle $c_0(H_2O)$ ergibt sich aus der Masse von einem Liter Wasser (997 g) und der molaren Masse von 18,015 $g \cdot mol^{-1}$ zu 55,3 $mol \cdot l^{-1}$. Bei Säure/Base-Reaktionen in wässeriger Lösung nimmt Wasser stets an der Reaktion teil. Auch bei sehr viel größeren Gleichgewichtskonstanten als in diesem Beispiel wird jedoch nur ein geringer Anteil des Wassers bei der Reaktion verbraucht. Aus diesem Grund nimmt man bei Berechnungen im Zusammenhang mit Säuren und Basen die Konzentration des Wassers als konstant an und bezieht die Konzentration von 55,3 $mol \cdot l^{-1}$ in die Gleichgewichtskonstante ein. Auf diese Weise ergibt sich die sogenannte Säurekonstante K_S bzw. die Basenkonstante K_B, deren negative dekadische Logarithmen als pK_S- bzw. pK_B-Wert angegeben werden.

$$c(NH_3) \approx c_0(NH_3) = 0,1\,mol\cdot l^{-1}$$

$$c(H_2O) \approx c_0(H_2O) = 55,3\,mol\cdot l^{-1}$$

Damit ergibt sich folgende Beziehung:

$$K_c = 4,2\cdot 10^{-7} = \frac{c^2(NH_4^+)}{0,1\,mol\cdot l^{-1}\cdot 55,3\,mol\cdot l^{-1}}$$

$$c(NH_4^+) = \sqrt{4,2\cdot 10^{-7}\cdot 0,1\,mol\cdot l^{-1}\cdot 55,3\,mol\cdot l^{-1}}$$

$$c(NH_4^+) = 1,5\cdot 10^{-3}\,mol\cdot l^{-1}$$

$$c(OH^-) = 1,5\cdot 10^{-3}\,mol\cdot l^{-1}$$

Eine Überprüfung des Ergebnisses ergibt folgenden Wert:

$$K_c = \frac{1,5\cdot 10^{-3}\,mol\cdot l^{-1}\cdot 1,5\cdot 10^{-3}\,mol\cdot l^{-1}}{0,1\,mol\cdot l^{-1}\cdot 55,3\,mol\cdot l^{-1}} = 4,2\cdot 10^{-7}$$

Er stimmt mit der angegebenen Gleichgewichtskonstante überein.

Heterogene Gleichgewichte

5.13 $CaCO_3(s) \;\rightleftharpoons\; CaO(s) + CO_2(g)$

$$\Delta H_{R,298}^0 = (-635 - 394)\,kJ\cdot mol^{-1} - (-1208\,kJ\cdot mol^{-1})$$

$$= 179\,kJ\cdot mol^{-1}$$

$$\Delta S_{R,298}^0 = (38 + 214)\,J\cdot mol^{-1}\cdot K^{-1} - 93\,J\cdot mol^{-1}\cdot K^{-1}$$

$$= 159\,J\cdot mol^{-1}\cdot K^{-1}$$

$$\Delta G_{R,1273}^0 = 179\,000\,kJ\cdot mol^{-1} - 1273\,K\cdot 159\,J\cdot mol^{-1}\cdot K^{-1}$$

$$= -23\,407\,J\cdot mol^{-1}$$

$$-\Delta G_R^0 = R\cdot T\cdot \ln K$$

$$\ln K = \frac{-\Delta G_R^0}{R\cdot T} = \frac{23\,407\,J\cdot mol^{-1}}{8,3145\,J\cdot mol^{-1}\cdot K^{-1}\cdot 1273\,K} = 2,21$$

$$K = 9,1$$

$$K = \frac{p(CO_2)}{p^0}; \quad p^0 = 1\,\text{bar}$$

$$K \cdot p^0 = K_p = 9,1\,\text{bar}$$

$$K = \frac{p(CO_2)}{p^0}; \quad p^0 = 10^5\,\text{Pa};$$

$$p(CO_2) = K_p = K \cdot p^0 = 9,1 \cdot 10^5\,\text{Pa}$$

5.14 $\quad K_p = p(CO_2) = 4\,\text{bar}$

$$p \cdot V = n \cdot R \cdot T$$

$$p = \frac{n}{V} \cdot R \cdot T = c \cdot R \cdot T$$

$$c(CO_2) = \frac{p(CO_2)}{R \cdot T} = \frac{4\,\text{bar}}{0,083145\ \text{l} \cdot \text{bar} \cdot \text{mol}^{-1} \cdot \text{K}^{-1} \cdot 1273\,\text{K}}$$

$$= 0,038\,\text{mol} \cdot \text{l}^{-1}$$

$$K_c = c(CO_2) = 0,038\,\text{mol} \cdot \text{l}^{-1}$$

Die Rechnung zeigt, dass in diesem Fall die Zahlenwerte von K_p und K_c stark voneinander abweichen.

5.15 Es sind die Konzentrationen von drei Ionen zu berechnen. Dazu benötigen wir drei Gleichungen. Eine davon ist die Gleichgewichtskonstante:

$$K_c = \frac{c(Fe^{3+})}{c(Fe^{2+}) \cdot c(Ag^+)}$$

Die beiden anderen sind Stoffmengenbilanzen, die sich hier direkt mithilfe der Konzentrationen beschreiben lassen.

Für die Eisen-Ionen gilt:

$$c_0(Fe^{2+}) = c(Fe^{2+}) + c(Fe^{3+})$$

bzw. $\quad c(Fe^{2+}) = c_0(Fe^{2+}) - c(Fe^{3+})$

Eine entsprechende Beziehung für Silber aufzustellen, ist ein wenig komplizierter, denn ein Teil des ursprünglich vorhandenen Silbers wird zum Metall reduziert und taucht als fester Bodenkörper im Massenwirkungsgesetz nicht auf. Wie die Reaktionsgleichung zeigt, werden metallisches Silber und Fe^{3+}-Ionen in genau den gleichen Stoffmengen gebildet.

Der hier berechnete Zahlenwert unterscheidet sich von dem in der folgenden Aufgabe angegebenen. Der Grund hierfür ist, dass bei der hier durchgeführten *näherungsweisen* Berechnung die Reaktionsenthalpie und die Reaktionsentropie mit den Werten für 298 K als temperaturunabhängig angenommen wurden.

Wir können also die Konzentration der gebildeten Fe^{3+}-Ionen einsetzen, um den Verlust an Silber-Ionen auszugleichen:

$$c_0(Ag^+) = c(Ag^+) + c(Fe^{3+})$$

bzw. $\quad c(Ag^+) = c_0(Ag^+) - c(Fe^{3+})$

Der Massenwirkungsterm und die beiden Konzentrationsbeziehungen lassen sich zusammenfassen:

$$K_c = \frac{c(Fe^{3+})}{\left(c_0(Fe^{2+}) - c(Fe^{3+})\right) \cdot \left(c_0(Ag^+) - c(Fe^{3+})\right)}$$

$$K_c = \frac{c(Fe^{3+})}{c^2(Fe^{3+}) - \left(c_0(Ag^+) + c_0(Fe^{2+})\right) \cdot c(Fe^{3+}) + c_0(Fe^{2+}) \cdot c_0(Ag^+)}$$

$$\frac{c(Fe^{3+})}{K_c} = c^2(Fe^{3+}) - \left(c_0(Ag^+) + c_0(Fe^{2+})\right) \cdot c(Fe^{3+}) + c_0(Fe^{2+}) \cdot c_0(Ag^+)$$

Wir haben also eine Gleichung zweiten Grades vor uns, die in die Normalform ($x^2 + p \cdot x + q = 0$) gebracht werden muss:

$$c^2(Fe^{3+}) - \frac{\left(1 + K_c \cdot c_0(Ag^+) + K_c \cdot c_0(Fe^{2+})\right)}{K_c} \cdot c(Fe^{3+}) + c_0(Fe^{2+}) \cdot c_0(Ag^+) = 0$$

Bei der Berechnung ist zu berücksichtigen, dass beide Lösungen beim Zusammengeben auf ein Gesamtvolumen von 80 ml verdünnt werden:

$$c_0(Fe^{2+}) = 0,1\, mol \cdot l^{-1} \cdot \frac{50\,ml}{50\,ml + 30\,ml} = 6,25 \cdot 10^{-2}\, mol \cdot l^{-1}$$

$$c_0(Ag^+) = 0,1\, mol \cdot l^{-1} \cdot \frac{30\,ml}{50\,ml + 30\,ml} = 3,75 \cdot 10^{-2}\, mol \cdot l^{-1}$$

Mit diesen Werten ergibt sich die folgende Bestimmungsgleichung:

$$c^2(Fe^{3+}) - \frac{1 + 0,45 + 0,75}{12} \cdot c(Fe^{3+}) + 2,34 \cdot 10^{-3}\,(mol \cdot l^{-1})^2 = 0$$

$$c_{1,2}(Fe^{3+}) = 9,17 \cdot 10^{-2}\, mol \cdot l^{-1} \pm \sqrt{(8,41 \cdot 10^{-3} - 2,34 \cdot 10^{-3})\, mol^2 \cdot l^{-2}}$$

$$c_{1,2}(Fe^{3+}) = 9,17 \cdot 10^{-2} \text{ mol} \cdot l^{-1} \pm 7,79 \cdot 10^{-2} \text{ mol} \cdot l^{-1}$$

Bei Anwendung des Pluszeichens erhält man einen Wert für die Fe^{3+}-Konzentration, der größer ist als die Anfangskonzentration an Fe^{2+}. Da dies unmöglich ist, lautet die Lösung:

$$c(Fe^{3+}) = 9,17 \cdot 10^{-2} \text{ mol} \cdot l^{-1} - 7,79 \cdot 10^{-2} \text{ mol} \cdot l^{-1}$$
$$= 1,38 \cdot 10^{-2} \text{ mol} \cdot l^{-1}$$

Aus den Stoffmengenbilanzen ergeben sich die beiden übrigen Konzentrationen:

$$c(Ag^+) = 2,37 \cdot 10^{-2} \text{ mol} \cdot l^{-1}$$
$$c(Fe^{2+}) = 4,87 \cdot 10^{-2} \text{ mol} \cdot l^{-1}$$

Wie bereits erläutert, ist die Stoffmenge an Silber genau so groß wie die der Fe^{3+}-Ionen. Wir müssen also aus der Konzentration der Fe^{3+}-Ionen deren Stoffmenge berechnen:

$$c = \frac{n}{V} \quad \Rightarrow \quad n = c \cdot V$$

$$n = 1,38 \cdot 10^{-2} \text{ mol} \cdot l^{-1} \cdot 0,08 \text{ l}$$
$$= 1,104 \cdot 10^{-3} \text{ mol}$$

Mit der molaren Masse von Silber ($107,87 \text{ g} \cdot mol^{-1}$) ergibt dies:

$$m(Ag) = 1,104 \cdot 10^{-3} \text{ mol} \cdot 107,87 \text{ g} \cdot mol^{-1}$$
$$= 0,119 \text{ g}$$

5.16 Die Zersetzung von Quecksilberoxid wird durch folgende Reaktionsgleichung beschrieben:

$$HgO(s) \rightleftharpoons Hg(g) + \frac{1}{2}O_2(g)$$

$$K_p = p(Hg) \cdot \sqrt{p(O_2)}$$

Um K_p berechnen zu können, werden also die Partialdrücke von Quecksilber und Sauerstoff benötigt. Die Reaktionsgleichung zeigt, dass Hg und O_2 im Verhältnis 2:1 entstehen. Teilt man den jeweiligen Gesamtdruck entsprechend auf, ergeben sich folgende Beziehungen:

$$p(Hg) = \frac{2}{3} \cdot p_{ges} \qquad p(O_2) = \frac{1}{3} \cdot p_{ges}$$

Das Ergebnis kann durch Einsetzen der Werte in den Massenwirkungsterm überprüft werden:

$$\frac{1,38 \cdot 10^{-2} \text{ mol} \cdot l^{-1}}{2,37 \cdot 10^{-2} \text{ mol} \cdot l^{-1} \cdot 4,87 \cdot 10^{-2} \text{ mol} \cdot l^{-1}}$$
$$= 11,96 \text{ l} \cdot mol^{-1}$$

Wir erhalten also in guter Näherung den Wert für $K_c = 12 \text{ mol}^{-1} \cdot l$.

Damit ergeben sich folgende Werte für *300 °C*:

$$p(\text{Hg}) = \frac{2}{3} \cdot 0,015\,\text{bar} = 0,01\,\text{bar}$$

$$p(\text{O}_2) = \frac{1}{3} \cdot 0,015\,\text{bar} = 0,005\,\text{bar}$$

$$K_p = 0,01\,\text{bar} \cdot \sqrt{0,005\,\text{bar}} = 7,1 \cdot 10^{-4}\,\text{bar}^{1,5}$$

Um Drücke in Konzentrationen umzurechnen, wird das allgemeine Gasgesetz benötigt:

$$p \cdot V = n \cdot R \cdot T \quad \Rightarrow \quad p = \frac{n}{V} \cdot R \cdot T \quad \Rightarrow \quad p = c \cdot R \cdot T$$

$$c = \frac{p}{R \cdot T}$$

$$c(\text{Hg}) = \frac{0,01\,\text{bar}}{0,083145\ 1 \cdot \text{bar} \cdot \text{mol}^{-1} \cdot \text{K}^{-1} \cdot 573\,\text{K}}$$

$$= 2,1 \cdot 10^{-4}\,\text{mol} \cdot 1^{-1}$$

$$c(\text{O}_2) = \frac{0,005\,\text{bar}}{0,083145\ 1 \cdot \text{bar} \cdot \text{mol}^{-1} \cdot \text{K}^{-1} \cdot 573\,\text{K}}$$

$$= 1,05 \cdot 10^{-4}\,\text{mol} \cdot 1^{-1}$$

Mit diesen Konzentrationen ergibt sich:

$$K_c = c(\text{Hg}) \cdot \sqrt{c(\text{O}_2)}$$

$$= 2,1 \cdot 10^{-4}\,\text{mol} \cdot 1^{-1} \cdot \sqrt{1,05 \cdot 10^{-4}\,\text{mol} \cdot 1^{-1}}$$

$$= 2,15 \cdot 10^{-6}\,(\text{mol} \cdot 1^{-1})^{1,5}$$

Um zu berechnen, wie viel Quecksilberoxid in fester Form vorliegt, berechnen wir zunächst die Stoffmenge der Quecksilber-Atome im Gasraum:

$$n = \frac{p \cdot V}{R \cdot T} = \frac{0,01\,\text{bar} \cdot 0,05\ 1}{0,083\ 145\ 1 \cdot \text{bar} \cdot \text{mol}^{-1} \cdot \text{K}^{-1} \cdot 573\,\text{K}}$$

$$= 1,05 \cdot 10^{-5}\,\text{mol}$$

$1,05 \cdot 10^{-5}$ mol Quecksilberoxid sind also zerfallen; dies entspricht einer Masse von:

$$m = n \cdot M = 1,05 \cdot 10^{-5}\,\text{mol} \cdot 216,59\,\text{g} \cdot \text{mol}^{-1} = 2,3\,\text{mg}$$

Es sind also noch 997,7 mg festes Quecksilberoxid vorhanden.

Für die höheren Temperaturen erhält man die folgenden Ergebnisse:

400 °C: $\quad p(\text{Hg}) = 0,213\,\text{bar} \quad K_p = 7 \cdot 10^{-2}\,\text{bar}^{1,5}$

$\qquad\qquad p(\text{O}_2) = 0,107\,\text{bar} \quad K_c = 1,7 \cdot 10^{-4}\,(\text{mol} \cdot \text{l}^{-1})^{1,5}$

Es sind 958,8 mg HgO vorhanden.

500 °C: $\quad p(\text{Hg}) = 2,016\,\text{bar} \quad K_p = 2,02\,\text{bar}^{1,5}$

$\qquad\qquad p(\text{O}_2) = 1,008\,\text{bar} \quad K_c = 3,9 \cdot 10^{-3}\,(\text{mol} \cdot \text{l}^{-1})^{1,5}$

Es sind 660 mg HgO vorhanden.

5.17 a) Das Boudouard-Gleichgewicht wird durch folgende Reaktionsgleichung beschrieben:

$$C(s) + CO_2(g) \;\rightleftharpoons\; 2\,CO(g)$$

$$K_p = \frac{p^2(\text{CO})}{p(\text{CO}_2)}$$

Mit steigender Temperatur verlagert sich das Gleichgewicht dieser endothermen Reaktion zunehmend auf die Seite des Kohlenstoffmonoxids. Dabei wird die Gesamtstoffmenge an Kohlenstoff in der Gasphase ($n(\text{CO}_2) + n(\text{CO})$) immer größer. Unverändert hingegen bleibt die Stoffmenge an Sauerstoff in der Gasphase, sodass folgende Beziehung für die Drücke formuliert werden kann:

$$p_0(\text{CO}_2) = p(\text{CO}_2) + 0,5 \cdot p(\text{CO})$$

Der Faktor 0,5 vor dem Partialdruck des Kohlenstoffmonoxids trägt der Tatsache Rechnung, dass ein CO-Molekül nur halb so viele Sauerstoff-Atome enthält wie ein CO_2-Molekül. Es ist zu beachten, dass der Anfangsdruck von CO_2 bei der Reaktionstemperatur eingesetzt werden muss. Zunächst berechnen wir $p_0(\text{CO}_2)$:

$$p_0(\text{CO}_2)_{1023} = p_0(\text{CO}_2)_{298} \cdot \frac{1023\,\text{K}}{298\,\text{K}}$$

$$= 1\,\text{bar} \cdot \frac{1023\,\text{K}}{298\,\text{K}} = 3,43\,\text{bar}$$

$$p(CO_2) = 3{,}43\,\text{bar} - 0{,}5\,p(CO)$$

$$2{,}75\,\text{bar} = \frac{p^2(CO)}{3{,}43\,\text{bar} - 0{,}5\,p(CO)}$$

$$9{,}433\,\text{bar}^2 - 1{,}375\,\text{bar} \cdot p(CO) = p^2(CO)$$

$$p^2(CO) + 1{,}375\,\text{bar} \cdot p(CO) - 9{,}433\,\text{bar}^2 = 0$$

$$p_{1,2}(CO) = -0{,}688\,\text{bar} \pm \sqrt{0{,}473\,\text{bar}^2 + 9{,}433\,\text{bar}^2}$$

$$p_{1,2}(CO) = -0{,}688\,\text{bar} \pm 3{,}147\,\text{bar}$$

$$p(CO) = 2{,}46\,\text{bar}$$

$$p(CO_2) = 3{,}43\,\text{bar} - 0{,}5 \cdot 2{,}46\,\text{bar} = 2{,}2\,\text{bar}$$

Die Anteile betragen also:

$$CO: \quad 100\,\% \cdot \frac{2{,}46\,\text{bar}}{4{,}66\,\text{bar}} = 52{,}8\,\%$$

$$CO_2: \quad 100\,\% \cdot \frac{2{,}2\,\text{bar}}{4{,}66\,\text{bar}} = 47{,}2\,\%$$

Probe:

$$\frac{(2{,}46\,\text{bar})^2}{2{,}2\,\text{bar}} = 2{,}75\,\text{bar}$$

$$p_{\text{ges}} = 2{,}46\,\text{bar} + 2{,}2\,\text{bar}$$
$$= 4{,}66\,\text{bar}$$

b) Bei dieser Aufgabenstellung ist nicht der Anfangsdruck von CO_2 gegeben, sondern der Gesamtdruck p_{ges}. Es gilt also die folgende Beziehung:

$$p_{\text{ges}} = p(CO_2) + p(CO) = 0{,}1\,\text{bar}$$

$$2{,}75\,\text{bar} = \frac{p^2(CO)}{0{,}1\,\text{bar} - p(CO)}$$

$$0{,}275\,\text{bar}^2 - 2{,}75\,\text{bar} \cdot p(CO) = p^2(CO)$$

$$p^2(CO) + 2{,}75\,\text{bar} \cdot p(CO) - 0{,}275\,\text{bar}^2 = 0$$

$$p_{1,2}(CO) = -1{,}375\,\text{bar} \pm \sqrt{1{,}891\,\text{bar}^2 + 0{,}275\,\text{bar}^2}$$

$$p_{1,2}(CO) = -1{,}375\,\text{bar} \pm 1{,}472\,\text{bar}$$

$$p(CO) = 0{,}097\,\text{bar}$$

$$p(CO_2) = 0{,}1\,\text{bar} - 0{,}097\,\text{bar} = 0{,}003\,\text{bar}$$

Die Abweichung vom Sollwert ($K_p = 2{,}75$ bar) ist auf Rundungsfehler zurückzuführen. Eine genauere Rechnung ergibt:

$$p(CO) = 0{,}0966\,\text{bar}$$
$$p(CO_2) = 0{,}0034\,\text{bar}$$

Probe: $\dfrac{(0{,}097\,\text{bar})^2}{0{,}003\,\text{bar}} = 3{,}13\,\text{bar}$

$$\frac{(0{,}0966\,\mathrm{bar})^2}{0{,}0034\,\mathrm{bar}} = 2{,}74\,\mathrm{bar}$$

Die Anteile betragen:

$$CO: \quad 100\,\% \cdot \frac{0{,}0966\ \mathrm{bar}}{0{,}1\ \mathrm{bar}} = 96{,}6\,\%$$

$$CO_2: \ 100\,\% \cdot \frac{0{,}0034\ \mathrm{bar}}{0{,}1\ \mathrm{bar}} = 3{,}4\,\%$$

Die Ergebnisse machen deutlich, wie stark die Stoffmengenanteile von CO und CO_2 bei gleicher Temperatur vom Gesamtdruck abhängen: Bei einem Gesamtdruck von 4,66 bar enthält die Gasphase nur 52,8 % CO, bei 0,1 bar hingegen 96,6 %.

Löslichkeitsgleichgewichte

5.18 a) Nach dem Prinzip vom kleinsten Zwang verlagert sich bei einer endothermen Reaktion das Gleichgewicht bei Temperaturerhöhung auf die Seite der Produkte. Da die Löslichkeit von Bleichlorid mit steigender Temperatur an-steigt, muss der Lösungsvorgang endotherm sein $\quad(\Delta H > 0)$

b) Zunächst werden die Löslichkeiten L in $\mathrm{g{\cdot}l^{-1}}$ berechnet:

20 °C: $L = 9{,}9\ \mathrm{g{\cdot}l^{-1}}$

100 °C: $L = 33{,}1\ \mathrm{g{\cdot}l^{-1}}$

Daraus ergeben sich mit der molaren Masse von Bleichlorid ($278{,}1\ \mathrm{g{\cdot}mol^{-1}}$) die Löslichkeiten in $\mathrm{mol{\cdot}l^{-1}}$:

$$20\ °C: \quad c = \frac{9{,}9}{278{,}1}\ \mathrm{mol{\cdot}l^{-1}} = 3{,}56{\cdot}10^{-2}\ \mathrm{mol{\cdot}l^{-1}}$$

$$100\ °C: \quad c = \frac{33{,}1}{278{,}1}\ \mathrm{mol{\cdot}l^{-1}} = 0{,}119\ \mathrm{mol{\cdot}l^{-1}}$$

Diese Zahlenwerte sind die Stoffmengenkonzentrationen der Pb^{2+}-Ionen in der gesättigten Lösung, die Stoffmengenkonzentrationen der Cl^--Ionen sind jeweils doppelt so groß. Für die Löslichkeitsprodukte ergeben sich also folgende Werte:

$$20\ °C: \quad K_\mathrm{L} = c(Pb^{2+}){\cdot}c^2(Cl^-)$$
$$= 3{,}56{\cdot}10^{-2}\ \mathrm{mol{\cdot}l^{-1}}{\cdot}(2{\cdot}3{,}56{\cdot}10^{-2}\ \mathrm{mol{\cdot}l^{-1}})^2$$
$$= 1{,}8{\cdot}10^{-4}\ \mathrm{mol^3{\cdot}l^{-3}}$$

$$100\ °C: \quad K_\mathrm{L} = c(Pb^{2+}){\cdot}c^2(Cl^-)$$
$$= 0{,}119\ \mathrm{mol{\cdot}l^{-1}}{\cdot}(2{\cdot}0{,}119\ \mathrm{mol{\cdot}l^{-1}})^2$$
$$= 6{,}7{\cdot}10^{-3}\ \mathrm{mol^3{\cdot}l^{-3}}$$

Ursachen für die Abweichung sind:

- Bildung von Ionenpaaren $PbCl^+(aq)$ sowie Molekülen ($PbCl_2(aq)$), die im tabellierten pK_L-Wert nicht berücksichtigt sind.

- Bei den in der gesättigten Lösung vorliegenden merklichen Ionenkonzentrationen sind die Aktivitätskoeffizienten aufgrund von elektrostatischen Wechselwirkungen schon deutlich kleiner als 1. Die Konzentrationen der Ionen ($Pb^{2+}(aq)$, $Cl^-(aq)$) sind dementsprechend größer als die dem Tabellenwert zugrunde liegenden Aktivitäten.

Die Löslichkeit von Salzen *schwacher* Säuren steigt mit sinkendem pH-Wert generell stark an.

c) Der mit Aktivitäten berechnete Tabellenwert ist:

$$pK_L = 4,8 \qquad \Rightarrow \qquad K_L = 1,6 \cdot 10^{-5}\ mol^3 \cdot l^{-3}$$

Das dem tabellierten pK_L-Wert (für 25 °C) entsprechende Löslichkeitsprodukt K_L ist also um eine Zehnerpotenz kleiner als der aus der tatsächlichen Löslichkeit für 20 °C berechnete Wert ($K_L = 1,8 \cdot 10^{-4}\ mol^3 \cdot l^{-3}$).

(Mit der höheren Löslichkeit für 25 °C wäre der Unterschied noch etwas größer!)

5.19 Calciumcarbonat ist das Salz einer schwachen Säure, der Kohlensäure, Calciumsulfat hingegen ist das Salz der starken Schwefelsäure. In saurer Lösung wird also im Falle von Calciumcarbonat das Hydrogencarbonat-Ion bzw. Kohlenstoffdioxid gebildet:

$$CO_3^{2-}(aq) + H^+(aq) \rightleftharpoons HCO_3^-(aq)$$

$$HCO_3^-(aq) + H^+(aq) \rightleftharpoons H_2O(l) + CO_2(aq, g)$$

Durch diese Reaktionen wird die Konzentration der Carbonat-Ionen drastisch erniedrigt und die Konzentration der Ca^{2+}-Ionen steigt entsprechend an, denn der Zahlenwert des Löslichkeitsprodukts ist unabhängig vom pH-Wert der Lösung. Gibt man genügend Säure hinzu, wird Calciumcarbonat vollständig „aufgelöst". Es liegt dann aber keine $CaCO_3$-Lösung mehr vor, sondern eine Lösung des Calciumsalzes der hinzugefügten Säure.

Beim Ansäuern einer gesättigten Calciumsulfat-Lösung können SO_4^{2-}-Ionen teilweise in HSO_4^--Ionen überführt werden, sodass auch hier die Löslichkeit ansteigt. Der Effekt ist allerdings relativ gering.

5.20 Im Falle des Silberchlorids ist dessen Löslichkeit ($mol \cdot l^{-1}$) gleich der Konzentration der Silber- bzw. Chlorid-Ionen in der gesättigten Lösung. Im Falle des Silberchromats muss bedacht werden, dass pro Formeleinheit Ag_2CrO_4 zwei Silber-Ionen und ein Chromat-Ion in Lösung gehen. Die molare Löslichkeit ist also genauso groß wie die Konzentration der Chromat-Ionen und halb so groß wie die Konzentration der Silber-Ionen in der gesättigten Lösung.

$AgCl$: $K_L = c(Ag^+) \cdot c(Cl^-) = 10^{-9,7}\ mol^2 \cdot l^{-2}$
$\qquad\quad = 2 \cdot 10^{-10}\ mol^2 \cdot l^{-2}$

$$c(\text{Ag}^+) = \sqrt{2 \cdot 10^{-10} \ \text{mol}^2 \cdot l^{-2}} = 1,4 \cdot 10^{-5} \ \text{mol} \cdot l^{-1}$$

Rechnerisch ergibt sich also eine Löslichkeit von $1,4 \cdot 10^{-5} \ \text{mol} \cdot l^{-1}$.

Ag_2CrO_4:
$$K_\text{L} = c^2(\text{Ag}^+) \cdot c(\text{CrO}_4^{2-}) = 10^{-11,9} \ \text{mol}^3 \cdot l^{-3}$$
$$= 1,3 \cdot 10^{-12} \ \text{mol}^3 \cdot l^{-3}$$

$$c(\text{Ag}^+) = 2 \cdot c(\text{CrO}_4^{2-})$$

$$K_\text{L} = (2 \cdot c(\text{CrO}_4^{2-}))^2 \cdot c(\text{CrO}_4^{2-}) = 4 \cdot c^3(\text{CrO}_4^{2-})$$

$$c(\text{CrO}_4^{2-}) = \sqrt[3]{\frac{K_\text{L}}{4}} = \sqrt[3]{3,25 \cdot 10^{-13} \cdot \text{mol}^3 \cdot l^{-3}}$$
$$= 6,9 \cdot 10^{-5} \ \text{mol} \cdot l^{-1}$$

Rechnerisch ergibt sich daraus eine Löslichkeit von $6,9 \cdot 10^{-5} \ \text{mol} \cdot l^{-1}$. Die molare Löslichkeit von Silberchromat ist also größer als die von Silberchlorid.

Die molare Löslichkeit von Silberchromat ist größer als die von Silberchlorid, obwohl sein Löslichkeitsprodukt etwa um einen Faktor 150 geringer ist. Bei der Frage nach der molaren Löslichkeit zweier Verbindun-gen kann ein Vergleich ihrer Löslichkeitsprodukte also zu einer falschen Schlussfolgerung führen. Die Ursache hierfür ist, dass im Falle des Silberchlorids beim Lösevorgang pro Formel-einheit AgCl zwei Ionen gebildet werden, bei Silberchromat (Ag_2CrO_4) hingegen drei.

5.21 Zunächst formulieren wir das Löslichkeitsprodukt von Magnesiumhydroxid:

$$K_\text{L} = c(\text{Mg}^{2+}) \cdot c^2(\text{OH}^-) = 10^{-11,2} \ \text{mol}^3 \cdot l^{-3} = 6,3 \cdot 10^{-12} \ \text{mol}^3 \cdot l^{-3}$$

Die Konzentration der OH^--Ionen ergibt sich aus dem jeweiligen pH-Wert der Lösung

$$\text{pH} = 9: \quad \text{pOH} = 14 - 9 = 5; \quad c(\text{OH}^-) = 10^{-5} \ \text{mol} \cdot l^{-1}$$

$$\text{pH} = 10: \quad \text{pOH} = 14 - 10 = 4; \quad c(\text{OH}^-) = 10^{-4} \ \text{mol} \cdot l^{-1}$$

Hieraus lassen sich nun die Konzentrationen der Magnesium-Ionen berechnen:

$$\text{pH} = 9: \ c(\text{Mg}^{2+}) = \frac{K_\text{L}}{c^2(\text{OH}^-)} = \frac{6,3 \cdot 10^{-12} \ \text{mol}^3 \cdot l^{-3}}{10^{-10} \ \text{mol}^2 \cdot l^{-2}}$$
$$= 6,3 \cdot 10^{-2} \ \text{mol} \cdot l^{-1}$$

$$\text{pH} = 10: \ c(\text{Mg}^{2+}) = \frac{K_\text{L}}{c^2(\text{OH}^-)} = \frac{6,3 \cdot 10^{-12} \ \text{mol}^3 \cdot l^{-3}}{10^{-8} \ \text{mol}^2 \cdot l^{-2}}$$
$$= 6,3 \cdot 10^{-4} \ \text{mol} \cdot l^{-1}$$

5.22 a, b)

Probelösung	A	B	C	D	E
V (HCl) (ml)	9,5	11,6	14,2	21,8	11,6
c_{ges} (OH$^-$)*	0,0475	0,058	0,071	0,109	0,058
c_1 (OH$^-$)* aus NaOH(aq)	–	0,025	0,05	0,1	–
c_2 (OH$^-$)* aus Ca(OH)$_2$(aq)	0,0475	0,033	0,021	0,009	0,058
$c(Ca^{2+}) = 0{,}5 \cdot c_2(OH^-)^*$	0,0237	0,0165	0,0105	0,0045	0,029
$c(Ca^{2+}) \cdot c^2_{ges}(OH^-)$	5,4**	5,6**	5,3**	5,4**	9,7**

* in mol·l^{-1} ** in 10^{-5} mol^3·l^{-3}

c) Der für Ca(OH)$_2$ tabellierte pK_L-Wert 5,2 entspricht $K_L = 6{,}3 \cdot 10^{-6}$ mol^3·l^{-3}. Der direkt aus den experimentell ermittelten Konzentrationen berechnete Wert ist rund eine Zehnerpotenz größer.

Die Hauptursache dafür sind elektrostatische Wechselwirkungen zwischen den Ionen, sodass der Aktivitätskoeffizient γ erheblich kleiner ist als 1.

Die im tabellierten Wert berücksichtigten Aktivitäten ($a_i = \gamma_i \cdot c_i$) werden deshalb erst bei höheren Ionenkonzentrationen erreicht. Dieser Einfluss wird besonders deutlich in der erhöhten Löslichkeit von Ca(OH)$_2$ durch den Zusatz von NaNO$_3$ (Probelösung E).

Zusätzlich spielt auch die Bildung von Ionenpaaren (CaOH$^+$(aq)) eine Rolle. Ihr Anteil ist bei der Ermittlung des pK_L-Werts nicht berücksichtigt. Bei der experimentellen Bestimmung der Konzentration durch die Titration mit Salzsäure werden sie aber mit erfasst.

5.23 a) $Cd^{2+}(aq) + 2\,IO_3^-(aq) \rightleftharpoons Cd(IO_3)_2(s)$

$$K_L = c(Cd^{2+}) \cdot c^2(IO_3^-)$$

b) *Experiment 1*:

$$n(Cd^{2+}) = 0{,}1 \text{ mol·l}^{-1} \cdot 0{,}1 \text{ l} = 0{,}01 \text{ mol}$$

$$c(Cd^{2+}) = \frac{n(Cd^{2+})}{V_{ges.}} = \frac{0{,}01 \text{ mol}}{0{,}1206 \text{ l}} = 8{,}3 \cdot 10^{-2} \text{ mol·l}^{-1}$$

$$n(IO_3^-) = 0{,}3 \text{ mol·l}^{-1} \cdot 0{,}0206 \text{ l} = 6{,}2 \cdot 10^{-3} \text{ mol}$$

$$c(\mathrm{IO_3^-}) = \frac{n(\mathrm{IO_3^-})}{V_{\mathrm{ges.}}} = \frac{6{,}2\cdot10^{-3}\ \mathrm{mol}}{0{,}1206\ 1} = 5{,}1\cdot10^{-2}\ \mathrm{mol\cdot l^{-1}}$$

$$K_{\mathrm{L}} = c(\mathrm{Cd^{2+}})\cdot c^2(\mathrm{IO_3^-})$$
$$= 8{,}3\cdot10^{-2}\ \mathrm{mol\cdot l^{-1}}\cdot(5{,}1\cdot10^{-2}\ \mathrm{mol\cdot l^{-1}})^2$$
$$= 2{,}16\cdot10^{-4}\ \mathrm{mol^3\cdot l^{-3}}$$

Experiment 2:

$$n(\mathrm{Cd^{2+}}) = 0{,}1\ \mathrm{mol\cdot l^{-1}}\cdot0{,}0026\ 1 = 0{,}00026\ \mathrm{mol}$$

$$c(\mathrm{Cd^{2+}}) = \frac{n(\mathrm{Cd^{2+}})}{V_{\mathrm{ges.}}} = \frac{0{,}00026\ \mathrm{mol}}{0{,}1026\ 1} = 2{,}52\cdot10^{-3}\ \mathrm{mol\cdot l^{-1}}$$

$$n(\mathrm{IO_3^-}) = 0{,}3\ \mathrm{mol\cdot l^{-1}}\cdot0{,}1\ 1 = 0{,}03\ \mathrm{mol}$$

$$c(\mathrm{IO_3^-}) = \frac{n(\mathrm{IO_3^-})}{V_{\mathrm{ges.}}} = \frac{0{,}03\ \mathrm{mol}}{0{,}1026\ 1} = 0{,}292\ \mathrm{mol\cdot l^{-1}}$$

$$K_{\mathrm{L}} = c(\mathrm{Cd^{2+}})\cdot c^2(\mathrm{IO_3^-})$$
$$= 2{,}52\cdot10^{-3}\ \mathrm{mol\cdot l^{-1}}\cdot(0{,}292\ \mathrm{mol\cdot l^{-1}})^2$$
$$= 2{,}15\cdot10^{-4}\ \mathrm{mol^3\cdot l^{-3}}$$

Hinweis: Der aus Aktivitäten berechnete Tabellenwert ist wesentlich kleiner: $K_{\mathrm{L}} = 6{,}3\cdot10^{-6}\ \mathrm{mol^3\cdot l^{-3}}$ Die Aktivitätskoeffizienten sind deutlich kleiner als eins, da die untersuchten Lösungen relativ hohe Ionenkonzentrationen aufweisen.

5.24 a) Zunächst berechnen wir, welche Konzentration an Hydroxid-Ionen erforderlich ist, um das Löslichkeitsprodukt von $\mathrm{Mn(OH)_2}$ zu erreichen.

$$\mathrm{Mn(OH)_2(s)} \rightleftharpoons \mathrm{Mn^{2+}(aq)} + 2\ \mathrm{OH^-(aq)}$$

$$K_{\mathrm{L}} = c(\mathrm{Mn^{2+}})\cdot c^2(\mathrm{OH^-}) = 10^{-12{,}8}\ \mathrm{mol^3\cdot l^{-3}} = 1{,}6\cdot10^{-13}\ \mathrm{mol^3\cdot l^{-3}}$$

Bei einer Konzentration der $\mathrm{Mn^{2+}}$-Ionen von $10^{-1}\ \mathrm{mol\cdot l^{-1}}$ wird das Löslichkeitsprodukt von $\mathrm{Mn(OH)_2}$ erreicht, wenn folgende Beziehung erfüllt ist:

$$c^2(\mathrm{OH^-}) = \frac{1{,}6\cdot10^{-13}\ \mathrm{mol^3\cdot l^{-3}}}{10^{-1}\ \mathrm{mol\cdot l^{-1}}} = 1{,}6\cdot10^{-12}\ \mathrm{mol^2\cdot l^{-2}}$$

$$c(\mathrm{OH^-}) = 1{,}3\cdot10^{-6}\ \mathrm{mol\cdot l^{-1}}$$
$$\mathrm{pOH} = 5{,}9$$
$$\mathrm{pH} = 14 - 5{,}9 = 8{,}1$$

Bei Beginn der Fällung ist für die Lösung ein pH-Wert von 8,1 zu erwarten, denn die Konzentration der $\mathrm{Mn^{2+}}$-Ionen stimmt zunächst nahezu mit dem Anfangswert überein.

b) $pH = 12 \Rightarrow c(OH^-) = 10^{-2}\,mol\cdot l^{-1}$

$$c(Mn^{2+}) = \frac{K_L(Mn(OH)_2)}{c^2(OH^-)}$$

$$c(Mn^{2+}) = \frac{1,6\cdot 10^{-13}\,mol^3\cdot l^{-3}}{10^{-4}\,mol^2\cdot l^{-1}} = 1,6\cdot 10^{-9}\,mol\cdot l^{-1}$$

5.25 a) $K_L = c(Ca^{2+})\cdot c(SO_4^{2-})$

1) $K_L = (1,53\cdot 10^{-2}\,mol\cdot l^{-1})^2$

$\qquad = 2,34\cdot 10^{-4}\,mol^2\cdot l^{-2}$

2)

$$K_L = 1,327\cdot 10^{-2}\,mol\cdot l^{-1}\cdot (1,327+0,771)\cdot 10^{-2}\,mol\cdot l^{-1}$$

$$\qquad = 2,78\cdot 10^{-4}\,mol^2\cdot l^{-2}$$

3)

$$K_L = 1,131\cdot 10^{-2}\,mol\cdot l^{-1}\cdot (1,131+3,125)\cdot 10^{-2}\,mol\cdot l^{-1}$$

$$\qquad = 4,81\cdot 10^{-4}\,mol^2\cdot l^{-2}$$

4)

$$K_L = 1,064\cdot 10^{-2}\,mol\cdot l^{-1}\cdot (1,064+12,50)\cdot 10^{-2}\,mol\cdot l^{-1}$$

$$\qquad = 14,43\cdot 10^{-4}\,mol^2\cdot l^{-2}$$

b) Der für $CaSO_4$ tabellierte pK_L-Wert beträgt 4,6 und entspricht damit $K_L = 2,5\cdot 10^{-5}\,mol^2\cdot l^{-2}$. Dieser auf Aktivitäten basierende Wert ist eine Zehnerpotenz kleiner als der mit den *Konzentrationen* der gesättigten Lösung in reinem Wasser berechnete K_L-Wert.

Mit der zunehmenden $(NH_4)_2SO_4$-Konzentration steigen die Werte stark an. Die Löslichkeit von $CaSO_4$ wird also weniger erniedrigt, als es nach der idealisierten Gesetzmäßigkeit zu erwarten wäre:

Mit der steigenden Salzkonzentration werden elektrostatische Wechselwirkungen immer größer; die Aktivitätskoeffizienten nehmen entsprechend weiter ab.

Verteilungsgleichgewichte

5.26 Die Restkonzentration an Iod in der wässerigen Lösung sei x:

$$\frac{(1{,}3 \cdot 10^{-3}\,\text{mol} \cdot \text{l}^{-1}) - x}{x} = 130$$

$$1{,}3 \cdot 10^{-3}\,\text{mol} \cdot \text{l}^{-1} - x = 130 \cdot x$$

$$1{,}3 \cdot 10^{-3}\,\text{mol} \cdot \text{l}^{-1} = 131 \cdot x$$

$$x = 1{,}3 \cdot 10^{-3}\,\text{mol} \cdot \text{l}^{-1} \cdot \frac{1}{131}$$

Die Restkonzentration beträgt 1/131 der Ausgangskonzentration: $c(\text{I}_2) = 9{,}9 \cdot 10^{-6}$ mol·l^{-1}.

5.27 $\qquad K = \dfrac{c(\text{I}_2\ \text{in}\ \text{CCl}_4)}{c(\text{I}_2\ \text{in}\ \text{H}_2\text{O})} = 85$

a) Von der gesamten Iodmenge von 20 mg geht eine bestimmte Menge x in die organische Phase über, sodass in Wasser $(20 - \text{x})$ mg verbleiben. Die Massenkonzentrationen betragen also:

$$\beta(\text{I}_2\ \text{in}\ \text{CCl}_4) = \frac{\text{x mg}}{10\ \text{ml}}$$

$$\beta(\text{I}_2\ \text{in}\ \text{H}_2\text{O}) = \frac{(20 - \text{x})\ \text{mg}}{100\ \text{ml}}$$

$$K = 85 = \frac{\dfrac{\text{x mg}}{10\ \text{ml}}}{\dfrac{(20 - \text{x})\ \text{mg}}{100\ \text{ml}}} = \frac{10\ \text{x mg}}{(20 - \text{x})\ \text{mg}}$$

$$1700\ \text{mg} - 85\ \text{x mg} = 10\ \text{x mg}$$

$$1700\ \text{mg} = 95\ \text{x mg}$$

$$\text{x} = 17{,}9$$

In der wässerigen Phase verbleiben also:

$$(20 - 17{,}9)\ \text{mg} = 2{,}1\ \text{mg}$$

b) Von den verbliebenen 2,1 mg geht nun eine bestimmte Menge y in die organische Phase über, sodass in Wasser $(2{,}1 - \text{y})$ mg verbleiben.

$$\beta(\text{I}_2\ \text{in}\ \text{CCl}_4) = \frac{\text{y mg}}{10\ \text{ml}}$$

$$\beta(I_2 \text{ in } H_2O) = \frac{(2,1-y)\,\text{mg}}{100\,\text{ml}}$$

$$K = 85 = \frac{\dfrac{y\,\text{mg}}{10\,\text{ml}}}{\dfrac{(2,1-y)\,\text{mg}}{100\,\text{ml}}} = \frac{10\,y\,\text{mg}}{(2,1-y)\,\text{mg}}$$

$$178,5\,\text{mg} - 85\,y\,\text{mg} = 10\,y\,\text{mg}$$

$$178,5\,\text{mg} = 95\,y\,\text{mg}$$

$$y = 1,88$$

In der wässerigen Phase verbleiben also nach zweimaligem Ausschütteln: $(2{,}1 - 1{,}9)\,\text{mg} = 0{,}2\,\text{mg}$

c) $\beta(I_2 \text{ in } CCl_4) = \dfrac{z\,\text{mg}}{20\,\text{ml}}$

$$\beta(I_2 \text{ in } H_2O) = \frac{(20-z)\,\text{mg}}{100\,\text{ml}}$$

$$K = 85 = \frac{\dfrac{z\,\text{mg}}{20\,\text{ml}}}{\dfrac{(20-z)\,\text{mg}}{100\,\text{ml}}} = \frac{5\,z\,\text{mg}}{(20-z)\,\text{mg}}$$

$$1700\,\text{mg} - 85\,z\,\text{mg} = 5\,z\,\text{mg}$$

$$1700\,\text{mg} = 90\,z\,\text{mg}$$

$$z = 18,9$$

In der wässerigen Phase verbleiben nach einmaligem Ausschütteln mit 20 ml Tetrachlormethan damit insgesamt $(20 - 18{,}9)\,\text{mg} = 1{,}1\,\text{mg}$, also wesentlich mehr als bei zweimaligem Ausschütteln mit je 10 ml Tetrachlormethan.

5.28 a) $c_I = c(\text{HAc})$ in Wasser

$c_{II} = c(\text{HAc})$ in Amylakohol

$$K = \frac{c_I}{c_{II}} = 1,1 \quad \Rightarrow \quad c_I = 1,1 \cdot c_{II}$$

Außerdem gilt: $n_I + n_{II} = n_0 = c_0 \cdot V_{II} = 25\,\text{mmol}$

bzw. $c_I \cdot V_I + c_{II} \cdot V_{II} = 25\,\text{mmol}$

$$\Rightarrow \quad 1,1 \cdot c_{II} \cdot V_I + c_{II} \cdot V_{II} = 25\,\text{mmol}$$

$$c_{\mathrm{II}} = 1{,}1 \cdot 0{,}2\,\mathrm{l} + c_{\mathrm{II}} \cdot 0{,}05\,\mathrm{l} = 25\ \mathrm{mmol}$$

$$\Rightarrow c_{\mathrm{II}} = \frac{25\ \mathrm{mmol}}{(0{,}22 + 0{,}05)\,\mathrm{l}} = \frac{25\ \mathrm{mmol}}{0{,}27\,\mathrm{l}} = 92{,}6\ \mathrm{mmol} \cdot \mathrm{l}^{-1}$$

zurückbleibende Stoffmenge:

$$n_{\mathrm{II}}(\mathrm{HAc}) = 92{,}6\ \mathrm{mmol} \cdot \mathrm{l}^{-1} \cdot 0{,}05\,\mathrm{l} = 4{,}63\ \mathrm{mmol}$$

Das entspricht 18,5 % der ursprünglichen Stoffmenge.

b) Extraktion mit jeweils 50 ml Wasser:

1. Schritt:

$$c_{\mathrm{II},\,1} = \frac{25\ \mathrm{mmol}}{(1{,}1 \cdot 0{,}05 + 0{,}05)\,\mathrm{l}} = \frac{25\ \mathrm{mmol}}{0{,}105\,\mathrm{l}} = 238\ \mathrm{mmol} \cdot \mathrm{l}^{-1}$$

$$\hat{=} \ n_{\mathrm{II}}(\mathrm{HAc}) = 238\ \mathrm{mmol} \cdot \mathrm{l}^{-1} \cdot 0{,}05\ \mathrm{mol}$$

$$= 11{,}9\ \mathrm{mmol}$$

2. Schritt:

$$c_{\mathrm{II},\,2} = \frac{11{,}9\ \mathrm{mmol}}{0{,}105\,\mathrm{l}} = 113\ \mathrm{mmol} \cdot \mathrm{l}^{-1}$$

$$\hat{=} \ n_{\mathrm{II}}(\mathrm{HAc}) = 5{,}65\ \mathrm{mmol}$$

3. Schritt:

$$c_{\mathrm{II},\,3} = \frac{5{,}65\ \mathrm{mmol}}{0{,}105\,\mathrm{l}} = 54\ \mathrm{mmol} \cdot \mathrm{l}^{-1}$$

$$\hat{=} \ n_{\mathrm{II}}(\mathrm{HAc}) = 2{,}7\ \mathrm{mmol}$$

4. Schritt:

$$c_{\mathrm{II},\,4} = \frac{2{,}7\ \mathrm{mmol}}{0{,}105\,\mathrm{l}} = 26\ \mathrm{mmol} \cdot \mathrm{l}^{-1}$$

$$\hat{=} \ n_{\mathrm{II}}(\mathrm{HAc}) = 1{,}3\ \mathrm{mmol}$$

Das entspricht 5,2 % der ursprünglichen Stoffmenge.

c) Bei sehr kleinen Konzentrationen ist in der wässerigen Lösung ein merklicher Anteil der Essigsäure dissoziiert. Die dabei gebildeten Ionen verringern zusätzlich den Essigsäure-Anteil der organischen Phase.

Gekoppelte Gleichgewichte

5.29 a) $CuCl(s) \rightleftharpoons Cu^+(aq) + Cl^-(aq)$

$K_L = c(Cu^+) \cdot c(Cl^-) = 10^{-7,4} \; mol^2 \cdot l^{-2} = 4 \cdot 10^{-8} \; mol^2 \cdot l^{-2}$

$c(Cu^+) = c(Cl^-)$

$c(Cu^+) = \sqrt{K_L} = 2 \cdot 10^{-4} \; mol \cdot l^{-1}$

$CuBr(s) \rightleftharpoons Cu^+(aq) + Br^-(aq)$

$K_L = c(Cu^+) \cdot c(Br^-) = 10^{-8,3} \; mol^2 \cdot l^{-2} = 5 \cdot 10^{-9} \; mol^2 \cdot l^{-2}$

$c(Cu^+) = c(Br^-)$

$c(Cu^+) = \sqrt{K_L} = 7,1 \cdot 10^{-5} \; mol \cdot l^{-1}$

b) In einer gesättigten Lösung, die sowohl CuCl als auch CuBr als Bodenkörper enthält, gelten die Beziehungen für die Löslichkeitsprodukte der beiden Verbindungen in gleicher Weise:

$CuCl(s) \rightleftharpoons Cu^+(aq) + Cl^-(aq)$

$K_L(CuCl) = c(Cu^+) \cdot c(Cl^-) = 10^{-7,4} \; mol^2 \cdot l^{-2} = 4 \cdot 10^{-8} \; mol^2 \cdot l^{-2}$

$CuBr(s) \rightleftharpoons Cu^+(aq) + Br^-(aq);$

$K_L(CuBr) = c(Cu^+) \cdot c(Br^-) = 10^{-8,3} \; mol^2 \cdot l^{-2} = 5 \cdot 10^{-9} \; mol^2 \cdot l^{-2}$

Die Lösung enthält Cu^+-, Cl^-- und Br^--Ionen. Zur Berechnung der Konzentration dieser drei Ionen werden drei voneinander unabhängige Gleichungen benötigt. Zwei davon sind die beiden Löslichkeitsprodukte. Die dritte ergibt sich aus der Elektroneutralitätsbedingung. Danach muss die Konzentration der Kupfer-Ionen gleich der Summe der Konzentration der Chlorid- und der Bromid-Ionen sein:

$c(Cu^+) = c(Cl^-) + c(Br^-)$

$c(Cu^+) = \dfrac{K_L(CuCl)}{c(Cu^+)} + \dfrac{K_L(CuBr)}{c(Cu^+)}$

$c^2(Cu^+) = K_L(CuCl) + K_L(CuBr)$

$= 4 \cdot 10^{-8} \; mol^2 \cdot l^{-2} + 5 \cdot 10^{-9} \; mol^2 \cdot l^{-2} = 4,5 \cdot 10^{-8} \; mol^2 \cdot l^{-2}$

$c(Cu^+) = 2,1 \cdot 10^{-4} \; mol \cdot l^{-1}$

Die Konzentrationen der Halogenid-Ionen ergeben sich aus

der berechneten Konzentration der Kupfer-Ionen und dem jeweiligen Löslichkeitsprodukt:

$$c(\text{Cl}^-) = \frac{4 \cdot 10^{-8} \text{ mol}^2 \cdot \text{l}^{-2}}{2,1 \cdot 10^{-4} \text{ mol} \cdot \text{l}^{-1}} = 1,9 \cdot 10^{-4} \text{ mol} \cdot \text{l}^{-1}$$

$$c(\text{Br}^-) = \frac{5 \cdot 10^{-9} \text{ mol}^2 \cdot \text{l}^{-2}}{2,1 \cdot 10^{-4} \text{ mol} \cdot \text{l}^{-1}} = 2,4 \cdot 10^{-5} \text{ mol} \cdot \text{l}^{-1}$$

5.30 Neben dem Löslichkeitsgleichgewicht des Silberchlorids ist auch das Komplexbildungsgleichgewicht zu berücksichtigen.

$$\text{AgCl(s)} \rightleftharpoons \text{Ag}^+ \text{(aq)} + \text{Cl}^- \text{(aq)}$$

$$K_\text{L} = c(\text{Ag}^+) \cdot c(\text{Cl}^-) = 2 \cdot 10^{-10} \text{ mol}^2 \cdot \text{l}^{-2}$$

$$\text{Ag}^+ \text{(aq)} + 2\,\text{Cl}^- \text{(aq)} \rightleftharpoons [\text{AgCl}_2]^- \text{(aq)}$$

$$\beta_2 = \frac{c([\text{AgCl}_2]^-)}{c(\text{Ag}^+) \cdot c^2(\text{Cl}^-)} = 1,5 \cdot 10^5 \text{ mol}^{-2} \cdot \text{l}^2$$

Es sind also die Konzentrationen der Ag$^+$-, der Cl$^-$- und der [AgCl$_2$]$^-$-Ionen zu berechnen. Dies gelingt durch Aufstellen und Lösen eines Systems von drei unabhängigen Gleichungen. Zwei dieser drei Gleichungen sind die angegebenen Gleichgewichtskonstanten. Die dritte Gleichung ergibt sich aus der Elektroneutralitätsbedingung. Hier ist auch das Na$^+$-Ion zu berücksichtigen, das an der Reaktion nicht teilnimmt; die Konzentration des Na$^+$-Ions bleibt also unverändert und beträgt $c(\text{Na}^+) = 0{,}1$ mol$\cdot$l^{-1}.

$$c(\text{Na}^+) + c(\text{Ag}^+) = c(\text{Cl}^-) + c([\text{AgCl}_2]^-)$$

Durch Substitution und Umformen erhält man folgende Beziehungen:

$$c(\text{Na}^+) + c(\text{Ag}^+) = \frac{K_\text{L}}{c(\text{Ag}^+)} + \beta_2 \cdot c(\text{Ag}^+) \cdot c^2(\text{Cl}^-)$$

$$c(\text{Na}^+) + c(\text{Ag}^+) = \frac{K_\text{L}}{c(\text{Ag}^+)} + \frac{\beta_2 \cdot K_\text{L}^2}{c(\text{Ag}^+)}$$

$$\left(c(\text{Na}^+) + c(\text{Ag}^+)\right) \cdot c(\text{Ag}^+) = K_\text{L} + \beta_2 \cdot K_\text{L}^2$$

Der zweite Term auf der rechten Seite ($\beta_2 \cdot K_\text{L}^2$) ergibt einen wesentlich kleineren Wert als der erste. Er wird deshalb im

Die berechneten Zahlenwerte zeigen, dass die Konzentration der Kupfer-Ionen keineswegs gleich der Summe der Konzentrationen in einer gesättigten CuCl- und CuBr-Lösung ist ($2 \cdot 10^{-4}$ mol$\cdot$l^{-1} + $7{,}1 \cdot 10^{-5}$ mol$\cdot$l^{-1} = $2{,}71 \cdot 10^{-4}$ mol$\cdot$l^{-1}). Der berechnete Wert von $2{,}1 \cdot 10^{-4}$ mol$\cdot$l^{-1} ist deshalb geringer, weil es zu einer gegenseitigen Beeinflussung der Löslichkeiten kommt (Löslichkeitsverminderung durch gleichionigen Zusatz). Eine solche Beeinflussung tritt immer dann auf, wenn zwei Salze ein Ion (Kation oder Anion) gemeinsam haben.

In diesem Fall müssen ausnahmsweise sämtliche Nachkommastellen, die der Taschenrechner anzeigt, berücksichtigt werden, da das Ergebnis die Differenz zweier fast gleich großer Zahlen ist.

Bei sehr niedriger Chlorid-Ionen-Konzentration wird die Löslichkeit des Silberchlorids im Wesentlichen durch das Löslichkeitsprodukt bestimmt. Durch den gleichionigen Zusatz sinkt die Löslichkeit bei Zugabe von Chlorid-Ionen. Oberhalb einer Chlorid-Ionen-Konzentration von etwa 10^{-3} mol·l^{-1} beginnt die Komplexbildung in merklichem Umfang, die dann bei noch größerer Chlorid-Ionen-Konzen-tration die Löslichkeit stark vergrößert. Die Löslichkeit von Silberchlorid als Funktion der Chlorid-Ionen-Konzentration durchläuft also ein Minimum (📖 9.2).

Dass sich schwerlösliche Niederschläge in einem Überschuss des Fällungsreagenzes wieder auflösen, ist kein so seltener Fall. Ein bekanntes Beispiel ist die Fällung von schwerlöslichem Aluminiumhydroxid und die Bildung des leichtlöslichen Tetrahydroxoaluminats:

$$Al^{3+}(aq) + 3\,OH^-(aq)$$
$$\rightleftharpoons Al(OH)_3(s)$$
$$Al(OH)_3(s) + OH^-(aq)$$
$$\rightleftharpoons [Al(OH)_4]^-(aq)$$

Die Konkurrenz zwischen dem Löslichkeits- und dem Komplexbildungsgleichgewicht bestimmt auch hier die Gesamtlöslichkeit.

Folgenden nicht berücksichtigt, um die Berechnung übersichtlicher zu gestalten:

$$c^2(Ag^+) + c(Na^+) \cdot c(Ag^+) - 2 \cdot 10^{-10}\ mol^2 \cdot l^{-2} = 0$$

Diese Gleichung 2. Grades wird nun mittels der p/q-Formel unter Berücksichtigung von $c(Na^+) = 0{,}1$ mol·l^{-1} gelöst:

$$c_{1,2}(Ag^+) = -\frac{0{,}1\,mol \cdot l^{-1}}{2}$$
$$\pm \sqrt{(0{,}05)^2\ mol^2 \cdot l^{-2} + 2 \cdot 10^{-10}\ mol^2 \cdot l^{-2}}$$

$$c(Ag^+) = -0{,}05\,mol \cdot l^{-1} + 0{,}050\,000\,002\ mol \cdot l^{-1}$$
$$= 2 \cdot 10^{-9}\ mol \cdot l^{-1}$$

Mithilfe der oben aufgeführten Massenwirkungsbeziehungen lassen sich aus der so berechneten Silber-Ionen-Konzentration die Konzentration der Chlorid-Ionen und der Komplex-Ionen berechnen:

$$c(Cl^-) = \frac{K_L}{c(Ag^+)} = \frac{2 \cdot 10^{-10}\ mol^2 \cdot l^{-2}}{2 \cdot 10^{-9}\ mol \cdot l^{-1}} = 0{,}1\,mol \cdot l^{-1}$$
$$c([AgCl_2]^-) = \beta_2 \cdot c(Ag^+) \cdot c^2(Cl^-)$$
$$= 1{,}5 \cdot 10^5\ mol^{-2} \cdot l^2 \cdot 2 \cdot 10^{-9}\ mol \cdot l^{-1} \cdot 0{,}1^2\ mol^2 \cdot l^{-2}$$
$$= 3 \cdot 10^{-6}\ mol \cdot l^{-1}$$

Die gesamte Löslichkeit von Silberchlorid ist gleich der Summe der Konzentrationen der Ag$^+$-Ionen und der [AgCl$_2$]$^-$-Ionen:

$$c_{gesamt}(Ag^+) = c(Ag^+) + c([AgCl_2]^-)$$
$$= 2 \cdot 10^{-9}\ mol \cdot l^{-1} + 3 \cdot 10^{-6}\ mol \cdot l^{-1}$$
$$= 3{,}002 \cdot 10^{-6}\ mol \cdot l^{-1}$$

Die Löslichkeit wird durch die Bildung des Komplexes um den Faktor 1500 vergrößert.

5.31 Man löse den Term für β_2 nach $c(NH_3)$ auf und setze die entsprechenden Werte ein:

$$c([Ag(NH_3)_2]^+) = 10^{-1}\ mol \cdot l^{-1}$$
$$c(Ag^+) = 2 \cdot 10^{-10}\ mol \cdot l^{-1}$$

$$c(\text{NH}_3) = \sqrt{\frac{c([\text{Ag}(\text{NH}_3)_2]^+)}{c(\text{Ag}^+)\cdot\beta_2}}$$

$$= \sqrt{\frac{10^{-1}}{2\cdot 10^{-10}\cdot 1,6\cdot 10^7}}\ \text{mol}\cdot\text{l}^{-1} \approx 5,6\,\text{mol}\cdot\text{l}^{-1}$$

In einem Liter der Chlorid-Lösung müssen also etwa 5,6 mol NH_3 enthalten sein, damit sich 0,1 mol AgCl lösen.

5.32 Die Berechnung des pH-Werts der Lösung einer zweiprotonigen Säure H_2A ist nicht ganz einfach. Der allgemeine Lösungsansatz berücksichtigt zunächst die Gleichgewichtskonstanten für die beiden Protolysestufen:

$$\text{H}_2\text{A(aq)} \;\rightleftharpoons\; \text{H}^+(\text{aq}) + \text{HA}^-(\text{aq})$$

$$K_{\text{S1}} = \frac{c(\text{H}^+)\cdot c(\text{HA}^-)}{c(\text{H}_2\text{A})}$$

$$\text{HA}^-(\text{aq}) \;\rightleftharpoons\; \text{H}^+(\text{aq}) + \text{A}^{2-}(\text{aq})$$

$$K_{\text{S2}} = \frac{c(\text{H}^+)\cdot c(\text{A}^{2-})}{c(\text{HA}^-)}$$

Hier bedeutet $c_0(\text{H}_2\text{A})$ die Anfangskonzentration der Säure. $c(\text{H}_2\text{A})$, $c(\text{HA}^-)$ und $c(\text{A}^{2-})$ sind die Gleichgewichtskonzentrationen der entsprechenden Spezies.

Zur Berechnung der insgesamt vier unbekannten Größen $c(\text{H}^+)$, $c(\text{H}_2\text{A})$, $c(\text{HA}^-)$ und $c(\text{A}^{2-})$ werden also zwei weitere Gleichungen benötigt. Eine dieser beiden Gleichungen drückt die Erhaltung der eingesetzten Stoffmenge aus:

$$c_0(\text{H}_2\text{A}) = c(\text{H}_2\text{A}) + c(\text{HA}^-) + c(\text{A}^{2-})$$

Zusätzlich gilt die Elektroneutralitätsbedingung:

$$c(\text{H}^+) = c(\text{HA}^-) + 2\cdot c(\text{A}^{2-})$$

Der Faktor 2 vor $c(\text{A}^{2-})$ berücksichtigt die Tatsache, dass die Ladung des A^{2-}-Ions doppelt so groß ist wie die des HA^--Ions.

Die exakte Lösung diese Systems von vier Gleichungen mit vier Unbekannten ist relativ aufwändig und soll hier nicht vorgeführt werden.

Verwendet man den für Schwefelsäure in manchen Büchern angegebenen Wert $K_{S1} = 1000$, ergeben sich bei $c_0(H_2SO_4) = 0,1\ \text{mol}\cdot l^{-1}$ folgende Werte für die Konzentrationen der vier Spezies:

$$c(H^+) = 0,1175\ \text{mol}\cdot l^{-1} \qquad (\text{pH} = 0,93)$$

$$c(H_2SO_4) = 9,7\cdot 10^{-6}\ \text{mol}\cdot l^{-1}$$

$$c(HSO_4^-) = 8,25\cdot 10^{-2}\ \text{mol}\cdot l^{-1}$$

$$c(SO_4^{2-}) = 1,75\cdot 10^{-2}\ \text{mol}\cdot l^{-1}$$

Erwartungsgemäß ist die berechnete Konzentration der H_2SO_4-Moleküle äußerst gering.

Näherungslösung: Zu praktisch denselben Werten gelangt man, wenn man annimmt, dass die Protolyse in der ersten Stufe vollständig erfolgt. Die für K_{S1} formulierte Beziehung entfällt dann und in der Stoffmengenbeziehung wird die im Gleichgewicht vorliegende Konzentration der undissoziierten Säure H_2A gleich null gesetzt:

$$c_0(H_2SO_4) = c(HSO_4^-) + c(SO_4^{2-})$$

Die Aufgabe lässt sich dann folgendermaßen lösen:

$$K_{S2} = \frac{c(H^+)\cdot c(SO_4^{2-})}{c(HSO_4^-)}$$

Zu beachten ist dabei, dass $c(H^+)$ die gesamte H^+-Konzentration ist. Diese ist gleich der Summe der H^+-Konzentrationen aus erster und zweiter Protolysestufe. Bezeichnet man den Teil der H^+-Konzentration aus der zweiten Protolysestufe mit $c_2(H^+)$, ergibt sich folgender Ausdruck:

$$K_{S2} = \frac{\left(c_0(H_2SO_4) + c_2(H^+)\right)\cdot c(SO_4^{2-})}{c(HSO_4^-)}$$

Bei der Protolyse des Hydrogensulfat-Ions werden H^+- und SO_4^{2-}-Ionen in gleichen Anteilen gebildet. Es gilt also:

$$c_2(H^+) = c(SO_4^{2-})$$

Ersetzt man $c(HSO_4^-)$ durch $c_0(H_2SO_4) - c(SO_4^{2-})$ bzw. $c_0(H_2SO_4) - c_2(H^+)$, so ergibt sich daraus:

Die hier verwendete Beziehung $c_2(H^+) = c(A^{2-})$ ist nichts anderes als die Elektroneutralitätsbedingung für die zweite Protolysestufe. Dies wird deutlich, wenn man bedenkt, dass in dieser Näherung die erste Protolysestufe als vollständig angenommen wird:

$$H_2A(aq) \rightarrow H^+(aq) + HA^-(aq)$$

Die Konzentration der so gebildeten H^+-Ionen und die Anfangskonzentration der (im zweiten Protolyseschritt weiter in H^+- und A^{2-}-Ionen zerfallenden) HA^--Ionen sind somit gleich $c_0(H_2A)$.

$$K_{S2} = \frac{\left(c_0(H_2SO_4) \cdot c_2(H^+)\right) \cdot c_2(H^+)}{c_0(H_2SO_4) - c_2(H^+)}$$

$$K_{S2} \cdot c_0(H_2SO_4) - K_{S2} \cdot c_2(H^+)$$
$$= c_0(H_2SO_4) \cdot c_2(H^+) + c_2^2(H^+)$$

$$c_2^2(H^+) + \left(K_{S2} + c_0(H_2SO_4)\right) \cdot c_2(H^+)$$
$$- K_{S2} \cdot c_0(H_2SO_4) = 0$$

$$c_2(H^+) = -\frac{(0{,}1 + 0{,}025)\,\text{mol} \cdot l^{-1}}{2}$$
$$\pm \sqrt{(0{,}0625^2 + 2{,}5 \cdot 10^{-3})\,\text{mol}^2 \cdot l^{-2}}$$

$$c_2(H^+) = -0{,}0625\,\text{mol} \cdot l^{-1} + 0{,}08\,\text{mol} \cdot l^{-1} = 0{,}0175\,\text{mol} \cdot l^{-1}$$

Die gesamte H^+-Konzentration beträgt demnach:

$$c_0(H_2SO_4) + c_2(H^+) = (0{,}1 + 0{,}0175)\ \text{mol} \cdot l^{-1} = 0{,}1175\ \text{mol} \cdot l^{-1}$$

Dies entspricht einem pH-Wert von 0,93. Wir erhalten also dasselbe Ergebnis wie bei der exakten Lösung.

Damit ergibt sich als Gesamtbilanz folgender Ausdruck:

$$c_0(H_2A) + c_2(H^+) = c(H^+)$$
$$= c_0(HA^-) + c(A^{2-})$$
$$c_0(HA^-) = c(HA^-) + c(A^{2-})$$

Das entspricht der Elektroneutralitätsbedingung für das gesamte Reaktionsgeschehen:

$$c(H^+) = c(HA^-) + 2 \cdot c(A^{2-})$$

6 Säure/Base-Reaktionen in wässeriger Lösung

Säure/Base-Definitionen

Im Einführungsbereich der Chemie stehen Säure/Base-Reaktionen in wässeriger Lösung stark im Vordergrund. Für die Beschreibung legt man dabei meist das *Brønsted-Konzept* zugrunde, das prinzipiell auch auf Reaktionen in wasserfreien Systemen anwendbar ist. Vielfach werden aber auch heute noch Formulierungen verwendet, die dem älteren – nur auf wässerige Lösungen bezogenen – *Arrhenius-Konzept* entsprechen.

Definition nach Arrhenius Eine **Säure** ist ein Stoff, der in wässeriger Lösung in positiv geladene *Wasserstoff-Ionen* und negativ geladene Säurerest-Ionen zerfällt (dissoziiert). Die Lösung reagiert *sauer* aufgrund der erhöhten Konzentration an (hydratisierten) Wasserstoff-Ionen ($H^+(aq)$).
Eine **Base** ist ein Stoff, der in wässeriger Lösung positiv geladene Baserest-Ionen und negativ geladene *Hydroxid-Ionen* bildet. Die Lösung reagiert *alkalisch* aufgrund der erhöhten Konzentration an Hydroxid-Ionen ($OH^-(aq)$).

Definition nach Brønsted Eine **Säure** (HA) ist ein *Teilchen*, das als *Protonendonator* reagieren kann. Eine **Base** (B) ist dementsprechend ein *Protonenakzeptor*.
Zwei Teilchen, die sich um ein Proton unterscheiden, bilden jeweils ein *konjugiertes Säure/Base-Paar*: HA/A^- bzw. HB^+/B

Eine **Säure/Base-Reaktion** nach Brønsted entspricht einer *Protonenübertragung* oder **Protolyse**.
Grundsätzlich handelt es sich dabei um eine Gleichgewichtsreaktion, an der stets zwei konjugierte Säure/Base-Paare (HA/A^- und HB^+/B) beteiligt sind:

$$HA + B \;\rightleftharpoons\; A^- + HB^+$$

Säure 1   Base 2   Base 1   Säure 2

Für die Reaktion einer Säure HA mit Wasser ergibt sich damit folgende Gleichung:

$$HA(aq) + H_2O(l) \;\rightleftharpoons\; H_3O^+(aq) + A^-(aq)$$

Die saure Reaktion der Lösung beruht demnach auf der Bildung von H_3O^+-Ionen.

Die in wässeriger Lösung vorliegenden *hydratisierten* H_3O^+-Ionen sind insgesamt gesehen aber nichts anderes als hydratisierte Protonen. Unabhängig von der Schreibweise ($H^+(aq)$, $H_3O^+(aq)$) spricht man deshalb von **Hydronium-Ionen**.

Autoprotolyse und pH-Wert

Reines Wasser enthält bei 25 °C H_3O^+-Ionen und OH^--Ionen mit einer Konzentration von $10^{-7}\,mol \cdot l^{-1}$. Dementsprechend gilt für das **Ionenprodukt** K_W des Wassers bei 25 °C:

$$K_W = c(H_3O^+) \cdot c(OH^-) = 10^{-14}\,mol^2 \cdot l^{-2}$$

Konzentrationen von Hydronium-Ionen in

verdünnten wässerigen Lösungen werden häufig als *pH-Wert* angegeben. Dabei handelt es sich um den negativen Zehnerlogarithmus des Zahlenwerts der Konzentration:

$$pH = -\lg \frac{c(H_3O^+)}{mol \cdot l^{-1}}$$

Ganz entsprechend kann die Konzentration der OH^--Ionen als pOH-Wert angegeben werden:

$$pOH = -\lg \frac{c(OH^-)}{mol \cdot l^{-1}}$$

Dem Ionenprodukt des Wassers entsprechend gilt damit (bei 25 °C) für verdünnte saure und alkalische Lösungen allgemein:

$$pH + pOH = 14 \; (= pK_W)$$

Für *neutrale* Lösungen gilt: pH = 7
Bei *sauren* Lösungen ($c(H_3O^+) > 10^{-7}$ mol·l^{-1}) ist pH < 7, entsprechend ist bei *alkalischen* Lösungen ($c(H_3O^+) < 10^{-7}$ mol·l^{-1}) pH > 7.

Beschreibung der Stärke von Säuren und Basen

Eine *Brønsted-Säure* **HA** bezeichnet man als **sehr stark**, wenn die Protolyse in verdünnter wässeriger Lösung praktisch vollständig abläuft:

$$HA(aq) + H_2O(l) \rightarrow H_3O^+(aq) + A^-(aq)$$

Die Konzentration der Hydronium-Ionen ist damit gleich der Ausgangskonzentration der Säure:

$$c(H_3O^+) = c_0(HA)$$

$$\Rightarrow pH = -\lg \frac{c_0(HA)}{mol \cdot l^{-1}}$$

Bei sehr starken Brønsted-*Basen* handelt es sich um Teilchen, die durch Wasser praktisch vollständig in die konjugierte Säure überführt werden:

$$A^-(aq) + H_2O(l) \rightarrow HA(aq) + OH^-(aq)$$

Die Konzentration der gebildeten OH^--Ionen ist damit gleich der Anfangskonzentration der Base:

$$c(OH^-) = c_0(A^-)$$

$$\Rightarrow pOH = -\lg \frac{c_0(A^-)}{mol \cdot l^{-1}} \quad pH = 14 - pOH$$

Säurekonstante K_S und Basenkonstante K_B
In den meisten Fällen verlaufen Protolyse-Reaktionen unvollständig. Die Lage des Gleichgewichts wird dann durch die *Säurekonstante K_S* bzw. die *Basenkonstante K_B* beschrieben. Diese Werte lassen sich formal als Produkt der Gleichgewichtskonstanten K des Protolysegleichgewichts und der (praktisch) konstanten Konzentration des Wassers auffassen:

$$HA(aq) + H_2O(l) \rightleftharpoons H_3O^+(aq) + A^-(aq)$$

$$K_S = K \cdot c(H_2O) = \frac{c(H_3O^+) \cdot c(A^-)}{c(HA)}$$

$$A^-(aq) + H_2O(l) \rightleftharpoons HA(aq) + OH^-(aq)$$

$$K_B = K \cdot c(H_2O) = \frac{c(HA) \cdot c(OH^-)}{c(A^-)}$$

In Berechnungen verwendet man statt des K_S- und des K_B-Werts häufig die negativen Logarithmen der Zahlenwerte (pK_S bzw. pK_B):

$$pK_S = -\lg \frac{K_S}{mol \cdot l^{-1}}; \quad pK_B = -\lg \frac{K_B}{mol \cdot l^{-1}}$$

$$pK_S(HA) + pK_B(A^-) = 14 \quad (bei\ 25\ °C)$$

Aufgrund dieses Zusammenhangs ergeben sich die folgenden Beziehungen zwischen Säurestärke und Basenstärke konjugierter Säure/Base-Paare:

Säure(HA)	pK_S	pK_B	Base(A$^-$)
stark	0-3	11-14	sehr schwach
mittelstark	3-7	7-11	schwach
schwach	7-11	3-7	mittelstark
sehr schwach	11-14	0-3	stark

Berechnung von pH-Werten

Näherungslösung Viele Säuren und Basen reagieren mit Wasser nur zu einem geringen Anteil. Die Ausgangskonzentration $c_0(HA)$ bzw. $c_0(A^-)$ wird also durch die Einstellung des Protolysegleichgewichts nur wenig verändert. In diesen Fällen ergibt sich eine *Näherungslösung* über die Anwendung der folgenden Formeln:

$$pH = \frac{1}{2}\left(pK_S(HA) - \lg c_0(HA)\right)$$

$$pOH = \frac{1}{2}\left(pK_B(A^-) - \lg c_0(A^-)\right)$$

$$\Rightarrow pH = 14 - pOH$$

Die hier durch die Näherung $c(HA) = c_0(HA)$ (bzw. $c(A^-) = c_0(A^-)$) verursachten Fehler sind für alle Säuren mit $pK_S > \approx 3$ (bzw. Basen mit $pK_B > \approx 3$) praktisch vernachlässigbar, soweit $c_0 > 0{,}1$ mol·l^{-1} ist.

Exakte Berechnung Bei starken Säuren ($pK_S < 3$) und bei mittelstarken Säuren mit sehr geringer Konzentration muss berücksichtigt werden, dass die Gleichgewichtskonzentration von $c(HA)$ um den protolysierten Anteil von der Ausgangskonzentration abweicht:

$$c(HA) = c_0(HA) - c(H^+)$$

Die Berechnung von $c(H^+)$ mithilfe des K_S-Terms erfordert dann die Lösung einer quadratischen Gleichung:

$$c(H_3O^+) = -\frac{K_S}{2} + \sqrt{\frac{K_S^2}{4} + K_S \cdot c_0(HA)}$$

Ganz entsprechend ist bei der Berechnung von $c(OH^-)$ im Falle starker Basen ($pK_B < 3$) vorzugehen:

$$c(OH^-) = -\frac{K_B}{2} + \sqrt{\frac{K_B^2}{4} + K_B \cdot c_0(A^-)}$$

Puffersysteme

Lösungen, die ihren pH-Wert nur wenig ändern, wenn in begrenztem Maße Säuren oder Basen zugefügt werden, bezeichnet man als *Pufferlösungen*. Sie enthalten etwa gleiche Stoffmengen einer schwachen Säure(HA) und ihrer konjugierten Base(A$^-$).

Den pH-Wert von Pufferlösungen berechnet man mit der *Puffergleichung*:

$$pH = pK_S + \lg\frac{c(A^-)}{c(HA)}$$

Standard-Pufferlösungen zur Kalibrierung von Geräten zur pH-Messung enthalten oft die Brønsted-Säure und ihre konjugierte Base in gleicher Konzentration. In diesen Fällen gilt:

$$pH = pK_S$$

Beispiele:

- Essigsäure/Acetat-Puffer mit
  pH = pK_S(HAc) = 4,65

- Dihydrogenphosphat/Hydrogenphosphat-Puffer mit pH = pK_S(H$_2$PO$_4^-$) = 6,86

- Hydrogencarbonat/Carbonat-Puffer mit
  pH = pK_S(HCO$_3^-$) = 10,0

Hinweise

Konzentration oder Aktivität?

Bei der Messung des pH-Werts einer Lösung wird tatsächlich nicht die *Konzentration* der Hydronium-Ionen bestimmt, sondern ihre *Aktivität* $a(H^+)$. Die im Basiswissen mit Konzentrationen formulierten Zusammenhänge sind daher prinzipiell nur als Näherungen anzusehen. Abweichungen zwischen Messwert und dem mit Konzentrationen erhaltenen Rechenergebnis sind aber relativ gering und praktisch vernachlässigbar, wenn folgende Vorraussetzungen erfüllt sind:

• Der pH-Wert der Lösung liegt zwischen 2 und 12.

• Die Lösung enthält neben der Säure bzw. der Base, die den pH-Wert bestimmt, weitere Ionen nur in geringer Konzentration. (Schon zusätzliche Salzgehalte von $0{,}1\ \text{mol·l}^{-1}$ können den pH-Wert um 0,1 bis 0,5 Einheiten auf der pH-Skala verschieben.)

Damit ergeben sich folgende Konsequenzen:

• Rechenergebnisse für die pH-Werte von Lösungen sind mit höchstens *zwei* Nachkommastellen anzugeben.

• Bei pH-Werten unterhalb von 2 und oberhalb von 12 ist praktisch nur *eine* Nachkommastelle sinnvoll.

pH-Berechnungen für Lösungen sehr starker Säuren oder Basen mit höheren Konzentrationen ($c > 1\ \text{mol·l}^{-1}$) sind wenig sinnvoll, da Messwerte – abgesehen von den Schwierigkeiten einer korrekten Messung – erheblich abweichen.
Ähnliche Probleme ergeben sich bei verdünnten Lösungen von Säuren oder Basen, denen Salze in höherer Konzentration ($c > 0{,}1\ \text{mol·l}^{-1}$) zugesetzt werden.

Beispiele:
a) Für Salzsäure mit einer Konzentration von $10\ \text{mol·l}^{-1}$ (d. h. $c(H^+) = 10\ \text{mol·l}^{-1}$) ergäbe sich pH = −1. Tatsächlich wird pH = −1 schon bei einer Konzentration von $5\ \text{mol·l}^{-1}$ erreicht.
b) Löst man in Salzsäure mit einer Konzentration von $10^{-3}\ \text{mol·l}^{-1}$ (d. h. pH = 3) Lithiumchlorid in größerer Menge, so kann der pH-Wert bis auf 0 absinken.

Bemerkenswert ist, dass in diesen Fällen die den pH-Wert bestimmende *Aktivität* der Hydronium-Ionen *größer* ist, als die Konzentration; der pH-Wert liegt damit niedriger als der aus der Konzentration $c(H^+)$ berechnete Wert.

Die Ursache dafür lässt sich folgendermaßen erklären:
Aufgrund der hohen Ionenkonzentrationen ist ein großer Teil der Wasser-Moleküle in den Hydrathüllen gebunden. Bei der Ableitung der einfachen Beziehungen wurde aber vorausgesetzt, dass die Konzentration der Wasser-Moleküle in der Lösung praktisch mit der von reinem Wasser übereinstimmt. Thermodynamisch gesehen ist damit die Aktivität des Wassers $a(H_2O)$ in konzentrierten Lösungen deutlich kleiner als eins; die Aktivitätskoeffizienten für die am Säure/Base-Gleichgewicht beteiligten Ionen werden dementsprechend größer als eins.

Praxisnahe pK_S-Werte

In vielen Lehrbüchern und Datensammlungen werden lediglich die sogenannten thermodynamischen pK_S-Werte angegeben. Die Zahlenwerte beziehen sich demnach auf Aktivitäten, die nur bei *idealen* Lösungen mit den Konzentrationen übereinstimmen würden. Die in der Praxis verwendeten sauren oder alkalischen Lösungen zeigen aber meist deutliche Abweichungen vom idealen Verhalten. So sind die Konzentrationen c_i der Ionen in verdünnten Lösungen größer als ihre Aktivitäten a_i.

Der Zusammenhang zwischen Konzentrationen c und Aktivitäten a wird mithilfe des Aktivitätskoeffizienten γ beschrieben:

$$a_i = \gamma_i \cdot c_i$$

In der Regel ist $\gamma < 1$. Mit zunehmender Verdünnung nähert sich γ dem Wert 1, der Unterschied zwischen Aktivität und Konzentration wird also geringer. 📖 9.2(Exkurs)

Beispiele:

$c(\text{HCl}) = 0,1 \ \text{mol·l}^{-1}$ $\text{pH} = 1,08 \Rightarrow \gamma = 0,83$

$c(\text{HCl}) = 0,01 \ \text{mol·l}^{-1}$ $\text{pH} = 2,04 \Rightarrow \gamma = 0,91$

$c(\text{HCl}) = 0,001 \ \text{mol·l}^{-1}$ $\text{pH} = 3,01 \Rightarrow \gamma = 0,97$

- Praktisch bedeutsame Abweichungen zwischen idealem und realem Verhalten zeigen sich bei Pufferlösungen, die als Standard-Pufferlösungen für die Kalibrierung von pH-Metern eingesetzt werden:

Ein Phosphat-Puffer, der $H_2PO_4^-$- und HPO_4^{2-}-Ionen mit gleicher Konzentration enthält (jeweils $0,025 \ \text{mol·l}^{-1}$) hat bei 25 °C einen pH-Wert von 6,865.

Die mit Konzentrationen formulierte Puffergleichung beschreibt diesen Sachverhalt nur korrekt, wenn man von $pK_S(H_2PO_4^-) = 6,865$ ausgeht. Dieser praxisgerechte „reale" Wert unterscheidet sich beträchtlich von dem thermodynamischen Wert:

$$pK_S(H_2PO_4^-) = 7,21$$

Berechnungen mit diesem Wert erfordern prinzipiell die Berücksichtigung der Aktivitätskoeffizienten 📖 10,3 (Pufferlösungen in der Praxis).

Für den Fall der beschriebenen Pufferlösung haben die Aktivitätskoeffizienten folgende Werte 📖 9.2(Exkurs):

$$\gamma(H_2PO_4^-) = 0,770$$
$$\gamma(HPO_4^{2-}) = 0,355$$

Damit ergibt sich:

$$\text{pH} = 7,21 + \lg\frac{0,355 \cdot 0,025}{0,770 \cdot 0,025}$$
$$= 7,21 - 0,34 = 6,87$$

- Einfache pH-Berechungen mithilfe der Puffergleichung erfordern die Verwendung der realen pK_S-Werte. Diese Werte sind im Anhang zusätzlich zu den thermodynamischen Werten angegeben.

- In den Lösungen zu den Aufgaben wird grundsätzlich mit den realen pK_S-Werten gerechnet. Dabei wird in Kauf genommen, dass in Einzelfällen der berechnete Wert etwas stärker vom Messwert abweicht als bei einer Berechnung mit dem thermodynamischen pK_S-Wert. Fälle dieser Art sind pH-Berechnungen für reine wässerige Lösungen stark verdünnter Säuren und Basen ($c < 10^{-2} \ \text{mol·l}^{-1}$).

Aufgaben

6.1 Aus 35 ml reiner Essigsäure (Ethansäure) wird ein Liter einer wässerigen Lösung hergestellt.

ϱ(Ethansäure) = 1,044 g·ml^{-1}

Berechnen Sie den pH-Wert der Ethansäure-Lösung.

6.2 5,0 l Schwefeldioxid-Gas $(p = 1013$ hPa, $\vartheta = 25\ °C)$ werden in Wasser gelöst und auf einen Liter aufgefüllt. Welcher pH-Wert stellt sich ein?

6.3 a) Welchen pH-Wert hat eine wässerige Ammoniak-Lösung mit der Konzentration $c_0(NH_3) = 0{,}1$ mol·l^{-1}?

b) Beim „Springbrunnenversuch" mit Ammoniak löst sich ein Liter Gas in einem Liter Wasser. Welcher pH-Wert ergibt sich?

6.4 Werden 0,2 mol Propansäure (C_2H_5COOH) mit Wasser auf einen Liter aufgefüllt, so beträgt der pH-Wert 2,8. Berechnen Sie den pK_S-Wert der Propansäure.

6.5 Eine Natriumacetat-Lösung mit der Konzentration $c(CH_3COONa) = 0{,}1$ mol·l^{-1} hat den pH-Wert 8,8. Berechnen Sie den pK_B-Wert der Acetat-Ionen.

6.6 Eine verdünnte Essigsäure (CH_3COOH) hat den pH-Wert 2,6. Berechnen Sie die Ausgangskonzentration $c_0(CH_3COOH)$.

6.7 Wo steckt der Fehler?

a) Der pH-Wert einer Flusssäure-Lösung mit der Konzentration $c_0(HF) = 10^{-4}$ mol·l^{-1} wurde über die folgende Beziehung mit 3,6 berechnet:

$$pH = \frac{1}{2}\left(pK_S - \lg c_0(HF)\right)$$

Die Lösung scheint also stärker sauer zu sein als Salzsäure mit derselben Konzentration.

b) Salzsäure mit der Konzentration $c(HCl) = 10^{-8}$ mol·l^{-1} sollte den pH-Wert 8 haben. Sie wäre demnach alkalisch.

6.8 Im Blut spielt der Kohlensäure/Hydrogencarbonat-Puffer eine große Rolle:

$pK_S(CO_2/HCO_3^-) = 6{,}1$ bei $37\ °C$

Für die Summe der Konzentrationen im Blut gilt:

$$c(CO_2) + c(HCO_3^-) = 24 \cdot 10^{-3}\ \text{mol} \cdot \text{l}^{-1}$$

a) In welchem Konzentrationsverhältnis sind CO_2 und HCO_3^- im Blut vorhanden, wenn der pH-Wert 7,4 beträgt?

b) Bei starker Muskeltätigkeit wird Milchsäure ($pK_S = 3{,}86$) erzeugt. Wie ändert sich der pH-Wert des Blutes, wenn 6 mmol Milchsäure von sechs Litern Blut aufgenommen werden?

6.9 Berechnen Sie den pH-Wert der folgenden Säurelösungen:

a) $HF(aq)$, $c = 1\ \text{mol} \cdot \text{l}^{-1}$

b) $HF(aq)$, $c = 10^{-3}\ \text{mol} \cdot \text{l}^{-1}$

Führen Sie zunächst eine exakte Berechnung (d. h. über die Lösung der entsprechenden quadratischen Gleichung) durch. Geben Sie jeweils den Protolysegrad an.

Wenden Sie dann die folgende häufig genutzte Näherung an:

$$\text{pH} = \frac{1}{2}\left(pK_S - \lg c_0(HA)\right)$$

Vergleichen Sie die Ergebnisse.

Hinweis: Da die Ionenkonzentrationen in den Lösungen relativ klein sind, kann hier der gerundete thermodynamische pK_S-Wert für HF eingesetzt werden: 3,2.

6.10 Eine Anleitung zur experimentellen Untersuchung des Estergleichgewichts enthält folgende Arbeitsschritte:

Zur Ermittlung des im Gleichgewichtszustand noch vorhandenen Essigsäureanteils soll ein Teil der erhaltenen Lösung mit NaOH-Maßlösung titriert werden. Als Indikator wird dabei Methylorange (Umschlagsbereich: pH = 3,1 – 4,4) vorgeschrieben.

a) Begründen Sie, warum hier die Verwendung von Methylorange nicht sinnvoll ist.
Nennen Sie einen geeigneten Indikator.

b) Welcher Anteil der in der untersuchten Lösung vorliegenden Essigsäure ist tatsächlich in Acetat-Ionen überführt, wenn der Farbumschlag des Indikators erfolgt ist?
Hinweis: Nehmen Sie Abbildung 10.2 im Lehrbuch zu Hilfe.

6.11 Welcher pH-Wert stellt sich ein, wenn man die für a) bis h) angegebene Lösung 1 mit der entsprechenden Lösung 2 mischt?
Prüfen Sie zunächst unter Berücksichtigung der in den

Lösungen enthaltenen Stoffmengen, ob die Mischung sauer oder alkalisch reagiert und ob es sich gegebenenfalls um ein Puffersystem handelt.

Berücksichtigen Sie für die Berechnung des pH-Werts sinnvolle Näherungen.

	Lösung 1
a	100 ml Salzsäure $(0{,}1\ mol\cdot l^{-1})$
b	50 ml Salzsäure $(0{,}05\ mol\cdot l^{-1})$
c	10 ml Salpetersäure $(0{,}1\ mol\cdot l^{-1})$
d	100 ml Essigsäure $(0{,}1\ mol\cdot l^{-1})$
e	50 ml Natronlauge $(0{,}05\ mol\cdot l^{-1})$
f	50 ml Natronlauge $(0{,}1\ mol\cdot l^{-1})$
g	50 ml Natronlauge $(0{,}1\ mol\cdot l^{-1})$
h	100 ml Ameisensäure $(0{,}1\ mol\cdot l^{-1})$

	Lösung 2
a	10 ml Natronlauge $(1\ mol\cdot l^{-1})$
b	20 ml $Ba(OH)_2$-Lsg. $(0{,}05\ mol\cdot l^{-1})$
c	30 ml Natronlauge $(0{,}05\ mol\cdot l^{-1})$
d	30 ml Salzsäure $(0{,}1\ mol\cdot l^{-1})$
e	50 ml Ammoniak $(0{,}1\ mol\cdot l^{-1})$
f	3 ml NH_4Cl-Lsg. $(1\ mol\cdot l^{-1})$
g	8 ml NH_4Cl-Lsg. $(1\ mol\cdot l^{-1})$
h	30 ml Natronlauge $(0{,}2\ mol\cdot l^{-1})$

6.12 Pb^{2+}-Ionen können aus einer Lösung praktisch vollständig als Blei(II)-sulfid ausgefällt werden, indem man Schwefelwasserstoff-Gas einleitet.

Welcher pH-Wert ergibt sich aufgrund der Reaktion, wenn man von folgenden Lösungen ausgeht?

a) Blei(II)-nitrat-Lösung $(c = 0{,}1\ mol\cdot l^{-1})$

b) Blei(II)-acetat-Lösung $(c = 0{,}05\ mol\cdot l^{-1})$

6.13 Ebenso wie Salicylsäure $(pK_S = 3{,}0)$ wird auch Acetylsalicylsäure (ASS, Aspirin) als Molekül über die Magenschleimhaut resorbiert. Beide Säuren haben ähnliche therapeutische Wirkungen, die Acetylsalicylsäure wird in den

Körperzellen relativ rasch unter Bildung von Salicylsäure hydrolysiert.

Ein wichtiger Vorteil für die Verwendung von Acetylsalicylsäure resultiert aus ihrer geringeren Säurestärke ($pK_S = 3{,}8$), die die Resorption als Molekül begünstigt.

Berechnen Sie für beide Säuren, in welchem Konzentrationsverhältnis das Molekül (HA) und das zugehörige Anion (A^-) beim pH-Wert des Magensaftes ($pH = 1{,}5$) vorliegt.

Hinweis: Benutzen Sie die Puffergleichung.

6.14 Zur Herstellung einer Pufferlösung, deren pH-Wert praktisch mit dem pH-Wert von Blut übereinstimmt, wird folgendes Rezept angegeben:

Man löse in 1 l Wasser 1,18 g KH_2PO_4 und 4,3 g Na_2HPO_4.

Berechnen Sie den pH-Wert dieser Lösung.

6.15 Eine bei Raumtemperatur gesättigte Lösung von Schwefelwasserstoff ($c(H_2S) = 0{,}1\ mol\cdot l^{-1}$) enthält Mn^{2+}-Ionen mit einer Konzentration von $10^{-4}\ mol\cdot l^{-1}$.

Wenn man durch Zusatz von NH_3-Lösung den pH-Wert erhöht, können die Mn^{2+}-Ionen weitgehend als MnS ausgefällt werden.

Berechnen Sie den pH-Wert, bei dem die Fällung beginnt.

6.16 Skizzieren Sie den Verlauf der Titrationskurven für die folgenden Fälle, indem Sie den pH-Wert gegen das Stoffmengen*verhältnis* auftragen.

Der Einfluss der bei der Titration auftretenden Volumenzunahme soll dabei unberücksichtigt bleiben.

a) Natronlauge ($0{,}1\ mol\cdot l^{-1}$)/Essigsäure

b) Ammoniak ($0{,}1\ mol\cdot l^{-1}$)/Salzsäure

c) Ammoniak ($0{,}1\ mol\cdot l^{-1}$)/Essigsäure

Berechnen Sie zunächst jeweils den pH-Wert der Probelösung („Anfangswert") sowie die pH-Werte bei folgenden Stoffmengenverhältnissen: 0,1; 0,5; 0,9; 1,1; 1,5 und 2,0.

Lösungen

6.1 $pK_S(HAc) = 4,65$ $m(HAc) = \varrho \cdot V$

$m(HAc) = 1,044 \ \text{g} \cdot \text{ml}^{-1} \cdot 35 \ \text{ml} = 36,54 \ \text{g}$

$n(HAc) = \dfrac{m(HAc)}{M(HAc)} = \dfrac{36,54 \ \text{g}}{60 \ \text{g} \cdot \text{mol}^{-1}} = 0,61 \ \text{mol}$

$c = \dfrac{n}{V} = \dfrac{0,61 \ \text{mol}}{1 \ \text{l}} = 0,61 \ \text{mol} \cdot \text{l}^{-1}$

$pH = \dfrac{1}{2}\left(pK_S - \lg c_0(HAc)\right) = 2,43$

6.2 $V(SO_2) = 5 \ \text{l}$

$n = \dfrac{V}{V_m} = \dfrac{5 \ \text{l}}{24 \ \text{l} \cdot \text{mol}^{-1}} = 0,21 \ \text{mol}$

Berechnung mit der Näherung für schwache Säuren:

$\left(pK_S(SO_2 + H_2O) = 1,8\right)$:

$pH = \dfrac{1}{2}\left(pK_S - \lg c_0(HA)\right) = 1,24$

Genauere Berechnung:

$c(HA) = c_0(HA) - c(H_3O^+)$

$c(H_3O^+) = x$

$K_S = 1,6 \cdot 10^{-2} \ \text{mol} \cdot \text{l}^{-1}$; $c_0 = 0,21 \ \text{mol} \cdot \text{l}^{-1}$

$K_S = \dfrac{x^2}{c_0 - x}$; $x^2 = c_0 \cdot K_S - K_S \cdot x$

$x^2 + K_S \cdot x - c_0 \cdot K_S = 0$

$x = 5 \cdot 10^{-2} \ \text{mol} \cdot \text{l}^{-1}$

$pH = 1,3$

6.3 a) $pK_B(NH_3) = 4,63$; $c_0(NH_3) = 0,1 \ \text{mol} \cdot \text{l}^{-1}$

$pOH = \dfrac{1}{2}\left(pK_B - \lg c_0(NH_3)\right) = 2,8$

$pH = 11,2$

b) $n = \dfrac{V}{V_m} = \dfrac{1 \ \text{l}}{24 \ \text{l} \cdot \text{mol}^{-1}} = 0,04 \ \text{mol}$

$c = \dfrac{n}{V} = \dfrac{0,04 \ \text{mol}}{1 \ \text{l}} = 0,04 \ \text{mol} \cdot \text{l}^{-1}$

Hinweis: Um Rechenschritte übersichtlicher zu gestalten, werden mehrfach kleinere Regelverstöße in Kauf genommen. So wird statt einer Konzentrationsgröße oft nur deren Zahlenwert notiert (z.B. „0,1" statt „0,1 mol·l⁻¹").

158

R steht in diesem Fall für den Ethylrest (-C_2H_5) des Moleküls.

$$pOH = \frac{1}{2}\left(pK_B - \lg c_0(NH_3)\right) = 3,0$$

$$pH = 11,0$$

6.4 $c_0(\text{Propansäure}) = 0,2 \ mol \cdot l^{-1}$

$$pH = 2,8$$

$$c(H_3O^+) = c(RCOO^-) = 10^{-2,8} \ mol \cdot l^{-1} = 1,6 \cdot 10^{-3} \ mol \cdot l^{-1}$$

$$c(RCOOH) = c_0(RCOOH) - c(RCOO^-) = 0,198 \ mol \cdot l^{-1}$$

$$K_S = \frac{c(H_3O^+) \cdot c(RCOO^-)}{c(RCOOH)} = \frac{(1,6 \cdot 10^{-3} \ mol \cdot l^{-1})^2}{0,198 \ mol \cdot l^{-1}}$$

$$K_S = 1,27 \cdot 10^{-5} \ mol \cdot l^{-1} \ ; \ pK_S = 4,9$$

6.5 $CH_3COO^-(aq) + H_2O(l) \ \rightleftharpoons \ CH_3COOH(aq) + OH^-(aq)$

$$K_B = \frac{c(CH_3COOH) \cdot c(OH^-)}{c(CH_3COO^-)}$$

$$pH = 8,8 \ ; \ pOH = pK_W - pH = 5,2$$

$$c(OH^-) = c(CH_3COOH) = 10^{-5,2} \ mol \cdot l^{-1}$$

$$c(CH_3COO^-) \approx c_0(CH_3COO^-) = 0,1 \ mol \cdot l^{-1}$$

$$K_B = \frac{(10^{-5,2} \ mol \cdot l^{-1})^2}{0,1 \ mol \cdot l^{-1}}$$

$$K_B = 4,0 \cdot 10^{-10} \ mol \cdot l^{-1} \ ; \ pK_B = 9,4$$

6.6 $CH_3COOH(aq) + H_2O(l) \rightleftharpoons CH_3COO^-(aq) + H_3O^+(aq)$

$$K_S = \frac{c(H_3O^+) \cdot c(CH_3COO^-)}{c(CH_3COOH)}$$

$$c(H_3O^+) = c(CH_3COO^-)$$

$$c(CH_3COOH) \approx c_0(CH_3COOH)$$

$$K_S = \frac{c^2(H_3O^+)}{c_0(CH_3COOH)} \ ; \ c_0(CH_3COOH) = \frac{c^2(H_3O^+)}{K_S}$$

$$c_0(CH_3COOH) = \frac{(10^{-2,6} \ mol \cdot l^{-1})^2}{10^{-4,65} \ mol \cdot l^{-1}} = 0,28 \ mol \cdot l^{-1}$$

6.7 a) Die verwendete Formel gilt nur, wenn der protolysierte Anteil relativ gering ist. Als mittelstarke Säure ($pK_S = 3,17$) ist Flusssäure bei der geringen Konzentration jedoch weitgehend protolysiert.

Richtiger Rechenweg:

$$c(H_3O^+) = c(F^-) = x$$

$$\Rightarrow c(HF) = c_0(HF) - x$$

Durch Einsetzen in den Term für K_S erhält man die folgende Beziehung:

$$\frac{x^2}{10^{-4} - x} = 10^{-3,17}$$

$$x^2 = 10^{-7,17} - 10^{-3,17} \cdot x$$

$$x^2 + 10^{-3,17} \cdot x - 10^{-7,17} = 0$$

$$x_{1,2} = -\frac{10^{-3,17}}{2} \pm \sqrt{\frac{(10^{-3,17})^2}{4} + 10^{-7,17}}$$

$$x = -10^{-3,47} + \sqrt{10^{-6,94} + 10^{-7,17}}$$

$$x = -3,39 \cdot 10^{-4} + \sqrt{(11,48 + 6,76) \cdot 10^{-8}}$$

$$x = -3,39 \cdot 10^{-4} + 4,27 \cdot 10^{-4}$$

$$x = 0,88 \cdot 10^{-4}$$

$$c(H_3O^+) = 8,8 \cdot 10^{-5} \; mol \cdot l^{-1} \quad \Rightarrow \quad pH = 4,05$$

b) Bei sehr kleinen Konzentrationen muss die Autoprotolyse des Wassers berücksichtigt werden. Die Salzsäure trägt zwar 10^{-8} mol·l^{-1} H_3O^+-Ionen bei. Reines Wasser enthält aber bereits 10^{-7} mol·l^{-1} H_3O^+-Ionen. Eine Addition der Konzentrationswerte führt zu: pH = 6,96.

Für eine exakte Berechnung muss man berücksichtigen, dass zur Einstellung des Gleichgewichts H_3O^+-Ionen mit OH^--Ionen reagieren. Das Ausmaß der Reaktion ist durch das Ionenprodukt des Wassers festgelegt:

$$(10^{-7} + 10^{-8} - x) \cdot (10^{-7} - x) \; mol^2 \cdot l^{-2} = 10^{-14} \; mol^2 \cdot l^{-2}$$

$$x = 0,05 \cdot 10^{-7} \quad \Rightarrow \quad c(H_3O^+) = 1,05 \cdot 10^{-7} \; mol \cdot l^{-1}$$

$$pH = 6,98$$

6.8 a) Aus der Puffergleichung erhält man:

$$\lg \frac{c(HCO_3^-)}{c(CO_2)} = pH - pK_S = 7,4 - 6,1 = 1,3$$

$$10^{1,3} = 20 \quad \Rightarrow \quad \frac{c(CO_2)}{c(HCO_3^-)} = \frac{1}{20}$$

Milchsäure:

$CH_3CH(OH)COOH$

(2-Hydroxypropansäure)

b) Konzentrationen im Puffer vor Zugabe der Milchsäure:

$$c(\text{Puffer}) = 24 \ \text{mmol} \cdot l^{-1} = c(CO_2) + c(HCO_3^-)$$
$$= c(CO_2) + 20 \cdot c(CO_2) = 21 \cdot c(CO_2)$$

$$c(CO_2) = 1{,}14 \ \text{mmol} \cdot l^{-1}$$

$$\Rightarrow \ c(HCO_3^-) = 20 \cdot c(CO_2) = 22{,}86 \ \text{mmol} \cdot l^{-1}$$

$$c(\text{Milchsäure}) = \frac{n}{V} = \frac{6 \ \text{mmol}}{6 \ l} = 1 \ \text{mmol} \cdot l^{-1}$$

Die Milchsäure wird in dem schwach alkalischen Medium praktisch vollständig neutralisiert.

Damit erhöht sich die CO_2-Konzentration entsprechend um $1 \ \text{mmol} \cdot l^{-1}$, während die HCO_3^--Konzentration um den gleichen Wert abnimmt:

$$pH = 6{,}1 + \lg \frac{22{,}86 - 1}{1{,}14 + 1} = 7{,}1$$

Der pH-Wert des Blutes ändert sich also nur wenig.
Gibt man die gleiche Menge Milchsäure in 6 l Wasser, ergibt sich ein pH-Wert von 3,5.

6.9 a) $c_0(HF) = 1 \ \text{mol} \cdot l^{-1}$

Gleichgewichtskonzentrationen:

$$c(H^+) = c(F^-) = x \ \text{mol} \cdot l^{-1}$$
$$c(HF) = (1 - x) \ \text{mol} \cdot l^{-1}$$

Für die Zahlenwerte gilt demnach:

$$\frac{x^2}{1-x} = 10^{-3,2}$$

$$\Rightarrow \ x^2 + 10^{-3,2}x - 10^{-3,2} = 0$$

$$x = -\frac{10^{-3,2}}{2} + \sqrt{\frac{(10^{-3,2})^2}{4} + 10^{-3,2}}$$

$$= -3{,}16 \cdot 10^{-4} + \sqrt{0{,}1 \cdot 10^{-6} + 6{,}31 \cdot 10^{-4}}$$

$$= -3{,}16 \cdot 10^{-4} + 2{,}51 \cdot 10^{-2}$$

$$= 2{,}48 \cdot 10^{-2}$$

$$c(H^+) = 2{,}48 \cdot 10^{-2} \ \text{mol} \cdot l^{-1}$$

$$\Rightarrow pH = 1{,}6$$

Protolysegrad: $\quad \alpha = 2{,}48 \ \%$

Näherungslösung:

$$pH = \frac{1}{2}(pK_S - \lg c_0(HF))$$

$$c_0 = 1 \text{ mol·l}^{-1}$$

$$\Rightarrow pH = \frac{1}{2}(3{,}2 - \lg 1) = \frac{1}{2}(3{,}2 - 0) = 1{,}6$$

b) $c_0(HF) = 10^{-3} \text{ mol·l}^{-1}$

Gleichgewichtskonzentrationen:

$$c(H^+) = c(F^-) = x \text{ mol·l}^{-1}$$

$$c(HF) = (10^{-3} - x) \text{ mol·l}^{-1}$$

$$\frac{x^2}{10^{-3} - x} = 10^{-3{,}2}$$

$$\Rightarrow \quad x^2 + 10^{-3{,}2}x - 10^{-6{,}2} = 0$$

$$x = -\frac{10^{-3{,}2}}{2} + \sqrt{\frac{10^{-6{,}4}}{4} + 10^{-6{,}2}}$$

$$= -0{,}315 \cdot 10^{-3} + \sqrt{0{,}1 \cdot 10^{-6} + 0{,}63 \cdot 10^{-6}}$$

$$= -0{,}315 \cdot 10^{-3} + 0{,}854 \cdot 10^{-3}$$

$$= 0{,}54 \cdot 10^{-3}$$

$$c(H^+) = 0{,}54 \cdot 10^{-3} \text{ mol·l}^{-1}$$

$$\Rightarrow pH = 3{,}27$$

Protolysegrad: $\alpha = 54\ \%$

Näherungslösung:

$$pH = \frac{1}{2}(pK_S - \lg c_0(HF))$$

$$c_0 = 10^{-3} \text{ mol·l}^{-1}$$

$$\Rightarrow pH = \frac{1}{2}(3{,}2 - \lg 10^{-3}) = \frac{1}{2}(3{,}2 + 3) = 3{,}1$$

$$c(H^+) = 0{,}79 \cdot 10^{-3} \text{ mol·l}^{-1}$$

Protolysegrad: $\alpha = 79\ \%$

Der Vergleich der Ergebnisse zeigt, dass für eine HF-Lösung mit einer Konzentration von 1 mol·l^{-1} die Anwendung der Näherungsformel praktisch zu demselben Ergebnis führt wie die exakte Berechnung. Dass die tatsächliche Gleichgewichtskonzentration $c(HF)$ um 2,5 % kleiner ist als $c_0(HF)$, hat auf den errechneten pH-Wert (aufgrund der logarithmischen Skala) praktisch keine Auswirkung.

In Aufgabe 6.7 wird für $c_0(HF) = 10^{-4}$ mol·l^{-1} gezeigt, dass die Anwendung der Näherungsformel zu einem erkennbar sinnlosen Ergebnis führt.

Führt man Experimente des in Aufgabe 6.11 a) beschriebenen Typs durch, ist es extrem unwahrscheinlich, dass tatsächlich eine neutrale Lösung entsteht: Selbst mit sehr guten käuflichen Maßlösungen und sorgfältigster Messung der Volumina ergeben sich kleine zufällige Abweichungen vom idealen Stoffmengenverhältnis $n(H^+) : n(OH^-) = 1 : 1$, die wegen des extrem steilen Verlaufs der Titrationskurve im Bereich des Neutralpunkts zu pH-Werten zwischen 4 und 10 führen (📖 Abb. 10.2 und Tabelle 10.3).

Bei einer Lösung mit $c_0(HF) = 10^{-3}$ mol·l^{-1} ist die Näherung $c_0(HF) = c(HF)$ offensichtlich viel zu grob. Hier ist dementsprechend nur die exakte Berechnung sinnvoll.

6.10 a) Der Äquivalenzpunkt der Titration von Essigsäure mit Natronlauge stimmt mit dem pH-Wert einer Natriumacetat-Lösung entsprechender Konzentration überein. Der pH-Wert liegt also im alkalischen Bereich, da Acetat-Ionen als schwache Base reagieren:

$$Ac^-(aq) + H_2O(l) \rightleftharpoons HAc(aq) + OH^-(aq)$$

Dementsprechend ist ein Indikator erforderlich, dessen Farbwechsel bei pH-Werten oberhalb von 7 erfolgt.
Geeignete Indikatoren sind beispielsweise Phenolphthalein (pH 8,2 − 10,0) oder Thymolblau (pH 8,0 − 9,6)

b) Die Lehrbuch-Abbildung 10.2 zeigt, dass pH = 4,4 erreicht wird, wenn die ursprünglich vorliegende Essigsäure zu etwa 35 % durch Natronlauge in Acetat-Ionen überführt worden ist.
(Eine Berechnung mithilfe der Puffergleichung führt auf einen Wert von 36 %.)

6.11 a) $n(HCl) = 0,01$ mol, $n(NaOH) = 0,01$ mol
Beim Vermischen können sich demnach gleiche Stoffmengen an Hydronium-Ionen und Hydroxid-Ionen zu Wasser vereinigen, sodass eine neutrale Lösung erwartet werden könnte.

b) $n(H^+) = n(HCl) = 2,5$ mmol
$n(OH^-) = 2 \cdot n(Ba(OH)_2) = 2$ mmol
Die Lösung reagiert sauer, da nach Neutralisation der OH^--Ionen der Überschuss von 0,5 mmol Hydronium-Ionen den pH-Wert bestimmt:

$$c(H^+) = \frac{0,5 \text{ mmol}}{70 \text{ ml}} = 7,1 \cdot 10^{-3} \text{ mol·l}^{-1}$$

$$pH = -\lg 7,1 \cdot 10^{-3} = 2,15$$

c) $n(H^+) = n(HNO_3) = 1$ mmol
$n(OH^-) = n(NaOH) = 1,5$ mmol
Die Lösung reagiert alkalisch, da nach Neutralisation der H^+-Ionen der Überschuss von 0,5 mmol OH^--Ionen den pH-Wert bestimmt:

$$c(OH^-) = \frac{0,5 \text{ mmol}}{40 \text{ ml}} = 1,25 \cdot 10^{-2} \text{ mol} \cdot l^{-1}$$

$$pOH = -\lg 1,25 \cdot 10^{-2} = 1,9$$

$$pH = 12,1$$

d) Der pH-Wert der Mischung wird allein durch die in dem Salzsäure-Anteil enthaltenen Hydronium-Ionen bestimmt:

$$n(H^+) = n(HCl) = 3 \text{ mmol}$$

$$c(H^+) = \frac{3 \text{ mmol}}{130 \text{ ml}} = 0,023 \text{ mol} \cdot l^{-1}$$

$$pH = 1,64$$

e) Der pH-Wert der Mischung wird praktisch allein durch die in dem Natronlauge-Anteil enthaltenen OH^--Ionen bestimmt:

$$n(OH^-) = 2,5 \text{ mmol}$$

$$c(OH^-) = \frac{2,5 \text{ mmol}}{100 \text{ ml}} = 0,025 \text{ mol} \cdot l^{-1}$$

$$pOH = 1,6$$

$$pH = 12,4$$

f) $n(OH^-) = n(NaOH) = 5 \text{ mmol}$

$n(NH_4^+) = n(NH_4Cl) = 3 \text{ mmol}$

Beim Mischen läuft die folgende Reaktion ab:

$$NH_4^+(aq) + OH^-(aq) \rightarrow NH_3(aq) + H_2O$$

Diese Reaktion ist praktisch vollständig in Bezug auf NH_4^+-Ionen. Dementsprechend werden 3 mmol OH^--Ionen verbraucht.

Die verbleibenden 2 mmol bestimmen den pH-Wert der Lösung:

$$c(OH^-) = \frac{2 \text{ mmol}}{53 \text{ ml}} = 0,038 \text{ mol} \cdot l^{-1}$$

$$pOH = 1,42$$

$$pH = 12,58$$

g) $n(OH^-) = n(NaOH) = 5 \text{ mmol}$

$n(NH_4^+) = n(NH_4Cl) = 8 \text{ mmol}$

Durch die bereits in f) genannte Reaktion werden 5 mmol NH_4^+-Ionen in NH_3-Moleküle überführt, 3 mmol NH_4^+-Ionen bleiben unverändert. Insgesamt gesehen liegt eine alkalische Lösung vor, deren pH-Wert mithilfe der Puffergleichung zu berechnen ist.

Da der Zusatz von Salzsäure zu Essigsäure die Konzentration der Hydronium-Ionen stark erhöht, wird der Protolysegrad der Essigsäure erheblich verkleinert: Für die 0,1 molare Essigsäure gilt $\alpha \approx 1,5\,\%$; nach dem Salzsäure-zusatz dagegen $\alpha \approx 0,01\,\%$. Ganz ähnlich sind die Verhältnisse für das in 6.11 e) beschriebene System bezüglich der Protolyse von Ammoniak.

Da es auf das *Verhältnis* der Konzentrationen von NH_3 und NH_4^+ ankommt, ist es nicht erforderlich, die einzelnen Konzentrationswerte zu berechnen. Man verwendet vielmehr die bereits bekannten Stoffmengenwerte.

$$pH = pK_S(NH_4^+) + \lg \frac{n(NH_3)}{n(NH_4^+)}$$

$$pH = 9,37 + \lg \frac{5 \text{ mmol}}{3 \text{ mmol}}$$

$$= 9,37 + 0,22 \approx 9,6$$

h) $n(HCOOH) = 10$ mmol

$n(OH^-) = n(NaOH) = 6$ mmol

Es ergibt sich eine saure Lösung, da beim Mischen die OH^--Ionen der Natronlauge aufgrund des Säureüberschusses vollständig verbraucht werden. Neben 6 mmol Formiat-Ionen liegen 4 mmol Ameisensäure-Moleküle vor.

Insgesamt gesehen handelt es sich um ein Puffersystem, dessen pH-Wert mithilfe der Puffergleichung zu berechnen ist:

$$pH = pK_S(HA) + \lg \frac{n(A^-)}{n(HA)}$$

$$pH = 3,55 + \lg \frac{6 \text{ mmol}}{4 \text{ mmol}}$$

$$= 3,55 + 0,18 = 3,73$$

6.12 $Pb^{2+}(aq) + H_2S(g) \rightarrow PbS(s) + 2\,H^+(aq)$

Die Lösung enthält neben den durch die Fällungsreaktion freigesetzten Hydronium-Ionen jeweils die Anionen des Bleisalzes.

a) Das NO_3^--Ion wird praktisch nicht protoniert, da es eine äußerst schwache Base ist. Es gilt demnach:

$$c(H^+) = c(NO_3^-) = 2 \cdot 10^{-1} \text{mol} \cdot l^{-1}$$

$$\Rightarrow pH = 0,7$$

b) Acetat-Ionen werden weitgehend in Essigsäure-Moleküle überführt. Der pH-Wert entspricht also dem pH-Wert von Essigsäure mit der Konzentration $c_0 = 0,1$ mol$\cdot$l^{-1}:

$$pH = \frac{1}{2}\left(pK_S(HAc) - \lg c_0(HAc)\right)$$

$$= \frac{1}{2}(4,65 + 1) = 2,83$$

6.13 $pH = pK_S + \lg \dfrac{c(A^-)}{c(HA)}$

$$\Rightarrow \lg \frac{c(A^-)}{c(HA)} = pH - pK_S$$

Salicylsäure: $\lg \dfrac{c(\mathrm{A^-})}{c(\mathrm{HA})} = 1{,}5 - 3{,}0 = -1{,}5$

$\Rightarrow \dfrac{c(\mathrm{HA})}{c(\mathrm{A^-})} = 10^{1,5} = 32$

$c(\mathrm{HA}):c(\mathrm{A^-}) = 32:1$

Acetylsalicylsäure: $1{,}5 - 3{,}8 = -2{,}3$

$\Rightarrow \dfrac{c(\mathrm{HA})}{c(\mathrm{A^-})} = 10^{2,3} = 200$

$c(\mathrm{HA}):c(\mathrm{A^-}) = 200:1$

6.14 $M(\mathrm{KH_2PO_4}) = 136\,\mathrm{g\cdot mol}^{-1}$

$\Rightarrow n(\mathrm{KH_2PO_4}) = \dfrac{1{,}18\,\mathrm{g}}{136\,\mathrm{g\cdot mol}^{-1}} = 0{,}0087\,\mathrm{mol}$

$M(\mathrm{Na_2HPO_4}) = 142\,\mathrm{g\cdot mol}^{-1}$

$\rightarrow n(\mathrm{Na_2HPO_4}) = \dfrac{4{,}3\,\mathrm{g}}{142\,\mathrm{g\cdot mol}^{-1}} = 0{,}0303\,\mathrm{mol}$

$\mathrm{pH} = 6{,}86 + \lg \dfrac{0{,}0303}{0{,}0087} = 6{,}86 + 0{,}54 = 7{,}40$

Hinweis: Der berechnete Wert stimmt gut mit dem in der Fachliteratur für diesen Puffer angegebenen Wert von 7,41 (bei 25 °C) überein. Mit dem thermodynamischen pK_S-Wert 7,21 für $\mathrm{H_2PO_4^-}$ ergäbe sich mit pH = 7,75 ein erheblich abweichender Wert. (Der mittlere pH-Wert des Bluts beträgt 7,4 (bei 37 °C).

6.15 $\mathrm{p}K_\mathrm{L}(\mathrm{MnS}) = 10{,}5 \;\hat{=}\; K_\mathrm{L}(\mathrm{MnS}) = 3{,}2 \cdot 10^{-11}\,\mathrm{mol^2 \cdot l^{-2}}$

Bei $c(\mathrm{Mn^{2+}}) = 10^{-4}\,\mathrm{mol\cdot l^{-1}}$ muss also für $\mathrm{S^{2-}}$ eine Konzentration von $3{,}2 \cdot 10^{-7}\,\mathrm{mol^2 \cdot l^{-2}}$ erreicht werden, ehe die Fällung beginnen kann.

Da $\mathrm{H_2S}$ eine sehr schwache Säure ist, ist die Konzentration der $\mathrm{S^{2-}}$-Ionen stark abhängig vom pH-Wert der Lösung:

$$\mathrm{H_2S(aq)} \;\rightleftharpoons\; \mathrm{H^+(aq)} + \mathrm{HS^-(aq)}$$

$$K_\mathrm{S1} = \dfrac{c(\mathrm{H^+}) \cdot c(\mathrm{HS^-})}{c(\mathrm{H_2S})} = 10^{-6,8}\,\mathrm{mol\cdot l^{-1}} = 1{,}6 \cdot 10^{-7}\,\mathrm{mol\cdot l^{-1}}$$

$$\mathrm{HS^-(aq)} \;\rightleftharpoons\; \mathrm{H^+(aq)} + \mathrm{S^{2-}(aq)}$$

$$K_\mathrm{S2} = \dfrac{c(\mathrm{H^+}) \cdot c(\mathrm{S^{2-}})}{c(\mathrm{HS^-})} = 10^{-13,2}\,\mathrm{mol\cdot l^{-1}} = 6 \cdot 10^{-14}\,\mathrm{mol\cdot l^{-1}}$$

$$\mathrm{H_2S(aq)} \;\rightleftharpoons\; 2\,\mathrm{H^+(aq)} + \mathrm{S^{2-}(aq)}$$

$$K_\mathrm{S} = \dfrac{c^2(\mathrm{H^+}) \cdot c(\mathrm{S^{2-}})}{c(\mathrm{H_2S})} = 10^{-20}\,\mathrm{mol^2 \cdot l^{-2}}$$

Aufgelöst nach $c(\mathrm{H}^+)$ ergibt dies folgende Beziehung:

$$c(\mathrm{H}^+) = \sqrt{\frac{c(\mathrm{H_2S}) \cdot K_S}{c(\mathrm{S}^{2-})}} = \sqrt{\frac{0{,}1\,\mathrm{mol}\cdot\mathrm{l}^{-1}\cdot 10^{-20}\,\mathrm{mol}^2\cdot\mathrm{l}^{-2}}{3{,}2\cdot 10^{-7}\,\mathrm{mol}\cdot\mathrm{l}^{-1}}}$$

$$= 5{,}6\cdot 10^{-8}\,\mathrm{mol}\cdot\mathrm{l}^{-1}$$

Dies entspricht einem pH-Wert von 7,25. In Lösungen mit einem pH-Wert unterhalb von 7,25 kann unter also unter den gegebenen Bedingungen kein MnS ausgefällt werden.

6.16 In der folgenden Tabelle sind für die Fälle a), b) und c) jeweils einige pH-Werte aufgeführt, mit deren Hilfe sich der Kurvenverlauf nach einiger Übung sicher skizzieren lässt.

Der Begriff *Titrationsgrad* steht hier für das Verhältnis der Stoffmengen von zugefügter Säure und zu titrierender Base. Die mithilfe der Puffergleichung berechneten Werte sind mit dem Zusatz (P) gekennzeichnet.

Titrationsgrad	a)	b)	c)
0,0	13,0	11,2	11,2
0,1	12,95	10,32 (P)	10,32 (P)
0,5	12,7	9,37 (P)	9,37 (P)
0,9	12,0	8,42 (P)	8,42 (P)
1,1	5,65 (P)	2,0	5,65 (P)
1,5	4,95 (P)	1,7	4,95 (P)
2,0	4,65 (P)	1,0	4,65 (P)

a) Zunächst verringert sich die Konzentration der OH^--Ionen durch die folgende Reaktion:

$$\mathrm{OH}^-(aq) + \mathrm{HAc}(aq) \;\rightarrow\; \mathrm{H_2O}(l) + \mathrm{Ac}^-$$

Der pH-Wert nimmt entsprechend ab.

Nach Überschreiten des Äquivalenzpunkts wird der pH-Wert durch das Puffersystem $\mathrm{Ac}^-/\mathrm{HAc}$ bestimmt. Beim Stoffmengenverhältnis $n(\mathrm{HAc}) : n(\mathrm{NaOH}) = 2$ liegt eine Lösung vor, die neben den durch die Neutralisation gebildeten Acetat-Ionen $(0{,}1\ \mathrm{mol}\cdot\mathrm{l}^{-1})$ Essigsäure-Moleküle in derselben Konzentration enthält.

Für den pH-Wert gilt also: $\qquad \mathrm{pH} = \mathrm{p}K_S = 4{,}65$

b) Durch die Säurezugabe nimmt die Konzentration der Hydroxyd-Ionen zunächst stark ab. Der weitere Verlauf entspricht dem $\mathrm{NH_3}/\mathrm{NH_4}^+$-Puffersystem.

Nach Überschreiten des Äquivalenzpunkts wird der pH-Wert allein durch die Hydronium-Ionen der überschüssigen Salzsäure bestimmt.

Beim Stoffmengenverhältnis $n(\mathrm{HCl}) : n(\mathrm{NH_3}) = 2$ gilt:

$$c(\mathrm{H}^+) = 0{,}1\ \mathrm{mol}\cdot\mathrm{l}^{-1} \;\Rightarrow\; \mathrm{pH} = 1$$

c) Der Gesamtverlauf entspricht einer Kombination der Kurven für b) (erste Hälfte) und für a) (zweite Hälfte).

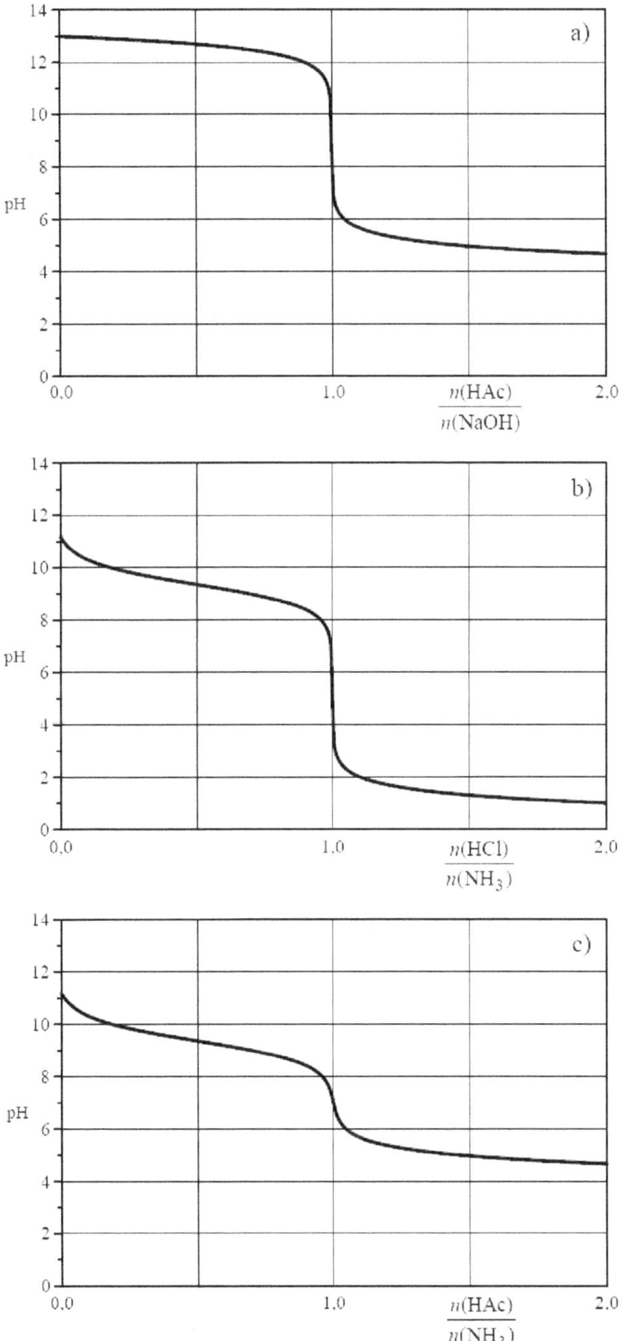

7 Redoxreaktionen und Elektrochemie

Oxidation und Reduktion

Eine *Redoxreaktion* wird oft zunächst als **Elektronenübertragungsreaktion** definiert. Die Teilreaktion der *Elektronenabgabe* ist dabei die **Oxidation**, die damit gekoppelte Teilreaktion der *Elektronenaufnahme* entspricht der **Reduktion**.

Ein Beispiel ist die Reaktion von Kupfer mit Fe^{3+}-Ionen:

$$Cu(s) + 2\,Fe^{3+}(aq) \rightarrow Cu^{2+}(aq) + 2\,Fe^{2+}(aq)$$

Kupfer wird unter Abgabe von Elektronen zu Cu^{2+}-Ionen oxidiert; gleichzeitig werden Fe^{3+}-Ionen unter Aufnahme von Elektronen zu Fe^{2+}-Ionen reduziert:

Oxidation $\quad Cu(s) \rightarrow Cu^{2+}(aq) + 2\,e^-$

Reduktion $\quad 2\,Fe^{3+}(aq) + 2\,e^- \rightarrow 2\,Fe^{2+}(aq)$

Die Reaktionsgleichung der Redoxreaktion ergibt sich durch *Addition* der Gleichungen für die Teilreaktionen.

Die stöchiometrischen Faktoren müssen dabei so gewählt werden, dass die Anzahlen von abgegebenen und aufgenommenen Elektronen übereinstimmen.

Oxidationszahlen Bei Redoxreaktionen, an denen Moleküle (oder mehratomige Ionen) beteiligt sind, lässt sich nicht ohne Weiteres erkennen, wie viele Elektronen die einzelnen Atome aufgenommen oder abgegeben haben:

$$H_2S(g) + \tfrac{3}{2}O_2(g) \rightarrow H_2O(g) + SO_2(g)$$

Man ordnet den Atomen deshalb *Oxidationszahlen* zu und definiert *Redoxreaktionen* allgemein als Reaktionen, bei denen sich Oxidationszahlen ändern. Die Teilreaktion der *Oxidation* entspricht einer *Erhöhung* der Oxidationszahl. Eine *Reduktion* zeigt sich an einer *Erniedrigung* der Oxidationszahl.

Zur Ermittlung von Oxidationszahlen notiert man die Lewis-Formel mit freien Elektronenpaaren und ordnet die Elektronen polarer Bindungen vollständig dem Atom höherer Elektronegativität zu. Ein Vergleich mit der Valenzelektronenzahl des neutralen Atoms ergibt für jedes Atom eine *fiktive* Ladungszahl, die *Oxidationszahl*. Ihren Wert schreibt man als *römische* Zahl rechts oben an das entsprechende Elementsymbol, ein Vorzeichen wird nur bei negativen Werten gesetzt. Für die Oxidationszahl *Null* verwendet man ± 0:

$$H_2^{I}S^{-II} + \tfrac{3}{2}O_2^{\pm 0} \rightarrow H_2^{I}O^{-II} + S^{IV}O_2^{-II}$$

Die Teilreaktion der *Oxidation* besteht hier also in der Erhöhung der Oxidationszahl der Schwefel-Atome von $-II$ auf IV; das entspricht formal der Abgabe von jeweils sechs Elektronen. Die Teilreaktion der *Reduktion* zeigt sich in der Erniedrigung der Oxidationszahl der Sauerstoff-Atome von ± 0 auf $-II$; das entspricht der Aufnahme von je zwei Elektronen (📖 11.1, 11.2).

Redoxtitrationen In der quantitativen Analyse nutzt man Redoxreaktionen, um den Gehalt an reduzierenden oder oxidierenden Stoffen zu bestimmen.

Bei der **Manganometrie** arbeitet man mit einer Kaliumpermanganat-Maßlösung. In saurer Lösung wirken MnO_4^--Ionen stark oxidierend. Jedes Mangan-Atom nimmt dabei fünf Elektronen auf:

$$5\ Fe^{2+}(aq) + Mn^{VII}O_4^-(aq) + 8\ H^+(aq)$$
$$\rightarrow 5\ Fe^{3+}(aq) + Mn^{2+}(aq) + 4\ H_2O(l)$$

Da das Permanganat-Ion intensiv violett ist, ergibt schon der erste überschüssige Tropfen der Maßlösung eine erkennbare Färbung und zeigt so den Äquivalenzpunkt der Titration an.

In der **Iodometrie** verwendet man eine Iod-Maßlösung, um leicht *oxidierbare* Stoffe zu bestimmen:

$$I_2(aq) + 2\ e^- \rightarrow 2\ I^-(aq)$$

(Da Iod in Wasser zu schlecht löslich ist, enthält die Maßlösung auch Kaliumiodid, sodass statt Iod tatsächlich das Triiodid-Ion (I_3^-) vorliegt.)

Der erste überschüssige Tropfen Iod-Lösung ergibt mit zugesetzter Stärke-Lösung den tiefblauen Iod/Stärke-Komplex.

Um *oxidierende* Stoffe zu bestimmen, versetzt man die Probelösung mit einem Überschuss an Kaliumiodid-Lösung. Es bildet sich Iod, dessen Menge mit Natriumthiosulfat-Maßlösung bestimmt werden kann:

$$I_2(aq) + 2\ S_2O_3^{2-}(aq) \rightarrow 2\ I^-(aq) + S_4O_6^{2-}(aq)$$

Auch hier dient Stärke als Indikator. Die zunächst blaue Lösung entfärbt sich, sobald Iod vollständig reduziert ist.

Quantitative Beschreibung des Redoxverhaltens

Elektrodenpotentiale Das unterschiedliche Reaktionsverhalten von *Redoxpaaren* wie Cu^{2+}/Cu und Zn^{2+}/Zn spiegelt sich in den Werten der tabellierten *Standard-Elektrodenpotentiale E^0* wider:

$$E^0(Cu^{2+}/Cu) = 0,34\ V\ ;\ E^0(Zn^{2+}/Zn) = -0,76\ V$$

Der angegebene E^0-Wert bezieht sich auf die Spannung einer **galvanischen Zelle**, bei der eine Metall-Halbzelle $(c(Me^{2+}) = 1\ mol\cdot l^{-1})$ jeweils mit einer *Standard-Wasserstoff-Halbzelle* $(c(H^+) = 1\ mol\cdot l^{-1},\ p(H_2) = 1000\ hPa)$ gekoppelt ist.

Für das Elektrodenpotential dieser Halbzelle gilt definitionsgemäß:

$$E^0(H^+/\tfrac{1}{2}H_2) = 0\ V$$

Die Zink-Halbzelle $(E^0 = -0,76\ V)$ bildet den Minuspol der entsprechenden galvanischen Zelle, die Kupfer-Halbzelle $(E^0 = 0,34\ V)$ den Pluspol.

Nernstsche Gleichung Elektrodenpotentiale werden durch die Temperatur und die Konzentration der Ionen beeinflusst, auch die Zahl der übertragenen Elektronen ist zu berücksichtigen.

Schematisch wird der Zusammenhang oft durch die *allgemeine Form* der Nernstschen Gleichung beschrieben:

$$E = E^0 + \frac{R\cdot T}{z\cdot F}\cdot \ln\frac{c(Ox)}{c(Red)}$$

R steht dabei für die allgemeine Gaskonstante $(8,3145\ J\cdot mol^{-1}\cdot K^{-1})$, F für die Faraday-Konstante $(96\ 500\ A\cdot s\cdot mol^{-1})$; z bedeutet die Anzahl der Elektronen, um die sich oxidierte und reduzierte Form des Redoxpaars unterscheiden.

Für $T = 298\,\text{K}$ (25 °C) ergibt sich daraus die folgende Beziehung:

$$E = E^0 + \frac{0,059\,\text{V}}{z} \cdot \lg \frac{c(\text{Ox})}{c(\text{Red})}$$

Sie kann unmittelbar auf in Lösung vorliegende Redoxpaare Ox/Red wie Fe^{3+}/Fe^{2+} angewendet werden.

Bei Redoxpaaren, deren reduzierte Form ein *Metall* ist, geht man von folgender Formulierung aus:

$$E = E^0(\text{M}^{z+}/\text{M}) + \frac{0,059\,\text{V}}{z} \cdot \lg \frac{c(\text{M}^{z+})}{\text{mol} \cdot \text{l}^{-1}}$$

Formal tritt an die Stelle von $c(\text{Red})$ der Aktivitätswert 1 für das reine Metall; ein Wert für die Konzentration des Metalls kann nicht sinnvoll angegeben werden.

Ist ein *gasförmiger* Stoff an einem Redoxpaar beteiligt, so tritt der *Partialdruck* an die Stelle der Konzentration. Vereinfacht geschrieben ergibt sich für das Redoxpaar $Cl_2/2\,Cl^-$ die Nernstsche Gleichung demnach in folgender Form:

$$E(\text{Cl}_2/2\,\text{Cl}^-) = E^0 + \frac{0,059\,\text{V}}{2} \cdot \lg \frac{p(\text{Cl}_2)}{c^2(\text{Cl}^-)}$$

Genau genommen müssten Druck und Konzentration noch durch die Standardwerte ($p^0 = 1000\,\text{hPa}$ bzw. $c^0 = 1\,\text{mol} \cdot \text{l}^{-1}$) dividiert werden, damit der Logarithmus sich auf einen reinen Zahlenwert bezieht. Der Exponent 2 bei der Konzentration der Cl^--Ionen resultiert aus dem stöchiometrischen Faktor 2:

$$\text{Cl}_2(\text{aq}) + 2\,\text{e}^- \rightleftharpoons 2\,\text{Cl}^-(\text{aq})$$

Bei vielen Redoxvorgängen sind Hydronium-Ionen beteiligt. Ähnlich wie bei der Berechnung von Gleichgewichtskonstanten muss in diesen Fällen auch die Konzentration der Hydronium-Ionen (mit dem entsprechenden Exponenten) als Faktor berücksichtigt werden.

Beispiel:

$$\text{MnO}_4^-(\text{aq}) + 8\,\text{H}^+(\text{aq}) + 5\,\text{e}^-$$
$$\rightleftharpoons \text{Mn}^{2+}(\text{aq}) + 4\,\text{H}_2\text{O(l)}$$

$$E = E^0 + \frac{0,059\,\text{V}}{5} \cdot \lg \frac{c(\text{MnO}_4^-) \cdot c^8(\text{H}^+)}{c(\text{Mn}^{2+})}$$

Elektrolyse

In Salzschmelzen oder Elektrolytlösungen lassen sich mithilfe elektrischer Energie Reaktionen erzwingen, die freiwillig nicht ablaufen. Die Reaktion setzt dabei erst ein, wenn eine bestimmte *Mindestspannung* überschritten wird. Diese **Zersetzungsspannung** entspricht bei Reaktionen in wässeriger Lösung theoretisch der Differenz der Elektrodenpotentiale der beteiligten Redoxpaare.

An der *Kathode*, dem Minuspol, läuft jeweils eine *Reduktion* ab, denn es werden Elektronen aufgenommen. An der Anode, dem Pluspol, werden Elektronen abgegeben, es werden also Teilchen oxidiert.

Enthält eine Lösung mehrere Teilchenarten, die oxidiert oder reduziert werden können, so läuft in der Regel die Reaktion mit der kleinsten Zersetzungsspannung ab (📕 11.8).

In der Praxis sind dabei aber nicht allein die mithilfe der Nernstschen Gleichung berechenbaren Elektrodenpotentiale entscheidend.

Die experimentell ermittelte Zersetzungsspannung ist oft erheblich größer als der theoretisch berechnete Wert. Die Differenz bezeichnet man als **Überspannung**.

Eine Überspannung weist auf eine kinetische Hemmung einer Elektrodenreaktion hin. Das

Ausmaß des Effekts wird durch das Elektrodenmaterial beeinflusst.

Das gilt insbesondere für Elektrolysen, bei denen Gase entstehen (📖 11.8).

Das Ausmaß der Stoffumsätze bei Elektrolysevorgängen wird durch die *Faradayschen Gesetze* beschrieben:

1. Faradaysches Gesetz:
Die elektrolytisch abgeschiedenen Stoffmengen sind der durch den Elektrolyten geflossenen Ladung Q proportional.

2. Faradaysches Gesetz:
Zur elektrolytischen Abscheidung von einem Mol Teilchen eines Stoffes ist eine Ladung von Q = 1 mol · z · F erforderlich.

Demnach gilt für die abgeschiedenen Stoffmengen:

$$n = \frac{I \cdot t}{z \cdot F}$$

Elektrochemie und Thermodynamik

Die freie Reaktionsenthalpie ΔG^0 einer Redoxreaktion ist eng mit den Elektrodenpotentialen der beteiligten Redoxpaare verknüpft. Für Standardbedingungen gilt die folgende Beziehung:

$$\Delta G_R^0 = z \cdot \Delta E^0 \cdot F$$

Dementsprechend kann auch die Gleichgewichtskonstante einer Redoxreaktion mithilfe der Elektrodenpotentiale berechnet werden:

$$\ln K = -\frac{\Delta G_R^0}{R \cdot T} = \frac{z \cdot \Delta E^0 \cdot F}{R \cdot T}$$

Beispiel:
Reaktion von Zink mit Cu^{2+}-Ionen:

$$Zn(s) + Cu^{2+}(aq) \rightarrow Zn^{2+}(aq) + Cu(s)$$
$$E^0(Cu^{2+}/Cu) = 0{,}34 \text{ V}$$
$$E^0(Zn^{2+}/Zn) = -0{,}76 \text{ V}$$
$$\Delta E^0 = 0{,}34 \text{ V} - (-0{,}76 \text{ V}) = 1{,}10 \text{ V}$$

$$\begin{aligned}
\Delta G_R^0 &= -2 \cdot \Delta E^0 \cdot F \\
&= -2 \cdot 1{,}1 \text{ V} \cdot 96\,500 \text{ A} \cdot \text{s} \cdot \text{mol}^{-1} \\
&= -212\,300 \text{ V} \cdot \text{A} \cdot \text{s} \cdot \text{mol}^{-1} \\
&= -212{,}3 \text{ kJ} \cdot \text{mol}^{-1}
\end{aligned}$$
$$(1 \text{ V} \cdot \text{A} \cdot \text{s} = 1 \text{ W} \cdot \text{s} = 1 \text{ J})$$

Für die Gleichgewichtskonstante K errechnet sich für $T = 298$ K ein Zahlenwert von $1{,}7 \cdot 10^{37}$. Dieser extrem große Wert entspricht der Erfahrung, dass die Reaktion vollständig verläuft.

Hinweise

Sind Verbindungen von **Hauptgruppen**-Elementen an einer Redox-Reaktion beteiligt, so ändern sich die Oxidationszahlen der entsprechenden Atome in der Regel um *zwei*, *vier*, *sechs* oder *acht*.

Bei Verbindungen der **Nebengruppen**-Elemente kommt es dagegen häufig zur Übertragung einer *ungeraden* Anzahl von Elektronen.

Konzentrationszellen Koppelt man zwei Halbzellen, die das gleiche Redoxpaar enthalten (z.B. M^{z+}/M), so hängt die gemessene Spannung ausschließlich vom Verhältnis der Ionen-Konzentrationen ab.

Für die bei 25 °C zu erwartende Spannung gilt:

$$U = \Delta E = \frac{0{,}059}{z} \lg \frac{c_1(M^{z+})}{c_2(M^{z+})}$$

Aufgaben

7.1 Ermitteln Sie die Oxidationszahlen der Atome in folgenden Verbindungen bzw. Ionen:

a) I_2Cl_6 **b)** SiH_4 **c)** H_3PO_2 **d)** $KMnO_4$

e) $VOCl_3$ **f)** Mg_3P_2 **g)** N_2O_4 **h)** $CsAu$

i) Si_3N_4 **j)** $NaHCO_3$ **k)** KH_2PO_4 **l)** NH_4NO_3

m) CH_3OH **n)** H_2CO **o)** $HCOOH$ **p)** CH_3COOH

q) MnO_4^- **r)** NO_3^- **s)** SO_3^{2-} **t)** ClO_3^-

u) NO_2^- **v)** SiF_6^{2-}

7.2 Ermitteln Sie die Oxidationszahlen der Atome in folgenden Verbindungen:

a) H_2O_2 **b)** FeS_2 **c)** CaP **d)** N_2H_4

e) $K_2S_2O_8$ **f)** Fe_3O_4 **g)** Pb_3O_4

7.3 Ermitteln Sie die Oxidationszahlen der Zentralatome in folgenden Komplexverbindungen:

a) $K_4[Fe(CN)_6]$ **b)** $Mn[PtCl_6]$

c) $[Co(NH_3)_6][Cr(H_2O)_2Cl_4]_3$ **d)** $Li[AlH_4]$

e) $Na_3[AlF_6]$ **f)** $Ni(CO)_4$ **g)** $Fe_2(CO)_9$

7.4 Stellen Sie die vollständigen Reaktionsgleichungen der folgenden Redox-Reaktionen auf:

a) $S_2O_3^{2-}(aq) + I_2(aq) \longrightarrow S_4O_6^{2-}(aq) + I^-(aq)$

b) $MnO_2(s) + Cl^-(aq) + H^+(aq)$
$$\longrightarrow Mn^{2+}(aq) + Cl_2(g) + H_2O(l)$$

c) $MnO_4^-(aq) + C_2O_4^{2-}(aq) + H^+(aq)$
$$\longrightarrow Mn^{2+}(aq) + CO_2(g) + H_2O(l)$$

d) $Pb(s) + PbO_2(s) + H_2SO_4(l) \longrightarrow PbSO_4(s) + H_2O(l)$

e) $Al(s) + OH^-(aq) + H_2O(l) \longrightarrow [Al(OH)_4]^-(aq) + H_2(g)$

f) $Au(s) + CN^-(aq) + O_2(g) + H_2O(l)$
$$\longrightarrow [Au(CN)_2]^-(aq) + OH^-(aq)$$

g) $Cl_2(g) + OH^-(aq) \xrightarrow{\Delta} ClO_3^-(aq) + Cl^-(aq) + H_2O(l)$

h) $KO_2(s) + CO_2(g) \xrightarrow{\Delta} K_2CO_3(s) + O_2(g)$

i) $FeS_2(s) + O_2(g) \xrightarrow{\Delta} Fe_2O_3(s) + SO_2(g)$

7.5 100 g Kaliumcyanid sollen entsorgt werden. Hierzu wird das Kaliumcyanid mit Wasserstoffperoxid umgesetzt, wobei das Cyanid-Ion zum Cyanat-Ion (OCN^-) oxidiert wird.

Welches Volumen an Wasserstoffperoxid-Lösung ($w = 30\,\%$, Dichte: $1{,}11\ \mathrm{g \cdot cm^{-3}}$) wird mindestens benötigt, um eine vollständige Oxidation zu gewährleisten?

7.6 Eine schwefelsaure Probelösung ($V = 20$ ml) enthält eine unbekannte Menge an Oxalsäure. Die Titration mit einer Kaliumpermanganat-Maßlösung ($c = 0{,}1\ \mathrm{mol \cdot l^{-1}}$) ergibt einen Verbrauch von 13,7 ml.
Welche Konzentration an Oxalsäure hat die Probelösung?

7.7 Wasserstoffperoxid wird im Labor häufig als 30 %ige Lösung bereitgestellt. Da Wasserstoffperoxid unter Bildung von Sauerstoff und Wasser zerfällt, nimmt der Gehalt allmählich ab.
Um die tatsächlich vorhandene Konzentration zu bestimmen, werden 2 g der H_2O_2-Lösung mit Wasser auf 100 ml verdünnt, 10 ml dieser Lösung werden dann mit Schwefelsäure angesäuert und mit einer $KMnO_4$-Maßlösung vollständig oxidiert.

Welches Volumen der Maßlösung ($c(\mathrm{MnO_4^-}) = 0{,}02\ \mathrm{mol \cdot l^{-1}}$) würde zur Oxidation der Lösung benötigt, wenn der Gehalt genau der Angabe $w(H_2O_2) = 30\,\%$ entspricht?

7.8 Der Gehalt einer Lösung an Cu^{2+}-Ionen kann bestimmt werden, indem man die Lösung zunächst mit einem Überschuss an Iodid-Ionen versetzt. Anschließend wird die Menge an gebildetem Iod durch Titration mit einer Natriumthiosulfat-Maßlösung unter Zusatz von etwas Stärkelösung als Indikator bestimmt.

a) Stellen Sie die Reaktionsgleichungen der ablaufenden Reaktionen auf.

Bei der Reaktion bildet sich neben Iod das schwerlösliche Kupfer(I)-iodid.

b) Bei der Analyse von 20 ml einer kupferhaltigen Probelösung wurden 12,7 ml einer Thiosulfat-Maßlösung ($c = 0{,}1\ \mathrm{mol \cdot l^{-1}}$) verbraucht.

Berechnen Sie die Konzentration an Cu^{2+}-Ionen in der Probelösung.

7.9 Formulieren Sie für die folgenden Halbzellenreaktionen die Nernstsche Gleichung. In welchen Fällen erwarten Sie eine pH-Abhängigkeit des Elektrodenpotentials? Wird das Elektrodenpotential bei steigender Konzentration an Hydronium-Ionen größer oder kleiner?

a) $\frac{1}{2}I_2(aq) + e^- \rightleftharpoons I^-(aq)$

b) $NO_3^-(aq) + 4\,H^+(aq) + 3\,e^- \rightleftharpoons NO(g) + 2\,H_2O(l)$

c) $Cr_2O_7^{2-}(aq) + 14\,H^+(aq) + 6\,e^- \rightleftharpoons 2\,Cr^{3+}(aq) + 7\,H_2O(l)$

d) $S_2O_8^{2-}(aq) + 2\,e^- \rightleftharpoons 2\,SO_4^{2-}(aq)$

e) $PbO_2(s) + 4\,H^+(aq) + 2\,e^- \rightleftharpoons Pb^{2+}(aq) + 2\,H_2O(l)$

f) $O_2(g) + 2\,H_2O(l) + 4\,e^- \rightleftharpoons 4\,OH^-(aq)$

g) $Cl_2(aq) + 2\,H_2O \rightleftharpoons 2\,OCl^-(aq) + 4\,H^+(aq) + 2\,e^-$

7.10 a) Berechnen Sie die Zellspannung einer galvanischen Zelle mit den folgenden Halbzellen:
$Fe^{3+}(0,1\ mol\cdot l^{-1})/Fe^{2+}(0,001\ mol\cdot l^{-1})$;
$Ag^+(0,005\ mol\cdot l^{-1})/Ag$

b) Welche Halbzelle bildet den Pluspol?

c) Welche Reaktion läuft ab, wenn man beide Pole leitend miteinander verbindet?

7.11 Als Bezugselektrode verwendet man häufig die sogenannte Silber/Silberchlorid-Elektrode. Hier taucht ein mit Silberchlorid überzogener Silberdraht in eine Lösung von Kaliumchlorid bestimmter Konzentration.
Berechnen Sie das Elektrodenpotential einer Silber/Silberchlorid-Elektrode $(c(KCl) = 0,1\ mol\cdot l^{-1})$ bei 25 °C und bei 50 °C.

7.12 Bei einem Daniell-Element $(c(Zn^{2+}) = 0,2\ mol\cdot l^{-1}$, $c(Cu^{2+}) = 0,1\ mol\cdot l^{-1})$, dessen Halbzellen jeweils ein Volumen von 50 ml haben, wird für 30 min ein konstanter Strom von 200 mA entnommen.

Wie groß ist die Zellspannung

a) zu Beginn der Stromentnahme,

b) nach 30 Minuten?

7.13 Zu einer Natriumsulfat-Lösung werden einige Tropfen Bleinitrat-Lösung gegeben. Es bildet sich ein Niederschlag von Bleisulfat. In diese Lösung wird ein Blei-Blech getaucht. Kombiniert man diese Halbzelle mit einer Pb^{2+}/Pb-Halbzelle $(c(Pb^{2+}) = 0,1\ mol\cdot l^{-1})$, misst man eine Zellspannung von 170 mV.

Berechnen Sie das Löslichkeitsprodukt von Bleisulfat.

7.14 Zwei Bechergläser werden mit jeweils 100 ml einer Kupfersulfat-Lösung ($c(Cu^{2+}) = 0{,}01$ mol·l^{-1}) beschickt. Man taucht Kupferbleche in die Lösungen und kombiniert diese beiden Halbzellen zu einer galvanischen Zelle. In eines der Bechergläser gibt man 8 ml einer konzentrierten Ammoniak-Lösung, sodass sich eine NH$_3$-Konzentration von 1 mol·l^{-1} einstellt. Man misst eine Zellspannung von 0,40 V.

In einem zweiten Experiment wird anstelle von Ammoniak 1,2-Diaminoethan zu der Kupfersulfat-Lösung gegeben, sodass sich eine en-Konzentration von 0,1 mol·l^{-1} einstellt. Die Messung ergibt eine Zellspannung von 0,549 V

a) Formulieren Sie die ablaufenden Reaktionen und den Massenwirkungsterm.

b) Berechnen Sie die Gleichgewichtskonstanten der beiden Reaktionen.

7.15 Zwei Bechergläser werden mit jeweils 100 ml einer Silbernitrat-Lösung ($c(Ag^+) = 0{,}01$ mol·l^{-1}) beschickt. Man taucht Silberbleche in die Lösungen und kombiniert diese beiden Halbzellen zu einer galvanischen Zelle. In eines der Bechergläser gibt man nacheinander jeweils 15 ml von gesättigten Lösungen folgender Stoffe: Kaliumchlorid, Ammoniak, Kaliumbromid, Natriumthiosulfat, Kaliumiodid, Kaliumcyanid und Natriumsulfid. Die Konzentrationen der jeweiligen Reagenzien betragen dann jeweils etwa 1 mol·l^{-1}.

Nach jeder Zugabe misst man die Zellspannung. Dabei ergeben sich folgende Werte: 430 mV, 450 mV, 570 mV, 730 mV, 800 mV, 1220 mV, 1300 mV.

a) Formulieren Sie die jeweils ablaufenden Reaktionen.

b) Berechnen Sie die Konzentration der Silber-Ionen nach jeder Zugabe und die Gleichgewichtskonstante der jeweiligen Reaktion.

7.16 Berechnen Sie die Gleichgewichtskonstanten bei 25 °C für die nachfolgend angeführten Reaktionen.

Gehen Sie bei den Berechnungen von den Elektrodenpotentialen der beteiligten Redoxpaare aus und ordnen Sie den Halbzellenreaktionen formal eine freie Standard-Enthalpie zu:

$$\Delta G^0 = -z \cdot F \cdot E^0$$

Vernachlässigen Sie die geringfügige Volumenänderung bei der Zugabe der Ammoniak- bzw. en-Lösung.

1,2-Diaminoethan wird traditionell als *Ethylendiamin* bezeichnet. In Reaktionsgleichungen verwendet man das Kurzzeichen **en**.

Der Standardzustand für Teilchen in einer Lösung ist hypothetischer Natur. Er entspricht definitionsgemäß einer *idealen Lösung,* die ein Mol der betreffenden Teilchenart in 1 kg Wasser enthält und damit die Molalität $b = 1$ mol·kg^{-1} aufweist. Ein Kilogramm des Lösemittels soll also ein Mol der betreffenden Teilchen enthalten, ohne dass sich Wechselwirkungen zwischen ihnen bemerkbar machen. (Eine solche Lösung hätte die *Aktivität a* = 1.) Tatsächlich sind die Wechselwirkungen, insbesondere bei Elektrolytlösungen, aber keineswegs vernachlässigbar. Eine (reale) Salzlösung (mit $b = 1$ mol·kg^{-1}) unterscheidet sich damit erheblich vom (hypothetischen) Standardzustand.

Unter Stromdichte im Zusammenhang mit Elektrolysevorgängen versteht man den Quotienten aus der Stromstärke I und der Elektrodenoberfläche.

a) $2\,\mathrm{Cu}^+(\mathrm{aq}) \;\rightleftharpoons\; \mathrm{Cu}(\mathrm{s}) + \mathrm{Cu}^{2+}(\mathrm{s})$

b) $3\,\mathrm{Au}^+(\mathrm{aq}) \;\rightleftharpoons\; 2\,\mathrm{Au}(\mathrm{s}) + \mathrm{Au}^{3+}(\mathrm{aq})$

c) $2\,\mathrm{Fe}^{2+}(\mathrm{aq}) + \frac{1}{2}\mathrm{O}_2(\mathrm{g}) + 2\,\mathrm{H}^+(\mathrm{aq}) \;\rightleftharpoons\; \mathrm{Fe}^{3+}(\mathrm{aq}) + \mathrm{H}_2\mathrm{O}(\mathrm{l})$

d) $\mathrm{Cr}^{2+}(\mathrm{aq}) + \mathrm{H}^+(\mathrm{aq}) \;\rightleftharpoons\; \mathrm{Cr}^{3+}(\mathrm{aq}) + \frac{1}{2}\mathrm{H}_2(\mathrm{g})$

e) $\mathrm{Fe}^{2+}(\mathrm{aq}) + \mathrm{H}^+(\mathrm{aq}) \;\rightleftharpoons\; \mathrm{Fe}^{3+}(\mathrm{aq}) + \frac{1}{2}\mathrm{H}_2(\mathrm{g})$

f) $\mathrm{Zn}(\mathrm{s}) + 2\,\mathrm{H}^+(\mathrm{aq}) \;\rightleftharpoons\; \mathrm{Zn}^{2+}(\mathrm{aq}) + \mathrm{H}_2(\mathrm{g})$

g) $\mathrm{Zn}(\mathrm{s}) + 2\,\mathrm{H}^+(\mathrm{aq}) \;\rightleftharpoons\; \mathrm{Zn}^{2+}(\mathrm{aq}) + \mathrm{H}_2(\mathrm{g})$ $\qquad$ (pH = 7)

7.17 Berechnen Sie die Bruttostabilitätskonstante für den Ammin-Komplex $[\mathrm{Zn}(\mathrm{NH}_3)_4]^{2+}(\mathrm{aq})$ aus den Standard-Elektrodenpotentialen der folgenden Redoxpaare:

$\mathrm{Zn}^{2+}/\mathrm{Zn}$ (–0,76 V) und $[\mathrm{Zn}(\mathrm{NH}_3)_4]^{2+}/\mathrm{Zn}^{2+}$ (–1,04 V)

7.18 Eine Natriumchlorid-Lösung ($c = 0,5$ mol·l^{-1}, $V = 0,5$ l) wird 20 min lang bei einer Stromstärke von $I = 0,2$ A elektrolysiert.

a) Formulieren Sie die an Kathode und Anode ablaufenden Reaktionen.

b) Welchen pH-Wert hat die Lösung zu Beginn und am Ende der Elektrolyse?

7.19 Bei der Elektrolyse einer Kupfersulfat-Lösung fließt 10 min ein Strom von 0,4 A. Dabei scheidet sich an der Kathode Kupfer ab, an der Anode bildet sich Sauerstoff. Berechnen Sie die Masse der abgeschiedenen Kupfermenge und das Volumen des gebildeten Sauerstoffs (25 °C, 1 bar).

7.20 Werksstücke aus Stahl werden durch Verzinken vor Korrosion geschützt. Optisch ansprechende Zinkschichten erhält man bei einer elektrolytischen Abscheidung von Zink. Auf einem 50 cm · 50 cm großen, dünnen Stahlblech soll elektrolytisch eine 20 µm dicke Zinkschicht abgeschieden werden. Berechnen Sie, welche Elektrolysezeit erforderlich ist, wenn die Stromdichte 1 A · dm^{-2} beträgt. ($\varrho(\mathrm{Zn}) = 7,1$ g·cm^{-3}, $M(\mathrm{Zn}) = 65,4$ g·mol^{-1})

7.21 Berechnen Sie die Ionenladung eines Metallions X^{z+} aus folgenden Angaben:

Bei einem konstanten Strom von 0,25 A werden in 15 min 0,13 g des Metalls X mit der molaren Masse von 112,4 g·mol^{-1} abgeschieden.

Lösungen

7.1

a) I_2Cl_6: 2 I^{III}, 6 Cl^{-I}

b) SiH_4: Si^{IV}, 4 H^{-I}

c) H_3PO_2: 3 H^I, 2 O^{-II}, P^I

d) MnO_4^-: Mn^{VII}, 4 O^{-II}

e) $VOCl_3$: V^V, O^{-II}, 3 Cl^{-I}

f) Mg_3P_2: 3 Mg^{II}, 2 P^{-III}

g) N_2O_4: 2 N^{IV}, 4 O^{-II}

h) $CsAu$: Cs^I, Au^{-I}

i) Si_3N_4: 3 Si^{IV}, 4 N^{-III}

j) $NaHCO_3$: Na^I, H^I, C^{IV}, 3 O^{-II}

k) KH_2PO_4: K^I, 2 H^I, P^V, 4 O^{-II}

l) Ammoniumnitrat ist eine salzartige Verbindung, die das Ammonium-Ion (NH_4^+) und das Nitrat-Ion (NO_3^-) enthält. Für die Oxidationszahl des Stickstoff-Atoms im Ammonium-Ion ergibt sich –III, im Falle des Nitrat-Ions dagegen V.

m) CH_3OH: 4 H^I, O^{-II}, C^{-II}

n) H_2CO: 2 H^I, O^{-II}, $C^{\pm 0}$

o) $HCOOH$: 2 H^I, 2 O^{-II}, C^{II}

p) Bei diesem Beispiel ist zu beachten, dass das Essigsäure-Molekül zwei unterschiedlich gebundene Kohlenstoff-Atome enthält, die gesondert betrachtet werden müssen.

Das Kohlenstoff-Atom der Methyl-Gruppe ist an drei Wasserstoff-Atome und ein Kohlenstoff-Atom gebunden. Den Wasserstoff-Atomen weisen wir die Oxidationszahl eins zu. Da die beiden Kohlenstoff-Atome dieselbe Elektronegativität haben, betrachten wir die Bindung zwischen ihnen als rein kovalent und teilen das bindende Elektronenpaar zwischen ihnen so auf, dass wir jedem der beiden Atome ein Elektron zurechnen. Dem Kohlenstoff-Atom der Methylgruppe rechnen wir also insgesamt 3·2 + 1 = 7 Elektronen zu. Die Oxidationszahl ist also –III. Das Kohlenstoff-Atom der Carboxylgruppe ist an zwei Sauerstoff-Atome gebunden, denen wir die bindenden Elektronenpaare zuweisen, sodass diese die Oxidationszahl –II erhalten. Diesem Kohlenstoff-Atom wird also nur ein Elektron aus der kovalenten Bindung zwischen den beiden Kohlenstoff-Atomen zugerechnet, es erhält die Oxidationszahl III.

Essigsäure

Die Ladungszahl eines Ions entspricht der Summe der Oxidationszahlen aller am Aufbau des Ions beteiligten Atome.

$$|\overline{\underline{O}}{-}\overline{\underline{O}}|$$
$$O_2^{2-}$$

$$|\overline{\underline{S}}{-}\overline{\underline{S}}|$$
$$S_2^{2-}$$

Die Elemente der Gruppen 1 oder 2 bilden mit Elementen der Gruppen 14 oder 15 häufig salzartige Verbindungen, die man als Zintl-Phasen bezeichnet. Sie nehmen eine Zwischenstellung zwischen den intermetallischen und den salzartigen Verbindungen ein. Ihr Aufbau lässt sich häufig einfach vorhersagen (⌨ 6.2 und 18.13).

Hydrazin wird durch Oxidation von Ammoniak- mit Hypochlorit-Lösung hergestellt. Die Oxidationszahl des Stickstoffs erhöht sich dabei von –III auf –II.

q) MnO_4^-: Mn^{VII}, 4 O^{-II}

r) NO_3^-: N^V, 3 O^{-II}

s) SO_3^{2-}: S^{IV}, 3 O^{-II}

t) ClO_3^-: Cl^V, 3 O^{-II}

u) NO_2^-: N^{III}, 2 O^{-II}

v) SiF_6^{2-}: Si^{IV}, 6 F^{-I}

7.2 Bei diesen Beispielen handelt es sich um besondere Fälle, die im Einzelnen behandelt werden müssen.

a) H_2O_2: Das Wasserstoffperoxid-Molekül enthält die Peroxogruppe O_2^{2-}, in der zwei Sauerstoff-Atome durch eine Einfachbindung aneinander gebunden sind. Formal hat damit jedes Sauerstoff-Atom die Oxidationszahl –I. Die Oxidationszahl des Wasserstoffs ist I.

b) FeS_2: Pyrit, FeS_2, enthält, anders als viele andere Metallsulfide, keine Sulfid-Ionen (S^{2-}), sondern Disulfid-Anionen (S_2^{2-}), in denen zwei Schwefel-Atome durch eine Einfachbindung aneinander gebunden sind. Jedes S-Atom hat damit die Oxidationszahl –I. Die Oxidationszahl von Eisen ist also II.

c) CaP: Phosphor kann in seinen Verbindungen eine ganze Anzahl verschiedener Oxidationszahlen von –III bis V annehmen. Vom Calcium hingegen kennt man nur die Oxidationszahl II. Folglich muss Phosphor die Oxidationszahl –II und damit sieben *Valenzelektronen* haben; es ist also isoelektronisch zum Chlor-Atom Cl. Von diesem wissen wir, dass es zweiatomige Moleküle Cl_2 bildet. Genauso verhält sich das P^{2-}-Ion, es liegt in CaP als P_2^{4-}-Ion vor. CaP (Ca_2P_2) ist ein Beispiel für eine sogenannte *Zintl-Phase*.

d) N_2H_4: Im Hydrazin-Molekül sind die beiden Stickstoff-Atome durch eine Einfachbindung miteinander verknüpft. Jedes Stickstoff-Atom ist an zwei Wasserstoff-Atome gebunden. Beide Stickstoff-Atome haben ein freies Elektronenpaar. So ergibt sich, dass jedes Stickstoff-Atom sieben Elektronen hat, die Oxidationszahl ist also –II.

e) $K_2S_2O_8$: Die Oxidationsstufen der Atome werden bei der Betrachtung der Valenzstrichformel des Peroxodisulfat-Anions deutlich. Es enthält eine Peroxogruppe (O_2^{2-}), die die beiden Schwefel-Atome miteinander verbindet. Die übrigen sechs Sauerstoff-Atome haben die Oxidationszahl $-II$, die beiden Schwefel-Atome VI, sodass sich für das Ion die Ladung $2 \cdot 6 + 6 \cdot (-2) + (-2) = -2$ ergibt.

$$S_2O_8^{2-}$$

f) Fe_3O_4 (Magnetit) ist eine sogenannte *gemischtvalente* Verbindung, sie enthält Eisen mit zwei verschiedenen Oxidationszahlen. Da alle Sauerstoff-Atome im Fe_3O_4 die Oxidationszahl $-II$ haben, kommen mehrere Möglichkeiten in Betracht, die insgesamt acht negativen Ladungen auszugleichen: $2 \cdot 1 + 6 = 8$, $2 \cdot 2 + 4 = 8$ und $2 \cdot 3 + 2 = 8$. Eisen bildet bevorzugt die Oxidationsstufen II und III. Fe_3O_4 enthält pro Formeleinheit also ein Eisen(II)-Ion und zwei Eisen (III)-Ionen: $Fe^{II}Fe_2^{III}O_4$.

g) Pb_3O_4(Mennige) ist eine sogenannte gemischtvalente Verbindung, sie enthält Blei mit zwei verschiedenen Oxidationszahlen. Da alle Sauerstoff-Atome im Pb_3O_4 die Oxidationszahl $-II$ haben, kommen mehrere Möglichkeiten in Betracht, die insgesamt acht negativen Ladungen auszugleichen: $2 \cdot 1 + 6 = 8$, $2 \cdot 2 + 4 = 8$ und $2 \cdot 3 + 2 = 8$. Blei bildet bevorzugt die Oxidationsstufen II und IV. Pb_3O_4 enthält also Blei(II)-Ionen und Blei(IV)-Ionen im Verhältnis 2:1 ($Pb_2^{II}Pb^{IV}O_4$).

7.3 a) $K_4[Fe(CN)_6]$: Das Cyanid-Ion hat die Ladungszahl -1. Die sechs negativen Ladungen werden kompensiert durch die Ladungen einem Eisen- und vier Kalium-Ionen. Da Kalium in all seinen Verbindungen die Oxidationszahl I hat, muss die des Eisens II betragen.

b) $Mn[PtCl_6]$: Diese Komplexverbindung leitet sich vom $K_2[PtCl_6]$ ab, in der das Platin die Oxidationszahl IV hat.

c) $[Co(NH_3)_6][Cr(H_2O)_2Cl_4]_3$: Diese Verbindung besteht aus einer kationischen Einheit $[Co(NH_3)_6]$ und drei anionischen komplexen Einheiten $[Cr(H_2O)_2Cl_4]_3$. Die Ladung der kationischen Einheit muss also dreimal so groß sein wie die der anionischen. Da Cobalt in Komplexen bevorzugt die Oxidationszahl III hat, muss die Ladungszahl der anionischen Einheit -1 betragen. Chrom hat also die Oxidationszahl III.

d) Li[AlH$_4$]: Lithiumaluminiumhydrid enthält Wasserstoff-Atome mit der Oxidationszahl –I. Da Lithium die Oxidationszahl I hat, muss die des Aluminium-Atoms III sein.

e) Na$_3$[AlF$_6$]: Im Kryolith hat das Aluminium-Atom die Oxidationszahl III.

f) Ni(CO)$_4$: Kohlenstoffmonoxid (CO) ist ein Neutralligand. Folglich hat Nickel die Oxidationszahl Null.

g) Fe$_2$(CO)$_9$: Kohlenstoffmonoxid (CO) ist ein Neutralligand. Folglich hat Eisen die Oxidationszahl Null.

7.4 a) $2\,S_2O_3^{2-}(aq) + I_2(aq) \longrightarrow S_4O_6^{2-}(aq) + 2\,I^-(aq)$

b) $MnO_2(s) + 2\,Cl^-(aq) + 4\,H^+(aq)$
$$\longrightarrow Mn^{2+}(aq) + Cl_2(g) + 2\,H_2O(l)$$

c) $2\,MnO_4^-(aq) + 5\,C_2O_4^{2-}(aq) + 16\,H^+(aq)$
$$\longrightarrow 2\,Mn^{2+}(aq) + 10\,CO_2(g) + 8\,H_2O(l)$$

d) $Pb(s) + PbO_2(s) + 2\,H_2SO_4(l)$
$$\longrightarrow 2\,PbSO_4(s) + 2\,H_2O(l)$$

e) $2\,Al(s) + 2\,OH^-(aq) + 6\,H_2O(l) \longrightarrow 2\,[Al(OH)_4]^- + 3\,H_2$

f) $4\,Au(s) + 8\,CN^-(aq) + O_2(g) + 2\,H_2O(l)$
$$\longrightarrow 4\,[Au(CN)_2]^-(aq) + 4\,OH^-(aq)$$

g) $3\,Cl_2(g) + 6\,OH^-(aq)$
$$\xrightarrow{\Delta} 5\,Cl^-(aq) + ClO_3^-(aq) + 3\,H_2O(l)$$

h) $4\,KO_2(s) + 2\,CO_2(g) \longrightarrow 2\,K_2CO_3(s) + 3\,O_2(g)$

i) $4\,FeS_2(s) + 11\,O_2(g) \longrightarrow 2\,Fe_2O_3(s) + 8\,SO_2(g)$

7.5 Reaktionsgleichung:

$$CN^-(aq) + H_2O_2(aq) \longrightarrow OCN^-(aq) + H_2O(l)$$

Pro Mol Kaliumcyanid wird also ein Mol Wasserstoffperoxid benötigt.

$M(KCN) = 65{,}1\ \text{g·mol}^{-1}$, $M(H_2O_2) = 34{,}0\ \text{g·mol}^{-1}$

$$n(KCN) = \frac{100\ \text{g}}{65{,}1\ \text{g·mol}^{-1}} = 1{,}54\ \text{mol}$$

1 ml der verwendeten Wasserstoffperoxid-Lösung hat eine Masse von 1,11 g. Der Anteil an H_2O_2 beträgt:

$0{,}3 \cdot 1{,}11\ \text{g} = 0{,}333\ \text{g}$

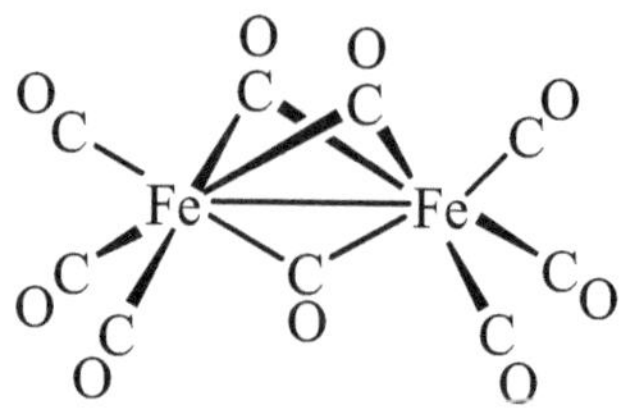

Struktur von Fe$_2$(CO)$_9$

$$\Rightarrow c(\mathrm{H_2O_2}) = \frac{0,333 \ \mathrm{g\cdot ml^{-1}}}{34 \ \mathrm{g\cdot mol^{-1}}} = 9,8\cdot 10^{-3} \ \mathrm{mol\cdot ml^{-1}}$$

$$\Rightarrow V(\mathrm{H_2O_2\text{-}L\ddot{o}sung}) = \frac{1,54 \ \mathrm{mol}}{9,8\cdot 10^{-3} \ \mathrm{mol\cdot ml^{-1}}} = 157 \ \mathrm{ml}$$

7.6 Reaktionsgleichung:

$$2 \ \mathrm{MnO_4^-(aq)} + 5 \ \mathrm{C_2O_4^{2-}(aq)} + 16 \ \mathrm{H^+(aq)}$$
$$\longrightarrow \ 2 \ \mathrm{Mn^{2+}(aq)} + 10 \ \mathrm{CO_2(g)} + 8 \ \mathrm{H_2O(l)}$$

Ein Mol Kaliumpermanganat kann also 2,5 mol Oxalsäure zu Kohlenstoffdioxid oxidieren.

$$n(\mathrm{MnO_4^-}) = 13,7 \ \mathrm{ml}\cdot 0,1 \ \mathrm{mol\cdot l^{-1}} = 1,37 \ \mathrm{mmol}$$

$$n(\mathrm{Oxals\ddot{a}ure}) = 1,37 \ \mathrm{mmol}\cdot 2,5 = 3,425 \ \mathrm{mmol}$$

$$c(\mathrm{Oxals\ddot{a}ure}) = \frac{3,425 \ \mathrm{mmol}}{20 \ \mathrm{ml}} = 0,171 \ \mathrm{mol\cdot l^{-1}}$$

7.7 Reaktionsgleichung:

$$5 \ \mathrm{H_2O_2(aq)} + 2 \ \mathrm{MnO_4^-(aq)} + 6 \ \mathrm{H^+(aq)}$$
$$\longrightarrow \ 2 \ \mathrm{Mn^{2+}(aq)} + 5 \ \mathrm{O_2(g)} + 8 \ \mathrm{H_2O(l)}$$

Für die Masse des in 2 g $\mathrm{H_2O_2}$-Lösung enthaltenen Wasserstoffperoxids gilt:

$$m(\mathrm{H_2O_2}) = 0,3\cdot 2 \ \mathrm{g} = 0,6 \ \mathrm{g}$$

In 10 ml Probelösung befinden sich demnach 0,06 g $\mathrm{H_2O_2}$.

$$M(\mathrm{H_2O_2}) = 34 \ \mathrm{g\cdot mol^{-1}}$$

$$\Rightarrow n(\mathrm{H_2O_2}) = \frac{0,06 \ \mathrm{g}}{34 \ \mathrm{g\cdot mol^{-1}}} = 1,765 \ \mathrm{mmol}$$

Um 1 mol $\mathrm{H_2O_2}$ zu oxidieren, sind $\frac{2}{5}$ mol $\mathrm{MnO_4^-}$ notwendig.

$$\Rightarrow n(\mathrm{MnO_4^-}) = 0,4\cdot 1,765 \ \mathrm{mmol} = 0,706 \ \mathrm{mmol}$$

Für das Volumen der benötigten Maßlösung ergibt sich:

$$V = \frac{n(\mathrm{MnO_4^-})}{c(\mathrm{MnO_4^-})} = \frac{0,706 \ \mathrm{mmol}}{0,02 \ \mathrm{mol\cdot l^{-1}}} = 35,3 \ \mathrm{ml}$$

7.8 a) Reaktionsgleichungen:

$$2 \ \mathrm{Cu^{2+}(aq)} + 4 \ \mathrm{I^-(aq)} \ \longrightarrow \ 2 \ \mathrm{CuI(s)} + \mathrm{I_2(aq)}$$

$$\mathrm{I_2(aq)} + 2 \ \mathrm{S_2O_3^{2-}(aq)} \ \longrightarrow \ 2 \ \mathrm{I^-(aq)} + \mathrm{S_4O_6^{2-}(aq)}$$

Wasserstoffperoxid-Lösungen neigen insbesondere in Gegenwart von Übergangsmetall-Ionen, Metallen, Staub und anderen Stoffen zur Zersetzung in Wasser und Sauerstoff. Um eine vollständige Oxidation des toxischen Cyanids zu gewährleisten, verwendet man daher stets einen Überschuss an Wasserstoffperoxid.

b) Ein Mol Kupfer(II)-Salz setzt ein halbes Mol Iod (I_2) frei. 0,5 mol I_2 oxidieren 1 mol Thiosulfat. Die bei der Titration umgesetzte Stoffmenge an Thiosulfat-Ionen ist also gleich der Stoffmenge der Cu^{2+}-Ionen in der Probelösung.

12,7 ml der Thiosulfat-Maßlösung ($c = 0,1$ mol·l^{-1}) enthalten 12,7 ml·0,1 mol·l^{-1} = 1,27 mmol. Die Konzentration in der Probelösung beträgt also:

$$c(Cu^{2+}) = 1{,}27 \text{ mmol}/20 \text{ ml} = 0{,}0635 \text{ mol·l}^{-1}$$

Bei den aufgeführten Beispielen würden sich die Einheiten der Konzentrationen und Drücke nicht herauskürzen, wenn man konkrete Größenwerte einsetzt. Eine formal korrekte Berechnung erfordert deshalb jeweils eine Division der Konzentrationen durch die Standard-Konzentration (1 mol·l^{-1}) und der Drücke durch den Standarddruck (1000 hPa).

Zu 7.9 a): Berechnungen für *alkalische* Lösungen sind allerdings unrealistisch, da I_2 unter Bildung von I^- und IO^- (bzw. $IO_3{}^-$) disproportioniert.

Zu 7.9 c) und e): Für eine genaue Berechnung des Elektrodenpotentials in *alkalischen* Lösungen müsste auch die Fällung von $Cr(OH)_3$ bzw. $Pb(OH)_2$ berücksichtigt werden.

7.9 Das Elektrodenpotential ist immer dann vom pH-Wert der Lösung abhängig, wenn sich durch den Ablauf der Redoxreaktion die Konzentration von Hydronium-Ionen oder von Hydoxid-Ionen ändert.

a) $E(\frac{1}{2}I_2/I^-) = E^0(\frac{1}{2}I_2/I^-) + 0,059\,V \cdot \lg \dfrac{c(I^-)}{\sqrt{c(I_2)}}$

Das Elektrodenpotential ist unabhängig von der Konzentration der Hydronium-Ionen.

b) $E(NO_3^-/NO)$

$$= E^0(NO_3^-/NO) + \frac{0,059\,V}{3} \cdot \lg \frac{c(NO_3^-) \cdot c^4(H^+)}{p(NO)}$$

Das Elektrodenpotential steigt mit der Konzentration der Hydronium-Ionen.

c) $E(Cr_2O_7^{2-}/Cr^{3+})$

$$= E^0(Cr_2O_7^{2-}/Cr^{3+}) + \frac{0,059\,V}{6} \cdot \lg \frac{c(Cr_2O_7^{2-}) \cdot c^{14}(H^+)}{c^2(Cr^{3+})}$$

Das Elektrodenpotential steigt mit der Konzentration der Hydronium-Ionen.

d) $E(S_2O_8^{2-}/SO_4^{2-})$

$$= E^0(S_2O_8^{2-}/SO_4^{2-}) + \frac{0,059\,V}{2} \cdot \lg \frac{c(S_2O_8^{2-})}{c^2(SO_4^{2-})}$$

Das Elektrodenpotential ist unabhängig von der Konzentration der Hydronium-Ionen.

e) $E(PbO_2/Pb^{2+}) = E^0(PbO_2/Pb^{2+}) + \dfrac{0,059\,V}{2} \cdot \lg \dfrac{c^4(H^+)}{c(Pb^{2+})}$

Das Elektrodenpotential steigt mit der Konzentration der Hydronium-Ionen.

f) $E(O_2/OH^-) = E^0(O_2/OH^-) + \dfrac{0,059\,V}{4} \cdot \lg \dfrac{p(O_2)}{c^4(OH^-)}$

Das Elektrodenpotential steigt mit der Konzentration der Hydronium-Ionen.

g) $E(2\,OCl^-/Cl_2)$

$$= E^0(2\,OCl^-/Cl_2) + \dfrac{0,059\,V}{2} \cdot \lg \dfrac{c^2(OCl^-) \cdot c^4(H^+)}{c(Cl_2)}$$

Das Elektrodenpotential steigt mit der Konzentration der Hydronium-Ionen.

7.10 a)

$$E(Fe^{3+}/Fe^{2+}) = E^0(Fe^{3+}/Fe^{2+}) + 0,059\,V \cdot \lg \dfrac{c(Fe^{3+})}{c(Fe^{2+})}$$

$$= 0,77\,V + 0,059\,V \cdot \lg \dfrac{10^{-1}}{10^{-3}}$$

$$= 0,77\,V + 0,059\,V \cdot \lg\,100$$

$$= 0,888\,V$$

$$E(Ag^+/Ag) = E^0(Ag^+/Ag) + 0,059\,V \cdot \lg \dfrac{c(Ag^+)}{mol \cdot l^{-1}}$$

$$= 0,80\,V + 0,059\,V \cdot \lg\,0,005$$

$$= 0,80\,V - 0,136\,V = 0,664\,V$$

$$U = 0,888\,V - 0,664\,V = 0,224\,V$$

b) Die Eisen-Halbzelle bildet den Pluspol.

c) Fe^{3+}-Ionen wirken als Oxidationsmittel:

$$Fe^{3+}(aq) + Ag(s) \;\rightarrow\; Fe^{2+}(aq) + Ag^+(aq)$$

Zu 7.9 f): Um die Frage nach der Abhängigkeit des Elektrodenpotentials von der Konzentration der Hydronium-Ionen zu beantworten, ersetzt man in der Nernstschen Gleichung die Konzentration der OH$^-$-Ionen durch den Quotienten aus dem Ionenprodukt des Wassers und der Konzentration der Hydroxid-Ionen:

$$c(OH^-) = \dfrac{K_W}{c(H^+)}$$

Damit ergibt sich folgende Formulierung der Nernstschen Gleichung:

$$E(O_2/OH^-) = E^0(O_2/OH^-)$$
$$+ \dfrac{0,059\,V}{4} \cdot \lg \dfrac{p(O_2) \cdot c^4(H^+)}{K_W^4}$$

Diese Formulierung macht deutlich, dass das Elektrodenpotential mit steigender Konzentration der Hydronium-Ionen ansteigt.

Zu 7.10 c): Durch den Ablauf der Reaktion ändern sich die Elektrodenpotentiale beider Redoxpaare, bis sie beim Erreichen des Gleichgewichtszustands übereinstimmen.

7.11

$$E(\text{Ag}^+/\text{Ag}) = E^0(\text{Ag}^+/\text{Ag}) + \frac{R \cdot T}{z \cdot F} \cdot \ln \frac{c(\text{Ag}^+)}{\text{mol} \cdot \text{l}^{-1}}$$

Um das Elektrodenpotential berechnen zu können, wird die Konzentration der Silber-Ionen benötigt. Diese wird durch das Löslichkeitsprodukt von Silberchlorid und die gegebene Chlorid-Ionen-Konzentration bestimmt.

$$K_\text{L} = c(\text{Ag}^+) \cdot c(\text{Cl}^-) = 2 \cdot 10^{-10} \ \text{mol}^2 \cdot \text{l}^{-2} \ (\text{bei } 25 \ °\text{C})$$

$$c(\text{Ag}^+) = \frac{K_\text{L}}{c(\text{Cl}^-)}$$

$$= \frac{2 \cdot 10^{-10} \ \text{mol}^2 \cdot \text{l}^{-2}}{0,1 \ \text{mol} \cdot \text{l}^{-1}} = 2 \cdot 10^{-9} \ \text{mol} \cdot \text{l}^{-1}$$

25 °C:

$$E = 0,80 \ \text{V} + \frac{8,3145 \ \text{W} \cdot \text{s} \cdot \text{K}^{-1} \cdot \text{mol}^{-1} \cdot 298 \ \text{K}}{1 \cdot 96500 \ \text{A} \cdot \text{s}} \cdot \ln 2 \cdot 10^{-9}$$

$$= 0,80 \ \text{V} + 25,67 \cdot 10^{-3} \ \text{V} \cdot (-20,03)$$

$$= 0,80 \ \text{V} - 0,514 \ \text{V} = 0,286 \ \text{V}$$

50 °C: Da das Löslichkeitsprodukt von der Temperatur abhängig ist, muss zunächst mithilfe der Gibbs-Helmholtz-Gleichung ein Näherungswert für die freie Reaktionsenthalpie bei 50 °C (323 K) berechnet werden:

	AgCl(s) $\rightleftharpoons$	Ag$^+$(aq) +	Cl$^-$(aq)
$\Delta H_\text{f}^0 \ (\text{kJ} \cdot \text{mol}^{-1})$	-127	106	-167
$S^0 \ (\text{J} \cdot \text{mol}^{-1} \cdot \text{K}^{-1})$	96	73	57

$$\Delta H_\text{R}^0 = 66 \ \text{kJ} \cdot \text{mol}^{-1}$$

$$\Delta S_\text{R}^0 = 34 \ \text{J} \cdot \text{mol}^{-1} \cdot \text{K}^{-1}$$

$$\Delta G_{\text{R}, 323}^0 \approx \Delta H_{\text{R}, 298}^0 - 323 \ \text{K} \cdot \Delta S_{\text{R}, 298}^0$$

$$\Delta G_{\text{R}, 323}^0 = 66 \ \text{kJ} \cdot \text{mol}^{-1} - 323 \ \text{K} \cdot 34 \ \text{J} \cdot \text{mol}^{-1} \cdot \text{K}^{-1}$$

$$= (66 - 11) \ \text{kJ} \cdot \text{mol}^{-1}$$

$$= 55 \ \text{kJ} \cdot \text{mol}^{-1}$$

Das Löslichkeitsprodukt für 323 K ergibt sich daraus auf folgende Weise:

Das Watt ist die Einheit der *elektrischen Leistung*:

$1 \ \text{W} = 1 \ \text{V} \cdot 1 \ \text{A}$

Die Wattsekunde (W · s) und die davon abgeleitete Kilowattstunde (kW · h) sind im physikalischen Sinne Einheiten für die *elektrische Arbeit*.

(Arbeit = Leistung · Zeit)

$$\ln K = \frac{-\Delta G_{R,T}^0}{R \cdot T} = \frac{55 \text{ kJ} \cdot \text{mol}^{-1}}{8,3145 \text{ J} \cdot \text{K}^{-1} \cdot \text{mol}^{-1} \cdot 323 \text{ K}} = -20,5$$

$$\Rightarrow K_L(\text{AgCl}) = 1,3 \cdot 10^{-9} \text{ mol}^2 \cdot \text{l}^{-2}$$

Mit $c(\text{Cl}^-) = 0,1$ mol$\cdot$l^{-1} ergibt sich: $c(\text{Ag}^+) = 1,3 \cdot 10^{-8}$ mol$\cdot$l^{-1}

Für das Elektrodenpotential bei 50 °C errechnet sich:

$$E = 0,80 \text{ V} + \frac{8,3145 \text{ W} \cdot \text{s} \cdot \text{K}^{-1} \cdot \text{mol}^{-1} \cdot 323 \text{ K}}{1 \cdot 96\,500 \text{ A} \cdot \text{s}} \cdot \ln 1,3 \cdot 10^{-8}$$

$$= 0,80 \text{ V} + 27,83 \cdot 10^{-3} \text{ V} \cdot (-18,16)$$

$$= 0,80 \text{ V} - 0,505 \text{ V} = 0,295 \text{ V}$$

7.12 a)

$$E(\text{Cu}^{2+}/\text{Cu}) = E^0(\text{Cu}^{2+}/\text{Cu}) + \frac{0,059 \text{ V}}{2} \cdot \lg \frac{c(\text{Cu}^{2+})}{\text{mol} \cdot \text{l}^{-1}}$$

$$= 0,34 \text{ V} + \frac{0,059 \text{ V}}{2} \cdot \lg 0,1$$

$$= 0,34 \text{ V} - 0,03 \text{ V} = 0,31 \text{ V}$$

$$E(\text{Zn}^{2+}/\text{Zn}) = E^0(\text{Zn}^{2+}/\text{Zn}) + \frac{0,059 \text{ V}}{2} \cdot \lg \frac{c(\text{Zn}^{2+})}{\text{mol} \cdot \text{l}^{-1}}$$

$$= -0,76 \text{ V} + \frac{0,059 \text{ V}}{2} \cdot \lg 0,2$$

$$= -0,76 \text{ V} - 0,021 \text{ V} = -0,781 \text{ V}$$

$$U = E(\text{Cu}^{2+}/\text{Cu}) - E(\text{Zn}^{2+}/\text{Zn})$$

$$= 0,31 \text{ V} - (-0,781) \text{ V} = 1,091 \text{ V}$$

b) Ein Strom mit $I = 200$ mA, der 30 min fließt, entspricht einer elektrischen Ladung von $0,2$ A $\cdot$ 30 $\cdot$ 60 s $= 360$ A$\cdot$s $= 360$ C. Die Ladung von einem Mol Elektronen entspricht dem Zahlenwert der Faraday-Konstanten ($F = 96\,500$ C$\cdot$mol^{-1}). Die Stoffmenge der Elektronen mit einer Ladung von 360 C beträgt demnach:

$$n(\text{e}^-) = \frac{360 \text{ C}}{96\,500 \text{ C} \cdot \text{mol}^{-1}} = 3,73 \cdot 10^{-3} \text{ mol}$$

Insgesamt läuft folgende Reaktion ab:

$$\text{Zn(s)} + \text{Cu}^{2+}(\text{aq}) \rightarrow \text{Zn}^{2+}(\text{aq}) + \text{Cu(s)}$$

Bei der Reaktion von einem Mol Cu^{2+}-Ionen bzw. der Oxidation von einem Mol Zn werden zwei Mol Elektronen benötigt bzw. freigesetzt.

$3{,}73 \cdot 10^{-3}$ mol Elektronen entsprechen also einem Stoffumsatz von $0{,}5 \cdot 3{,}73 \cdot 10^{-3}$ mol $= 1{,}87 \cdot 10^{-3}$ mol Cu^{2+}-Ionen bzw. Zn. Die Stoffmenge der Cu^{2+}-Ionen wird um diesen Wert verringert, die der Zn^{2+}-Ionen entsprechend erhöht.

Für die zu Beginn der Stoffentnahme vorhandenen Stoffmengen an Cu^{2+}- und Zn^{2+}-Ionen gilt:

$$c = \frac{n}{V} \quad ; \quad n = c \cdot V$$

$$n(Cu^{2+}) = 0{,}1 \text{ mol} \cdot l^{-1} \cdot 0{,}05 \text{ l} = 5 \cdot 10^{-3} \text{ mol}$$

$$n(Zn^{2+}) = 0{,}2 \text{ mol} \cdot l^{-1} \cdot 0{,}05 \text{ l} = 10^{-2} \text{ mol}$$

Nach dreißigminütiger Stromentnahme ergeben sich damit folgende Stoffmengen:

$$n(Cu^{2+}) = 5 \cdot 10^{-3} \text{ mol} - 1{,}87 \cdot 10^{-3} \text{ mol} = 3{,}13 \cdot 10^{-3} \text{ mol}$$

$$n(Zn^{2+}) = 10^{-2} \text{ mol} + 1{,}87 \cdot 10^{-3} \text{ mol} = 1{,}19 \cdot 10^{-2} \text{ mol}$$

Für die Konzentrationen gilt:

$$c(Cu^{2+}) = \frac{3{,}13 \cdot 10^{-3} \text{ mol}}{0{,}05 \text{ l}} = 6{,}26 \cdot 10^{-2} \text{ mol} \cdot l^{-1}$$

$$c(Zn^{2+}) = \frac{1{,}19 \cdot 10^{-2} \text{ mol}}{0{,}05 \text{ l}} = 0{,}238 \text{ mol} \cdot l^{-1}$$

Mit diesen Konzentrationen ergeben sich die folgenden Elektrodenpotentiale:

$$E(Cu^{2+}/Cu) = 0{,}34 \text{ V} + \frac{0{,}059 \text{ V}}{2} \cdot \lg 6{,}26 \cdot 10^{-2}$$
$$= 0{,}34 \text{ V} - 0{,}036 \text{ V} = 0{,}304 \text{ V}$$

$$E(Zn^{2+}/Zn) = -0{,}76 \text{ V} + \frac{0{,}059 \text{ V}}{2} \cdot \lg 0{,}238$$
$$= -0{,}76 \text{ V} - 0{,}018 \text{ V} = -0{,}777 \text{ V}$$

Die Spannung einer galvanischen Zelle, einer Batterie oder eines Akkumulators nimmt allmählich ab, wenn Strom entnommen wird.

Zellspannung:

$$U = 0{,}293 \text{ V} - (-0{,}777 \text{ V}) = 1{,}07 \text{ V}$$

7.13 Wir haben es hier mit einer Konzentrationszelle zu tun. Bei Konzentrationszellen bestehen beide Halbzellen I und II aus demselben Redoxpaar; sie unterscheiden sich durch die Konzentration des gelösten Salzes. Die Zellspannung einer Konzentrationskette lässt sich folgendermaßen berechnen:

$$U = E_{I} - E_{II} = E^0 + \frac{0,059\,V}{z} \cdot \lg c_{I} - \left(E^0 + \frac{0,059\,V}{z} \cdot \lg c_{II} \right)$$

$$= \frac{0,059\,V}{z} \cdot \lg \frac{c_{I}}{c_{II}}$$

$$0,170\,V = \frac{0,059\,V}{2} \cdot \lg \frac{0,1\,mol \cdot l^{-1}}{c_{II}(Pb^{2+})}$$

$$\lg \frac{0,1\,mol \cdot l^{-1}}{c_{II}(Pb^{2+})} = \frac{2 \cdot 0,170\,V}{0,059\,V} = 5,76$$

$$\Rightarrow \frac{0,1\,mol \cdot l^{-1}}{c_{II}(Pb^{2+})} = 10^{5,76}$$

$$c_{II}(Pb^{2+}) = 10^{-6,76}\,mol \cdot l^{-1} = 1,74 \cdot 10^{-7}\,mol \cdot l^{-1}$$

Da sich durch die Zugabe von wenig Bleinitrat die Konzentration an Sulfat-Ionen ($0,1\,mol \cdot l^{-1}$) kaum ändert, lässt sich das Löslichkeitsprodukt wie folgt berechnen:

$$K_{L}(PbSO_4) = c(Pb^{2+}) \cdot 0,1\,mol \cdot l^{-1} = 1,74 \cdot 10^{-8}\,mol^2 \cdot l^{-2}$$

7.14

$$Cu^{2+}(aq) + 4\,NH_3(aq) \rightleftharpoons [Cu(NH_3)_4]^{2+}(aq)$$

a) Bei dieser galvanischen Zelle handelt es sich um eine Konzentrationszelle, deren Spannung durch folgende Beziehung berechnet werden kann:

$$U = \frac{0,059\,V}{z} \cdot \lg \frac{c_1(Cu^{2+})}{c_2(Cu^{2+})}$$

$$U = 0,40\,V; \quad c_2(Cu^{2+}) = 10^{-2}\,mol \cdot l^{-1}$$

$$\Rightarrow 0,40\,V = \frac{0,059\,V}{2} \cdot \lg \frac{10^{-2}\,mol \cdot l^{-1}}{c_2(Cu^{2+})}$$

$$\frac{2 \cdot 0,40\,V}{0,059\,V} = \lg \frac{10^{-2}\,mol \cdot l^{-1}}{c_2(Cu^{2+})} = -2 - \lg c_2(Cu^{2+})$$

$$\Rightarrow \lg c_2(Cu^{2+}) = -15,56$$

$$c_2(Cu^{2+}) = 2,8 \cdot 10^{-16}\,mol \cdot l^{-1}$$

Das in Lösung befindliche Kupfer liegt also praktisch vollständig in Form des Tetraammin-Komplexes vor:

$$c\left([Cu(NH_3)_4]^{2+}\right) = 0,01 \ mol \cdot l^{-1}$$

Damit lässt sich die Stabilitätskonstante folgendermaßen berechnen:

$$K = \frac{c\left([Cu(NH_3)_4]^{2+}\right)}{c_2(Cu^{2+}) \cdot c^4(NH_3)}$$

$$= \frac{0,01 \ mol \cdot l^{-1}}{2,8 \cdot 10^{-16} \ mol \cdot l^{-1} \cdot 1^4 \ mol^4 \cdot l^{-4}} = 3,6 \cdot 10^{13} \ mol^{-4} \cdot l^4$$

b)

$$Cu^{2+}(aq) + 2 \ en \ \rightleftharpoons \ [Cu(en)_2]^{2+}$$

$$U = \frac{0,059 \ V}{z} \cdot \lg \frac{c_1(Cu^{2+})}{c_2(Cu^{2+})}$$

$$U = 0,549 \ V; \quad c_2(Cu^{2+}) = 10^{-2} \ mol \cdot l^{-1}$$

$$\Rightarrow 0,549 \ V = \frac{0,059 \ V}{2} \cdot \lg \frac{10^{-2} \ mol \cdot l^{-1}}{c_2(Cu^{2+})}$$

$$\frac{2 \cdot 0,549 \ V}{0,059 \ V} = \lg \frac{10^{-2} \ mol \cdot l^{-1}}{c_2(Cu^{2+})} = -2 - \lg c_2(Cu^{2+})$$

$$\Rightarrow \ \lg c_2(Cu^{2+}) = -20,61$$

$$c_2(Cu^{2+}) = 2,5 \cdot 10^{-21} \ mol \cdot l^{-1}$$

Das in Lösung befindliche Kupfer liegt also praktisch vollständig als Diaminoethan-Komplex $[Cu(en)_2]^{2+}$ vor:

$$c\left([Cu(en)_2]^{2+}\right) = 0,01 \ mol \cdot l^{-1}$$

Damit lässt sich die Stabilitätskonstante folgendermaßen berechnen:

$$K = \frac{c\left([Cu(en)_2]^{2+}\right)}{c_2(Cu^{2+}) \cdot c^2(en)}$$

$$= \frac{0,01 \ mol \cdot l^{-1}}{2,5 \cdot 10^{-21} \ mol \cdot l^{-1} \cdot 0,1^2 \ mol^2 \cdot l^{-2}} = 4 \cdot 10^{20} \ mol^{-2} \cdot l^2$$

Der große Unterschied zwischen den Stabilitätskonstanten von Tetraammin- und Dien-Komplex (rund sieben Zehnerpotenzen!) ist auf den sogenannten *Chelateffekt* zurückzuführen (📖 12.5).

7.15 a)

1. Es bildet sich ein Niederschlag von Silberchlorid:

$$Ag^+(aq) + Cl^-(aq) \rightleftharpoons AgCl(s)$$

2. Der Silberchlorid-Niederschlag löst sich auf:

$$AgCl(s) + 2\,NH_3(aq) \rightleftharpoons [Ag(NH_3)_2]^+(aq) + Cl^-(aq)$$

3. Es bildet sich ein Niederschlag von Silberbromid:

$$[Ag(NH_3)_2]^+(aq) + Br^-(aq) \rightleftharpoons AgBr(s) + 2\,NH_3(aq)$$

4. Der Silberbromid-Niederschlag löst sich auf:

$$AgBr(s) + 2\,S_2O_3^{2-}(aq) \rightleftharpoons [Ag(S_2O_3)_2]^{3-}(aq) + Br^-(aq)$$

5. Es bildet sich ein Niederschlag von Silberiodid:

$$[Ag(S_2O_3)_2]^{3-}(aq) + I^-(aq) \rightleftharpoons AgI(s) + 2\,S_2O_3^{2-}(aq)$$

6. Der Silberiodid-Niederschlag löst sich auf:

$$AgI(s) + 2\,CN^-(aq) \rightleftharpoons [Ag(CN)_2]^-(aq) + I^-(aq)$$

7. Es bildet sich ein Niederschlag von Silbersulfid:

$$2\,[Ag(CN)_2]^-(aq) + S^{2-}(aq) \rightleftharpoons Ag_2S(s) + 4\,CN^-(aq)$$

b) Die wechselweise Zugabe von Fällungsreagenzien bzw. Komplexbildnern führt zur Einstellung der jeweiligen Löslichkeits- bzw. Komplexbildungsgleichgewichte. Die Konzentrationen der Silber-Ionen $c_i(Ag^+)$ $(i = 2\dots8)$ $(c_2(Ag^+)\dots c_8(Ag^+))$ bestimmen das Elektrodenpotential in der Messzelle und damit die gemessene Zellspannung der Konzentrationszelle.

$$U = \frac{0,059\,V}{z} \cdot \lg\frac{c_1(Ag^+)}{c_i(Ag^+)}$$

1. AgCl

$$0,430\,V = 0,059\,V \cdot \lg\frac{0,01\,mol\cdot l^{-1}}{c_2(Ag^+)}$$

$$\frac{0,430\,V}{0,059\,V} = -2 - \lg c_2(Ag^+)$$

$$\Rightarrow \lg c_2(Ag^+) = -9,29$$

$$c_2(Ag^+) = 5,1\cdot10^{-10}\,mol\cdot l^{-1}$$

$$K_L = c(Ag^+)\cdot c(Cl^-) = 5,1\cdot10^{-10}\,mol\cdot l^{-1}\cdot 1\,mol\cdot l^{-1}$$

$$K_L = 5,1\cdot10^{-10}\,mol^2\cdot l^{-2}$$

Literaturwert:

$$K_L = 2\cdot10^{-10}\,mol^2\cdot l^{-2}$$

2. $[Ag(NH_3)_2]^+$

$$0,450 \text{ V} = 0,059 \text{ V} \cdot \lg \frac{0,01 \text{ mol} \cdot l^{-1}}{c_3(Ag^+)}$$

$$\Rightarrow \lg c_3(Ag^+) = -9,63$$

$$c_3(Ag^+) = 2,3 \cdot 10^{-10} \text{ mol} \cdot l^{-1}$$

$$\beta_2 = \frac{c\left([Ag(NH_3)_2]^+\right)}{c_3(Ag^+) \cdot c^2(NH_3)}$$

Das gelöste Silber liegt praktisch vollständig als Diamminkomplex vor, sodass dessen Konzentration gleich der Anfangskonzentration der Silber-Ionen von 0,01 mol·l^{-1} ist.

Ammoniak liegt in großem Überschuss vor (1 mol·l^{-1}); nur ein geringer Teil wird für die Bildung des Diamminkomplexes verbraucht, auch die Protolyse zu Ammonium- und Hydroxid-Ionen läuft nur in geringem Umfang ab, sodass in erster Näherung mit einer Konzentration an Ammoniak von 1 mol·l^{-1} gerechnet werden kann.

Mit diesen Näherungen ergibt sich folgender Wert von β_2:

Literaturwert:
$\beta_2 = 1,6 \cdot 10^7 \text{ mol}^{-2} \cdot l^2$

$$\beta_2 = \frac{0,01 \text{ mol} \cdot l^{-1}}{2,3 \cdot 10^{-10} \text{ mol} \cdot l^{-1} \cdot 1^2 \text{ mol}^2 \cdot l^{-2}} = 4,2 \cdot 10^7 \text{ mol}^{-2} \cdot l^2$$

Die Lösungen der übrigen Teilaufgaben ergeben sich in analoger Weise. Die Zahlenwerte sind in der folgenden Tabelle zusammengestellt:

Die für die Ag$_2$S-Fällung errechnete Gleichgewichtskonzentration
$c(Ag^+) = 9,2 \cdot 10^{-25} \text{ mol} \cdot l^{-1}$ hat keine anschauliche Bedeutung mehr: Schon ein Ag$^+$-Ion in 100 ml Lösung ergäbe mit
$c(Ag^+) = 1,6 \cdot 10^{-23} \text{ mol} \cdot l^{-1}$ einen um den Faktor 17 größeren Konzentrationswert.

Reagenz	$\dfrac{U}{\text{mV}}$	$\dfrac{c_i(Ag^+)}{\text{mol} \cdot l^{-1}}$	$\dfrac{K_L}{\text{mol}^2 \cdot l^{-2}}$ bzw. $\dfrac{\beta_2}{\text{mol}^{-2} \cdot l^2}$	Literaturwert
Cl$^-$	430	$5,2 \cdot 10^{-10}$	$5,2 \cdot 10^{-10}$	$2 \cdot 10^{-10}$
NH$_3$	450	$2,3 \cdot 10^{-10}$	$4,2 \cdot 10^7$	$2 \cdot 10^7$
Br$^-$	570	$2,2 \cdot 10^{-12}$	$2,2 \cdot 10^{-12}$	$5 \cdot 10^{-13}$
S$_2$O$_3$$^{2-}$	730	$4,2 \cdot 10^{-15}$	$2,4 \cdot 10^{12}$	10^{13}
I$^-$	800	$2,8 \cdot 10^{-16}$	$2,8 \cdot 10^{-16}$	$8 \cdot 10^{-17}$
CN$^-$	1 220	$2,1 \cdot 10^{-23}$	$4,8 \cdot 10^{20}$	10^{21}
S^{2-}	1 300	$9,2 \cdot 10^{-25}$	$8,5 \cdot 10^{-49}$ *	$8 \cdot 10^{-51}$

* Das Löslichkeitsprodukt von Silbersulfid, Ag$_2$S, wird durch die Beziehung $K_L = c^2(Ag^+) \cdot c(S^{2-})$ beschrieben. Es hat die Einheit: mol$^3 \cdot$l^{-3}.

7.16

a) $2\,Cu^+(aq) \;\rightleftharpoons\; Cu(s) + Cu^{2+}(s)$

In der Spannungsreihe (Anhang) findet man die folgenden Angaben:

1. $Cu^+(aq) + e^- \;\rightleftharpoons\; Cu(s);\qquad E^0 = 0,52\ V$

2. $Cu^{2+}(aq) + 2\,e^- \;\rightleftharpoons\; Cu(s);\quad E^0 = 0,34\ V$

Mithilfe der angegebenen Beziehung erhält man:

$$\Delta G_1^0 = -1 \cdot 96\,500\ A \cdot s \cdot mol^{-1} \cdot 0,52\ V$$
$$= -50\,180\ A \cdot V \cdot s \cdot mol^{-1} = -50\,180\ W \cdot s \cdot mol^{-1}$$
$$= -50\,180\ J \cdot mol^{-1} = -50,2\ kJ \cdot mol^{-1}$$

$$\Delta G_2^0 = -2 \cdot 96\,500\ A \cdot s \cdot mol^{-1} \cdot 0,34\ V = -65,6\ kJ \cdot mol^{-1}$$

Die unter a) angegebene Reaktion und ihr ΔG_R^0–Wert lässt sich auf folgende Weise auf eine Kombination der Teilreaktionen 1. und 2. zurückführen:

Man verdoppelt bei 1. die stöchiometrischen Faktoren und addiert den Gleichung 2. entsprechenden, aber umgekehrt verlaufenden Vorgang:

$2\,Cu^+(aq) + 2\,e^- \;\rightleftharpoons\; 2\,Cu(s);$	$\Delta G^0 = 2 \cdot \Delta G_1^0$
$Cu(s) \;\rightleftharpoons\; Cu^{2+}(aq) + 2\,e^-;$	$\Delta G^0 = -\Delta G_2^0$
$2\,Cu^+(aq) \;\rightleftharpoons\; Cu(s) + Cu^{2+}(aq);$	$\Delta G_R^0 = 2 \cdot \Delta G_1^0 - \Delta G_2^0$

$$\Delta G_R^0 = \big(2(-50,2) - (-65,6)\big)\ kJ \cdot mol^{-1}$$
$$= -34,8\ kJ \cdot mol^{-1}$$

$$\Delta G_R^0 = -R \cdot T \cdot \ln K$$

$$\ln K = -\frac{\Delta G_R^0}{R \cdot T} = \frac{34\,800\ J \cdot mol^{-1}}{8,3145\ J \cdot mol^{-1} \cdot K^{-1} \cdot 298\ K} = 14,045$$

$$K = e^{14,045}$$

$$K_c = 1,3 \cdot 10^6\ mol^{-1} \cdot 1$$

Der hier über die E^0-Werte errechnete Wert für ΔG_R^0 kann auch direkt aus den tabellierten Werten für die freien Standard-Bildungsenthalpien ermittelt werden.

Das Ergebnis zeigt, dass Kupfer(I)-Verbindungen in wässriger Lösung nicht stabil sind, sie disproportionieren in metallisches Kupfer und Cu^{2+}-Ionen.
Schwerlösliche Kupfer(I)-Verbindungen wie CuCl können jedoch auch in wässriger Lösung dargestellt werden.

Wie Kupfer(I)- sind auch Gold(I)-Ionen in wässeriger Lösung nicht stabil. Sie disproportionieren jedoch – anders als Kupfer(I)-Ionen – in das Metall und Ionen der Oxidationsstufe III. Von dem in derselben Gruppe zwischen Kupfer und Gold stehenden Silber kennt man hingegen in wässeriger Lösung nur Ag(I)-Ionen.

Aus den tabellierten Werten für die freien Standard-Bildungsenthalpien aller Reaktionsteilnehmer berechnet man für die freie Reaktionsenthalpie einen Wert von -75 kJ·mol^{-1}. Dies zeigt, dass die Literaturangaben der ΔG^0-Werte und der Standard-Elektrodenpotentiale in diesem Fall nicht konsistent sind.

b) $3\,\mathrm{Au}^+(aq) + 3\,e^- \rightleftharpoons 2\,\mathrm{Au}(s) + \mathrm{Au}^{3+}(aq)$

1. $\mathrm{Au}^+(aq) + e^- \rightleftharpoons \mathrm{Au}(s);\qquad E^0 = 1{,}69\ \mathrm{V}$

2. $\mathrm{Au}^{3+}(aq) + 3\,e^- \rightleftharpoons \mathrm{Au}(s);\quad E^0 = 1{,}50\ \mathrm{V}$

$$\Delta G_1^0 = -1\cdot 96\,500\ \mathrm{A\cdot s\cdot mol^{-1}}\cdot 1{,}69\ \mathrm{V} = -163\,085\ \mathrm{J\cdot mol^{-1}}$$
$$= -163{,}1\ \mathrm{kJ\cdot mol^{-1}}$$
$$\Delta G_2^0 = -3\cdot 96\,500\ \mathrm{A\cdot s\cdot mol^{-1}}\cdot 1{,}50\ \mathrm{V} = -434\,250\ \mathrm{J\cdot mol^{-1}}$$
$$= -434{,}3\ \mathrm{kJ\cdot mol^{-1}}$$

$$3\,\mathrm{Au}^+(aq) + 3\,e^- \rightleftharpoons 3\,\mathrm{Au}(s); \qquad\qquad \Delta G^0 = 3\cdot\Delta G_1^0$$
$$\mathrm{Au}(s) \rightleftharpoons \mathrm{Au}^{3+}(aq) + 3\,e^-; \qquad\qquad \Delta G^0 = -\Delta G_2^0$$
$$\overline{3\,\mathrm{Au}^+(aq) \rightleftharpoons 2\,\mathrm{Au}(s) + \mathrm{Au}^{3+}(aq);\quad \Delta G_R^0 = 3\cdot\Delta G_1^0 - \Delta G_2^0}$$

$$\Delta G_R^0 = \big(3(-163{,}1) - (-434{,}3)\big)\ \mathrm{kJ\cdot mol^{-1}}$$
$$= -55\ \mathrm{kJ\cdot mol^{-1}}$$

$$\ln K = -\frac{\Delta G_R^0}{R\cdot T} = \frac{55\,000\ \mathrm{J\cdot mol^{-1}}}{8{,}3145\ \mathrm{J\cdot mol^{-1}\cdot K^{-1}}\cdot 298\ \mathrm{K}} = 22{,}198$$

$$K = e^{22{,}198}$$

$$K_c = 4\cdot 10^9\ \mathrm{mol^{-2}\cdot l^2}$$

c) $2\,\mathrm{Fe}^{2+}(aq) + \frac{1}{2}\mathrm{O}_2(g) + 2\,\mathrm{H}^+(aq) \rightleftharpoons 2\,\mathrm{Fe}^{3+}(aq) + \mathrm{H}_2\mathrm{O}(l)$

1. $\mathrm{Fe}^{3+}(aq) + e^- \rightleftharpoons \mathrm{Fe}^{2+}(aq);\qquad\qquad E^0 = 0{,}77\ \mathrm{V}$

2. $\mathrm{O}_2(g) + 4\,\mathrm{H}^+(aq) + 4\,e^- \rightleftharpoons 2\,\mathrm{H}_2\mathrm{O}(l);\quad E^0 = 1{,}23\ \mathrm{V}$

$$\Delta G_1^0 = -1\cdot 96\,500\ \mathrm{A\cdot s\cdot mol^{-1}}\cdot 0{,}77\ \mathrm{V} = -74\,305\ \mathrm{J\cdot mol^{-1}}$$
$$= -74{,}3\ \mathrm{kJ\cdot mol^{-1}}$$
$$\Delta G_2^0 = -4\cdot 96\,500\ \mathrm{A\cdot s\cdot mol^{-1}}\cdot 1{,}23\ \mathrm{V} = -474\,780\ \mathrm{J\cdot mol^{-1}}$$
$$= -474{,}8\ \mathrm{kJ\cdot mol^{-1}}$$

$$2\,\mathrm{Fe}^{2+}(aq) \rightleftharpoons 2\,\mathrm{Fe}^{3+}(aq) + 2\,e^-; \qquad \Delta G^0 = -2\cdot\Delta G_1^0$$
$$\frac{1}{2}\mathrm{O}_2(g) + 2\,\mathrm{H}^+(aq) + 2\,e^- \rightleftharpoons \mathrm{H}_2\mathrm{O}(l); \qquad \Delta G^0 = \frac{1}{2}\cdot\Delta G_2^0$$
$$\overline{2\,\mathrm{Fe}^{2+}(aq) + \frac{1}{2}\mathrm{O}_2(g) + 2\,\mathrm{H}^+(aq) \rightleftharpoons 2\,\mathrm{Fe}^{3+}(aq) + \mathrm{H}_2\mathrm{O}(l);}$$
$$\Delta G_R^0 = -2\cdot\Delta G_1^0 + \frac{1}{2}\cdot\Delta G_2^0$$

$$\Delta G_R^0 = (2 \cdot 74,3 - 0,5 \cdot 474,8)\ \text{kJ} \cdot \text{mol}^{-1}$$
$$= -88,8\ \text{kJ} \cdot \text{mol}^{-1}$$

$$\ln K = -\frac{\Delta G_R^0}{R \cdot T} = \frac{88\,800\ \text{J} \cdot \text{mol}^{-1}}{8,3145\ \text{J} \cdot \text{mol}^{-1} \cdot \text{K}^{-1} \cdot 298\ \text{K}} = 35,84$$

$$K = e^{35,84}$$

$$K = 3,7 \cdot 10^{15}$$

Da an der Reaktion gelöste, flüssige und gasförmige Reaktionspartner teilnehmen, kann nicht ohne Weiteres die Gleichgewichtskonstante K_c oder K_p angegeben werden. Der Zahlenwert von K ist so extrem groß, dass eine ganz auf Seiten der Fe^{3+}-Ionen liegende Gleichgewichtslage erwartet wird. Eisen(II)-Lösungen von Eisen(II)-Salzen sind daher an der Luft instabil.

d) $Cr^{2+}(aq) + H^+(aq) \rightleftharpoons Cr^{3+}(aq) + \frac{1}{2}H_2(g)$

1. $Cr^{3+}(aq) + e^- \rightleftharpoons Cr^{2+}(aq); \quad E^0 = -0,41\ \text{V}$

2. $2\,H^+(aq) + 2\,e^- \rightleftharpoons H_2(g); \quad E^0 = 0\ \text{V}$

$$\Delta G_1^0 = -1 \cdot 96\,500\ \text{A} \cdot \text{s} \cdot \text{mol}^{-1} \cdot (-0,41\ \text{V}) = 39\,565\ \text{J} \cdot \text{mol}^{-1}$$
$$= 39,6\ \text{kJ} \cdot \text{mol}^{-1}$$

$$\Delta G_2^0 = 0\ \text{kJ} \cdot \text{mol}^{-1}$$

$Cr^{2+}(aq) \rightleftharpoons Cr^{3+}(aq) + e^-; \qquad \Delta G^0 = -\Delta G_1^0$

$H^+(aq) + e^- \rightleftharpoons \frac{1}{2}H_2(g); \qquad \Delta G^0 = 0\ \text{kJ} \cdot \text{mol}^{-1}$

$Cr^{2+}(aq) + H^+(aq) \rightleftharpoons Cr^{3+}(aq) + \frac{1}{2}H_2(g); \quad \Delta G_R^0 = -\Delta G_1^0$

$$\Delta G_R^0 = -39,6\ \text{kJ} \cdot \text{mol}^{-1}$$

$$\ln K = -\frac{\Delta G_R^0}{R \cdot T} = \frac{39\,600\ \text{J} \cdot \text{mol}^{-1}}{8,3145\ \text{J} \cdot \text{mol}^{-1} \cdot \text{K}^{-1} \cdot 298\ \text{K}} = 15,982$$

$$K = e^{15,982}$$

$$K = 9 \cdot 10^6$$

Chrom(II)-Verbindungen sind so starke Reduktionsmittel, dass Hydronium-Ionen in wässeriger Lösung zu elementarem Wasserstoff reduziert werden. Die Reaktion ist allerdings kinetisch gehemmt, sodass Wasserstoff nur unter bestimmten Bedingungen entsteht.

Eisen(II)-Verbindungen haben gegenüber manchen Reaktionspartnern durchaus reduzierende Eigenschaften; ihr Reduktionsvermögen ist jedoch lange nicht so stark wie das von Chrom(II)-Verbindungen.

e) $Fe^{2+}(aq) + H^+(aq) \rightleftharpoons Fe^{3+}(aq) + \frac{1}{2}H_2(g)$

1. $Fe^{3+}(aq) + e^- \rightleftharpoons Fe^{2+}(aq); \quad E^0 = 0,77 \text{ V}$
2. $2\,H^+(aq) + 2\,e^- \rightleftharpoons H_2(g); \quad E^0 = 0 \text{ V}$

$$\Delta G_1^0 = -1 \cdot 96\,500 \text{ A} \cdot \text{s} \cdot \text{mol}^{-1} \cdot 0,77 \text{ V} = -74\,305 \text{ J} \cdot \text{mol}^{-1}$$
$$= -74,3 \text{ kJ} \cdot \text{mol}^{-1}$$
$$\Delta G_2^0 = 0 \text{ kJ} \cdot \text{mol}^{-1}$$

$$Fe^{2+}(aq) \rightleftharpoons Fe^{3+}(aq) + e^-; \qquad \Delta G^0 = -\Delta G_1^0$$
$$H^+(aq) + e^- \rightleftharpoons \tfrac{1}{2}H_2(g); \qquad \Delta G^0 = 0 \text{ kJ} \cdot \text{mol}^{-1}$$

$$Fe^{2+}(aq) + H^+(aq) \rightleftharpoons Fe^{3+}(aq) + \tfrac{1}{2}H_2(g); \; \Delta G_R^0 = -\Delta G_1^0$$

$$\Delta G_R^0 = 74,3 \text{ kJ} \cdot \text{mol}^{-1}$$

$$\ln K = -\frac{\Delta G_R^0}{R \cdot T} = \frac{-74\,300 \text{ J} \cdot \text{mol}^{-1}}{8,3145 \text{ J} \cdot \text{mol}^{-1} \cdot \text{K}^{-1} \cdot 298 \text{ K}} = -29,99$$

$$K = e^{-29,99}$$
$$K = 10^{-13}$$

f) $Zn^{2+}(s) + 2\,H^+(aq) \rightleftharpoons Zn^{2+}(aq) + H_2(g)$

1. $Zn^{2+}(aq) + 2\,e^- \rightleftharpoons Zn(s); \quad E^0 = -0,76 \text{ V}$
2. $2\,H^+(aq) + 2\,e^- \rightleftharpoons H_2(g); \quad E^0 = 0 \text{ V}$

$$\Delta G_1^0 = -2 \cdot 96\,500 \text{ A} \cdot \text{s} \cdot \text{mol}^{-1} \cdot (-0,76 \text{ V}) = 146\,680 \text{ J} \cdot \text{mol}^{-1}$$
$$= 146,7 \text{ kJ} \cdot \text{mol}^{-1}$$
$$\Delta G_2^0 = 0 \text{ kJ} \cdot \text{mol}^{-1}$$

$$Zn(s) \rightleftharpoons Zn^{2+}(aq) + 2\,e^-; \qquad \Delta G^0 = -\Delta G_1^0$$
$$2\,H^+(aq) + 2\,e^- \rightleftharpoons H_2(g); \qquad \Delta G^0 = 0 \text{ kJ} \cdot \text{mol}^{-1}$$

$$Zn(s) + 2\,H^+(aq) \rightleftharpoons Zn^{2+}(aq) + H_2(g); \quad \Delta G_R^0 = -\Delta G_1^0$$

$$\Delta G_R^0 = -146,7 \text{ kJ} \cdot \text{mol}^{-1}$$

$$\ln K = -\frac{\Delta G_R^0}{R \cdot T} = \frac{146\,700\;\mathrm{J \cdot mol^{-1}}}{8,3145\;\mathrm{J \cdot mol^{-1} \cdot K^{-1} \cdot 298\;K}} = 59,2$$

$$K = e^{59,2}$$

$$K = 5 \cdot 10^{25}$$

g) $\mathrm{Zn(s) + 2\,H^+(aq) \rightleftharpoons Zn^{2+}(aq) + H_2(g)} \qquad (\mathrm{pH} = 7)$

1. $\mathrm{Zn^{2+}(aq) + 2\,e^- \;\rightleftharpoons\; Zn(s)}; \quad E^0 = -0,76\;\mathrm{V}$

2. $\mathrm{H^+(aq) + e^- \;\rightleftharpoons\; \frac{1}{2}H_2(g)}; \quad E^0 = 0\;\mathrm{V}$

$$\Delta G_1^0 = -2 \cdot 96\,500\;\mathrm{A \cdot s \cdot mol^{-1}} \cdot (-0,76\;\mathrm{V}) = 146\,680\;\mathrm{J \cdot mol^{-1}}$$

$$= 146,7\;\mathrm{kJ \cdot mol^{-1}}$$

Bei der Berechnung der freien Enthalpie aus dem Elektrodenpotential für die Halbzellenreaktion II muss berücksichtigt werden, dass die Konzentration der Hydronium-Ionen nicht die Standardkonzentration $1\;\mathrm{mol \cdot l^{-1}}$ ist, sondern nur $10^{-7}\,\mathrm{mol \cdot l^{-1}}$. Zunächst wird deshalb mithilfe der Nernstschen Gleichung das Elektrodenpotential für diese Konzentration an Hydronium-Ionen berechnet:

$$E(\mathrm{H^+}/\tfrac{1}{2}\mathrm{H_2}) = E^0(\mathrm{H^+}/\tfrac{1}{2}\mathrm{H_2}) + 0,059\;\mathrm{V} \cdot \lg \frac{10^{-7}\,\mathrm{mol \cdot l^{-1}}}{\mathrm{mol \cdot l^{-1}}}$$

$$= 0\;\mathrm{V} - 0,413\;\mathrm{V} = -0,413\;\mathrm{V}$$

$$\Delta G_2 = -96\,500\;\mathrm{A \cdot s \cdot mol^{-1}} \cdot (-0,413\;\mathrm{V}) = 39\,855\;\mathrm{J \cdot mol^{-1}}$$

$$= 39,9\;\mathrm{kJ \cdot mol^{-1}}$$

$$\mathrm{Zn(s) \;\rightleftharpoons\; Zn^{2+}(aq) + 2\,e^-}; \qquad\qquad \Delta G^0 = -\Delta G_1^0$$

$$\underline{\mathrm{2\,H^+(aq) + 2\,e^- \rightleftharpoons H_2(g)} \;\;(\mathrm{pH}=7); \qquad \Delta G^0 = 2 \cdot \Delta G_2}$$

$$\mathrm{Zn(s) + 2\,H^+(aq) \;\rightleftharpoons\; Zn^{2+}(aq) + H_2(g)};$$

$$\Delta G_R^0 = -\Delta G_1^0 + 2 \cdot \Delta G_2$$

$$\Delta G_R^0 = (-146,7 + 2 \cdot 39,9)\;\mathrm{kJ \cdot mol^{-1}} = -66,9\;\mathrm{kJ \cdot mol^{-1}}$$

$$\ln K = -\frac{\Delta G_R^0}{R \cdot T} = \frac{66\,900\;\mathrm{J \cdot mol^{-1}}}{8,3145\;\mathrm{J \cdot mol^{-1} \cdot K^{-1} \cdot 298\;K}} = 27$$

$$K = e^{27}$$

$$K = 5,3 \cdot 10^{11}$$

Zink sollte sich also auch in neutralem Wasser unter Wasserstoffentwicklung auflösen. Experimente und die Erfahrung des täglichen Lebens (Zink-Dachrinnen, verzinkte Gegenstände) zeigen jedoch, dass diese Reaktion nicht abläuft. Der Grund dafür sind hier vor allem kinetische Hemmungen bei der Abscheidung des Wasserstoffs („Überspannung").

7.17 $Zn^{2+}(aq) + 4\,NH_3(aq) \rightleftharpoons [Zn(NH_3)_4]^{2+}(aq)$

1. $Zn^{2+}(aq) + 2\,e^- \rightleftharpoons Zn(s); \qquad E^0 = -0,76\ V$

2. $[Zn(NH_3)_4]^{2+}(aq) + 2\,e^- \rightleftharpoons Zn(s) + 4\,NH_3(aq);$

$$E^0 = -1,04\ V$$

Zunächst ordnen wir den beiden Teilreaktionen formal einen Wert für die freie Enthalpie zu:

$$\Delta G^0 = -z \cdot F \cdot E^0$$

$$\Delta G_1^0 = -2 \cdot 96\,500\ A \cdot s \cdot mol^{-1} \cdot (-0,76\ V) = 146\,680\ J \cdot mol^{-1}$$

$$= 146,7\ kJ \cdot mol^{-1}$$

$$\Delta G_2^0 = -2 \cdot 96\,500\ A \cdot s \cdot mol^{-1} \cdot (-1,04\ V) = 200\,720\ J \cdot mol^{-1}$$

$$= 200,7\ kJ \cdot mol^{-1}$$

Die Komplexbildungsreaktion mit dem zugehörigen ΔG_R^0-Wert ergibt sich durch die folgende Kombination der Teilreaktionen 1. und 2.:

Man addiert zur Teilreaktion 1. den zur Teilreaktion 2. umgekehrt verlaufenden Vorgang:

$$Zn^{2+}(aq) + 2\,e^- \rightleftharpoons Zn(s); \qquad\qquad \Delta G^0 = \Delta G_1^0$$

$$Zn(s) + 4\,NH_3(aq) \rightleftharpoons [Zn(NH_3)_4]^{2+}(aq) + 2\,e^-;$$

$$\Delta G^0 = -\Delta G_2^0$$

$$\overline{Zn^{2+}(aq) + 4\,NH_3(aq) \rightleftharpoons [Zn(NH_3)_4]^{2+}(aq);}$$

$$\Delta G_R^0 = \Delta G_1^0 - \Delta G_2^0$$

$$\Delta G_R^0 = (146,7 - 200,7)\ kJ \cdot mol^{-1} = -54\ kJ \cdot mol^{-1}$$

$$\ln K = -\frac{\Delta G_R^0}{R \cdot T} = \frac{54\,000\ J \cdot mol^{-1}}{8,3145\ J \cdot mol^{-1} \cdot K^{-1} \cdot 298\ K} = 21,79$$

Die hier mit K_c bezeichnete Gleichgewichtskonstante entspricht der Bruttostabilitätskonstanten β_4.

$$K = e^{21,79}$$

$$K = 3 \cdot 10^9$$

$$K_c = 3 \cdot 10^9\ mol^{-4} \cdot l^4$$

7.18 a) Am Minuspol werden Hydronium-Ionen, die aufgrund der Autoprotolyse des Wassers in geringer Konzentration vorhanden sind, reduziert und Wasserstoff entsteht:

$$H_2O(l) + e^- \;\rightleftharpoons\; \tfrac{1}{2}H_2(g) + OH^-(aq)$$

Am Pluspol werden Chlorid-Ionen zu elementarem Chlor oxidiert:

$$Cl^-(aq) \;\rightleftharpoons\; \tfrac{1}{2}Cl_2(g) + e^-$$

Die Natriumchlorid-Lösung reagiert neutral ($pH = 7$), da weder Na^+- noch Cl^--Ionen Protolysereaktionen in Wasser verursachen. Im Verlauf der Elektrolyse wird die Lösung jedoch alkalisch.

b) Die geflossene elektrische Ladung ist gleich dem Produkt aus Stromstärke I und Zeit t:

$$Q = I \cdot t = 0,2 \text{ A} \cdot 20 \cdot 60 \text{ s} = 240 \text{ A} \cdot \text{s}$$

$$n = \frac{I \cdot t}{z \cdot F}$$

Für die Bildung von OH^--Ionen gilt $z = 1$. Die Stoffmenge ist somit der Quotient aus Ladung und Faraday-Konstante:

$$n(OH^-) = \frac{240 \text{ A} \cdot \text{s}}{96\,500 \text{ A} \cdot \text{s} \cdot \text{mol}^{-1}} = 2,49 \cdot 10^{-3} \text{ mol}$$

Die Konzentration an OH^--Ionen beträgt demnach:

$$c(OH^-) = \frac{2,49 \cdot 10^{-3} \text{ mol}}{0,5 \text{ l}} = 4,98 \cdot 10^{-3} \text{ mol} \cdot \text{l}^{-1}$$

$$pOH = -\lg 5 \cdot 10^{-3} = 2,3$$
$$\Rightarrow pH = 14 - 2,3 = 11,7$$

Für die Berechnung wird vorausgesetzt, dass die Konzentration der OH^--Ionen im gesamten Volumen einheitlich ist und dass auch keine Reaktion zwischen OH^--Ionen und Chlor stattfindet.

7.19 Zunächst berechnen wir die geflossene Ladung Q:

$$Q = 0,4 \text{ A} \cdot 10 \cdot 60 \text{ s} = 240 \text{ A} \cdot \text{s}$$

$$n = \frac{I \cdot t}{z \cdot F}$$

Für die Abscheidung von Kupfer gilt $z = 2$.

$$\Rightarrow n(Cu) = \frac{240 \text{ A} \cdot \text{s}}{2 \cdot 96\,500 \text{ A} \cdot \text{s} \cdot \text{mol}^{-1}} = 1,24 \cdot 10^{-3} \text{ mol}$$

$$\Rightarrow m = 1,24 \cdot 10^{-3} \text{ mol} \cdot 63,55 \text{ g} \cdot \text{mol}^{-1}$$
$$= 79 \cdot 10^{-3} \text{ g} = 79 \text{ mg}$$

Die Faraday-Konstante ist eine *stoffmengenbezogene* Größe: Ihre Einheit $C \cdot mol^{-1}$ zeigt an, dass es sich um einen Quotienten aus Ladung und Stoffmenge handelt. Die Faraday-Konstante ($F = 96\,500$ $C \cdot mol^{-1}$) gibt damit die **molare Ladung** *einfach* geladener Teilchen an.

Für die Abscheidung von O_2 gilt $z = 4$. Demnach wird die folgende Stoffmenge an Sauerstoff gebildet:

$$n(O_2) = \frac{240 \text{ A} \cdot \text{s}}{4 \cdot 96\,500 \text{ A} \cdot \text{s} \cdot \text{mol}^{-1}} = 6,2 \cdot 10^{-4} \text{ mol}$$

Alternativ kann das Gasvolumen mithilfe des molaren Volumens berechnet werden: $V = n \cdot V_{\text{m}}$

Zur Berechnung des Volumens der gebildeten Stoffmenge an Sauerstoff wenden wir das ideale Gasgesetz an:

$$p \cdot V = n \cdot R \cdot T$$

$$V = n \cdot \frac{R \cdot T}{p}$$

$$V = 6,2 \cdot 10^{-4} \text{ mol} \cdot \frac{0,083145 \text{ l} \cdot \text{bar} \cdot \text{mol}^{-1} \cdot \text{K}^{-1} \cdot 298 \text{ K}}{1 \text{ bar}}$$

$$= 15,4 \cdot 10^{-3} \text{ l} = 15,4 \text{ ml}$$

7.20 Zu beschichtende Fläche:

$A = 2 \cdot 50 \text{ cm} \cdot 50 \text{ cm} = 5000 \text{ cm}^2$

(Die Kanten des Blechs werden bei der Berechnung der Oberfläche vernachlässigt.)

Gesamtvolumen der Zinkschicht:

$V = 5000 \text{ cm}^2 \cdot 20 \cdot 10^{-4} \text{ cm} = 5 \text{ cm}^3$

$$\Rightarrow m(\text{Zink}) = 5 \text{ cm}^3 \cdot 7,1 \text{ g} \cdot \text{cm}^{-3} = 35,5 \text{ g}$$

$$n(\text{Zn}) = \frac{35,5 \text{ g}}{65,4 \text{ g} \cdot \text{mol}^{-1}} = 0,54 \text{ mol}$$

Zur Abscheidung von 1 mol Zink ist eine Ladung von $2 \cdot 96\,500$ A·s notwendig. Für die Abscheidung von 0,54 mol wird also folgende Ladung Q benötigt:

$$Q = 0,54 \text{ mol} \cdot 2 \cdot 96\,500 \text{ A} \cdot \text{s} \cdot \text{mol}^{-1} = 104\,220 \text{ A} \cdot \text{s}$$

Aus der Stromdichte von 1 A·dm^{-2} berechnet man folgende Stromstärke I:

$$I = 1 \text{ A} \cdot \text{dm}^{-2} \cdot 5 \text{ dm} \cdot 5 \text{ dm} \cdot 2 = 50 \text{ A}$$

Für die Dauer der Elektrolyse ergibt sich damit folgender Wert:

$$t = \frac{104\,220 \text{ A} \cdot \text{s}}{50 \text{ A}} = 2084 \text{ s} = 35 \text{ min}$$

7.21 Zunächst berechnen wir die insgesamt geflossene Ladung Q:

$$Q = 0,25 \, \text{A} \cdot 15 \cdot 60 \, \text{s} = 225 \, \text{A} \cdot \text{s}$$

Für die Stoffmenge der Elektronen gilt demnach:

$$n(\text{e}^-) = \frac{225 \, \text{A} \cdot \text{s}}{96\,500 \, \text{A} \cdot \text{s} \cdot \text{mol}^{-1}} = 2,33 \cdot 10^{-3} \, \text{mol}$$

0,13 g des abgeschiedenen Metalls entspricht der folgenden Stoffmenge:

$$\frac{0,13 \, \text{g}}{112,4 \, \text{g} \cdot \text{mol}^{-1}} = 1,157 \cdot 10^{-3} \, \text{mol}$$

Für das Verhältnis der Stoffmengen gilt damit:

$$\frac{2,33 \cdot 10^{-3} \, \text{mol}}{1,157 \cdot 10^{-3} \, \text{mol}} \approx 2$$

$$\Rightarrow z = 2$$

Es handelt sich also um das Ion Cd^{2+}.

Zur Nomenklatur anorganischer Stoffe

Schreibweise der Elementnamen

Für die Chemie gelten grundsätzlich die „wissenschaftlichen" Schreibweisen wie *Calcium*, *Silicium* oder *Zirconium* (nicht: Kalzium, Silizium, Zirkonium). In einigen Fällen sind die deutschen Namen dem Elementsymbol und damit weitgehend der englischen Schreibweise angepasst worden:

Co: Cobalt (statt Kobalt),

I: Iod (statt Jod),

Bi: Bismut (statt Wismut),

Cs: Caesium (statt Cäsium).

Im Falle der Elemente Kohlenstoff, Stickstoff, Sauerstoff und Schwefel spielen die Stammsilben der wissenschaftlichen Namen *Carbon*, *Nitrogen*, *Oxygen* und *Sulfur* eine große Rolle für die Benennung von Verbindungen. Zusammen mit einer charakteristischen Endung bezeichnen sie bestimmte anionische Teilchenarten: Carbid (C^{4-}), Carbonat (CO_3^{2-}), Nitrid (N^{3-}), Nitrit (NO_2^-), Nitrat (NO_3^-), Oxid (O^{2-}), Sulfid (S^{2-}), Sulfit (SO_3^{2-}), Sulfat (SO_4^{2-}).

Grundlage für die Benennung anorganischer Verbindungen und die zu verwendenden Schreibweisen ist die „Nomenklatur der Anorganischen Chemie". Die letzte deutsche Ausgabe dieses IUPAC-Regelwerks erschien 1994.

Die heute in der Praxis verwendeten Namen für chemische Verbindungen entsprechen längst nicht alle dem aktuellen System der IUPAC-Regeln. Denn viele seit langer Zeit verwendete Stoffe haben ihre traditionellen Namen behalten. Solche Namen wie *Wasser*, *Salpetersäure*, *Kaliumpermanganat* oder *Natronlauge* werden wohl kaum aus Labor und Technik verschwinden. Das wird auch durch die IUPAC-Empfehlungen nicht angestrebt. Sie geben aber Anregungen, wie sich die Benennung von Stoffen und die Schreibweise von Formeln vereinheitlichen lässt.

Die folgenden Hinweise geben einen kurzen Überblick über die wichtigsten Grundregeln der Systematik und die in der Praxis bevorzugten traditionellen Bezeichnungen.

Reihenfolge der Atome oder Atomgruppen

In der *Formel* einer Verbindung werden die Elemente in der Regel nach zunehmender Elektronegativität ihrer Atome aufgeführt: $NaCl$, MgO, ICl, H_2S, H_2SO_4, HNO_3. Eine Ausnahme in dieser Hinsicht ist allerdings die Formel für Ammoniak (NH_3). Soweit eine Verbindung zwei verschiedene Kationen (in einem bestimmten Anzahlverhältnis) enthält, werden sie sowohl in der Formel als auch im Namen jeweils in *alphabetischer* Reihenfolge genannt (*Beispiel*: $KNH_4HPO_4 \triangleq$ Ammonium-kalium-hydrogenphosphat).

Namensbildung mit wissenschaftlichen Elementnamen

Für einige Atomarten tritt in den *systematischen* Namen von Verbindungen an die Stelle des deutschen Elementnamens eine dem *Elementsymbol* entsprechende Bezeichnung. Ein Beispiel ist *Hydrogen* für Wasserstoff in Verbindungen mit Elementen höherer Elektronegativität. Der systematische Name für Chlorwasserstoff (HCl) ist also *Hydrogenchlorid*, für Schwefelwasserstoff (H_2S) *Hydrogensulfid* (bzw. Dihydrogensulfid); für Wasser („Wasserstoffoxid", H_2O) ergäbe sich damit der Name *Hydrogenoxid*.

Angabe von Anzahlverhältnissen

Das Anzahlverhältnis kann im Namen durch sogenannte multiplikative Präfixe (mono-, di-, tri-, tetra- usw.) ausgedrückt werden, wenn es zur Klarstellung erforderlich ist:
$CO_2 \mathbin{\hat=}$ Kohlenstoffdioxid, $CO \mathbin{\hat=}$ Kohlenstoffmonoxid
Der Name für die Verbindung $CaCl_2$ ist jedoch *Calciumchlorid* (und nicht Calciumdichlorid), für Na_2SO_4 entsprechend *Natriumsulfat* (und nicht Dinatriumsulfat). Es wird also vorausgesetzt, dass die Ladungszahlen der betreffenden Ionen (Ca^{2+}, Na^+, Cl^-, SO_4^{2-}) allgemein bekannt sind und somit die Verbindungen durch die kürzeren Namen bereits eindeutig beschrieben sind.

Verwendung von Oxidationszahlen

Soweit Elemente Verbindungen in verschiedenen Oxidationsstufen bilden, verwendet man meist Namen, in denen die Oxidationszahl direkt angegeben wird: Kupfer(I)-oxid (Cu_2O), Kupfer(II)-oxid (CuO), Eisen(III)-oxid (Fe_2O_3).
Die formal zulässigen Namen *Dikupferoxid*, *Kupfermonoxid* und *Dieisentrioxid* sind praktisch ohne Bedeutung.
Bei den (molekularen) Verbindungen der Nichtmetalle ist die Angabe der Oxidationsstufe dagegen weniger gebräuchlich.

Sauerstoffsäuren und ihre Salze

Bei allgemein bekannten Sauerstoffsäuren und ihren Salzen wird durchweg die traditionelle Bezeichnung bevorzugt. Namen wie Schwefelsäure (H_2SO_4), Bariumsulfat ($BaSO_4$), Salpetersäure (HNO_3), Silbernitrat ($AgNO_3$) sind kurz und bieten kaum Anlass zu Missverständnissen.
Die Endung **-at** stellt dabei in der Regel klar, dass das jeweilige Nichtmetall in der höchsten Oxidationsstufe vorliegt.
Die Endung **-it** kennzeichnet dann ein Anion, in dem die Oxidationsstufe des Nichtmetalls um *zwei* Einheiten niedriger ist: Natriumnitrit ($NaNO_2$), Kaliumsulfit (K_2SO_3). Die entsprechenden Säuren nennt man „Salpetrige Säure" (HNO_2) bzw. „Schweflige Säure" (H_2SO_3).

Regeln zur Nomenklatur von **Komplexverbindungen** wie $K_4[Fe(CN)_6]$ (Kaliumhexacyanoferrat(II)) oder $[Co(NH_3)_6]Cl_3$ (Hexaammincobalt(III)-chlorid) werden ausführlich in 📖 12.2 dargestellt. Die Verwendung von Kurzzeichen für mehrzähnige Liganden wird in 📖 12.5 erläutert.

Die 2005 in Englisch erschienene Neubearbeitung der IUPAC-Regeln sieht gerade bei Komplexverbindungen merkliche Änderungen vor. Zurzeit ist noch nicht absehbar, wann diese Regelungen in der Grundausbildung berücksichtigt werden.

Die Stickstoffoxide N_2O, NO und NO_2 beispielsweise werden überwiegend *Distickstoffoxid*, *Stickstoffmonoxid* bzw. *Stickstoffdioxid* genannt.

Da bei einigen Elementen *Sauerstoffsäuren* in mehr als zwei Oxidationsstufen auftreten, wurden weitere Namenszusätze eingeführt. So steht *Chlorsäure* für die Verbindung $HClO_3$ (mit Chlor in der Oxidationsstufe V); das ClO_3^--Anion heißt dementsprechend *Chlorat*. $HClO_4$ (mit Chlor in der höchstmöglichen Oxidationsstufe VII) wird als *Perchlorsäure* bezeichnet; ihre Salze nennt man *Perchlorate*. Neben der *Chlorigen Säure* ($HClO_2$) kennt man HClO als eine weitere Sauerstoffsäure des Chlors; sie wird als *Hypochlorige Säure* bezeichnet.

B Datensammlung

Basiseinheiten des SI

Physikalische Größe		SI-Einheit	
Name	Symbol	Name	Symbol
Länge	l	Meter	m
Masse	m	Kilogramm	kg
Zeit	t	Sekunde	s
elektrische Stromstärke	I	Ampere	A
thermodynamische Temperatur	T	Kelvin	K
Stoffmenge	n	Mol	mol
Lichtstärke	I_v	Candela	cd

Häufig benutzte abgeleitete SI-Einheiten

Physikalische Größe	Symbol	Einheit	Symbol	Beziehung zu anderen SI-Einheiten
Frequenz	v	Hertz	Hz	$1\,\mathrm{Hz} = 1\,\mathrm{s}^{-1}$
Energie, Arbeit, Wärmemenge	E, W, Q	Joule	J	$1\,\mathrm{J} = 1\,\mathrm{N{\cdot}m} = 1\,\mathrm{W{\cdot}s}$ $= 1\,\mathrm{kg{\cdot}m^2{\cdot}s^{-2}}$
Kraft	F	Newton	N	$1\,\mathrm{N} = 1\,\mathrm{J{\cdot}m^{-1}} = 1\,\mathrm{kg{\cdot}m{\cdot}s^{-2}}$
Druck	p	Pascal	Pa	$1\,\mathrm{Pa} = 1\,\mathrm{N{\cdot}m^{-2}} = 1\,\mathrm{kg{\cdot}m^{-1}{\cdot}s^{-2}}$
Leistung	P	Watt	W	$1\,\mathrm{W} = 1\,\mathrm{A{\cdot}V} = 1\,\mathrm{J{\cdot}s^{-1}}$ $= 1\,\mathrm{kg{\cdot}m^2{\cdot}s^{-3}}$
elektrische Ladung	Q	Coulomb	C	$1\,\mathrm{C} = 1\,\mathrm{A{\cdot}s} = 1\,\mathrm{J{\cdot}V^{-1}}$
elektrische Spannung	U	Volt	V	$1\,\mathrm{V} = 1\,\mathrm{W{\cdot}A^{-1}} = 1\,\mathrm{J{\cdot}C^{-1}}$ $= 1\,\mathrm{kg{\cdot}m^2{\cdot}A^{-1}{\cdot}s^{-3}}$
elektrischer Widerstand	R	Ohm	Ω	$1\,\Omega = 1\,\mathrm{V{\cdot}A^{-1}} = 1\,\mathrm{S}^{-1}$ $= 1\,\mathrm{kg{\cdot}m^2{\cdot}A^{-2}{\cdot}s^{-3}}$
elektrischer Leitwert	G	Siemens	S	$1\,\mathrm{S} = \Omega^{-1} = 1\,\mathrm{A{\cdot}V^{-1}}$ $= 1\,\mathrm{A^2{\cdot}s^3{\cdot}kg^{-1}{\cdot}m^{-2}}$

Wichtige Konstanten

Name	Symbol	Wert
atomare Masseneinheit	m_u	$1{,}6605402 \cdot 10^{-27}$ kg $= 1$ u
Ruhemasse des Protons	m_p	$1{,}6726231 \cdot 10^{-27}$ kg
Ruhemasse des Neutrons	m_n	$1{,}6749286 \cdot 10^{-27}$ kg
Ruhemasse des Elektrons	m_e	$9{,}1093897 \cdot 10^{-31}$ kg
Elementarladung	e	$1{,}60217733 \cdot 10^{-19}$ C
Boltzmann-Konstante	k	$1{,}380658 \cdot 10^{-23}$ J$\cdot$K^{-1}
Avogadro-Konstante	N_A	$6{,}0221367 \cdot 10^{23}$ mol^{-1}
Faraday-Konstante	$F\ (= N_A \cdot e)$	$96\,485{,}309$ C$\cdot$mol^{-1}
universelle Gaskonstante	$R\ (= N_A \cdot k)$	$8{,}314510$ J$\cdot$mol$^{-1} \cdot$K^{-1}
		$= 0{,}08314510$ l$\cdot$bar$\cdot$mol$^{-1} \cdot$K^{-1}
molares Volumen eines idealen Gases	V_m	
(1013 hPa, 0 °C)		$22{,}414$ l$\cdot$mol^{-1}
(1000 hPa, 0 °C)		$22{,}711$ l$\cdot$mol^{-1}
(1013 hPa, 25 °C)		$24{,}466$ l$\cdot$mol^{-1}
Lichtgeschwindigkeit (im Vakuum)	c	$2{,}99792458 \cdot 10^{8}$ m$\cdot$s^{-1}
Dielektrizitätskonstante des Vakuums	ε_0	$8{,}854187816 \cdot 10^{-12}$ F$\cdot$m^{-1}
Planck-Konstante	h	$6{,}6260755 \cdot 10^{-34}$ J$\cdot$s

Umrechnungsbeziehungen für einige neben dem SI verwendete Einheiten

Größe	Beziehungen	
Länge	1 Å $= 10^{2}$ pm $= 10^{-10}$ m	(Å: Ångström)
Energie	1 cal $= 4{,}184$ J	
	1 eV $= 1{,}6022 \cdot 10^{-19}$ J $\stackrel{\wedge}{=} 96{,}4852$ kJ$\cdot$mol^{-1}	
	1 cm$^{-1*)} \stackrel{\wedge}{=} 1{,}9865 \cdot 10^{-23}$ J $\stackrel{\wedge}{=} 1{,}1963 \cdot 10^{-2}$ kJ$\cdot$mol^{-1}	
Dipolmoment	1 D $= 3{,}336 \cdot 10^{-30}$ C$\cdot$m	(D: Debye)
Druck	1 bar $= 10^{5}$ Pa	
	1 atm $= 760$ Torr $= 1{,}01325 \; 10^{5}$ Pa $(= 1013$ hPa$)$	
	1 Torr $= 133{,}32$ Pa	

*) Einheit der Wellenzahl in der Spektroskopie

Wichtige SI-Vorsätze

Faktor		Vorsatz	Symbol
10^{12}	Billion	Tera	T
10^{9}	Milliarde[*]	Giga	G
10^{6}	Million	Mega	M
10^{3}	Tausend	Kilo	k
10^{2}	Hundert	Hekto	h
10^{1}	Zehn	Deka	da
10^{-1}	Zehntel	Dezi	d
10^{-2}	Hundertstel	Zenti	c
10^{-3}	Tausendstel	Milli	m
10^{-6}	Millionstel	Mikro	μ
10^{-9}	Milliardstel	Nano	n
10^{-12}	Billionstel	Piko	p

[*] in den USA: 10^{9} = 1 Billion; ppb (part per billion): 1 ppb = 10^{-9}

Gehaltsangaben für Mischphasen nach DIN 1310

am Beispiel von Lösungen (L: Lösung, G: gelöster Stoff, LM: Lösemittel)

Massenanteil w ***	**Massenverhältnis ζ** [1] ** (ζ: zeta)	**Massenkonzentration β** ***
$$w = \frac{m\,(G)}{m\,(L)}$$	$$\zeta = \frac{m\,(G)}{m\,(LM)}$$	$$\beta = \frac{m\,(G)}{V\,(L)}$$
$\boxed{1\ \%}$	[1] häufig als Gehaltsangabe für gesättigte Lösungen $\boxed{1\ \%}$	$\boxed{g \cdot l^{-1}}$
Volumenanteil φ[1] ** (φ: phi)	**Volumenverhältnis ψ** * (ψ: psi)	**Volumenkonzentration σ** ** (σ: sigma)
$$\varphi = \frac{V\,(G)}{V\,(G) + V\,(LM)}$$	$$\psi = \frac{V\,(G)}{V\,(LM)}$$	$$\sigma = \frac{V\,(G)}{V\,(L)}$$
[1] praktisch nur für ideale Gasmischungen $\boxed{1\ \%}$	$\boxed{1\ \%}$	$\boxed{1\ \%\ \text{„\%vol“}}$
Stoffmengenanteil x [1] ***	**Stoffmengenverhältnis r** *	**Stoffmengenkonzentration c** ****
$$x = \frac{n\,(G)}{n\,(L)} = \frac{n\,(G)}{n\,(G) + n\,(LM)}$$	$$r = \frac{n\,(G)}{n\,(LM)}$$	$$c = \frac{n\,(G)}{V\,(L)}$$
[1] früher: Molenbruch $\boxed{1\ \%}$	$\boxed{1\ \%}$	$\boxed{1\ mol \cdot l^{-1}}$

Genormt sind auch Gehaltsangaben in Bezug auf Teilchenzahlen N:

Teilchenzahlanteil X
Teilchenzahlverhältnis R
Teilchenzahlkonzentration C

$\square$: mögliche bzw. häufigste Einheit

Die Anzahl der Sternchen (**) weist auf die Bedeutung der jeweiligen Größe hin.

Molalität b ***

$$b = \frac{n\,(G)}{m\,(LM)}$$

$\boxed{1\ mol \cdot kg^{-1}}$

pK_S-Werte einiger Säuren bei 298 K

Säure	pK_S (ideal)	pK_S (real; $I = 0{,}1$ mol·l^{-1})
CO_2+H_2O ("H_2CO_3")	6,35	6,2
HCO_3^-	10,33	10,0
HCN	9,21	9,0
NH_4^+	9,24	9,3
HNO_2	3,15	3,0
H_3PO_4	2,15	2,0
$H_2PO_4^-$	7,20	6,86
HPO_4^{2-}	12,35	11,7
H_2O_2	11,65	11,6
H_2S	7,02	6,8
HS^-	13,9	13,8
SO_2+H_2O ("H_2SO_3")	1,91	1,6
HSO_3^-	7,18	6,8
HSO_4^-	1,99	1,6
HF	3,17	2,9
$HClO$	7,53	7,4
$HClO_2$	1,95	1,8
$HCOOH$	3,75	3,55
CH_3COOH	4,76	4,65
$(COOH)_2$	1,25	1,0
$HOOC\text{–}COO^-$	4,27	3,9

pK_L-Werte[*] einiger schwerlöslicher Stoffe in Wasser bei 298 K

Formel	pK_L	Formel	pK_L	Formel	pK_L
LiF	2,8	PbS	27,5	Ag_2CO_3	11,2
MgF_2	8,2	MnS	10,5	$ZnCO_3$	10,0
CaF_2	10,4	FeS	18,1	$CdCO_3$	13,7
BaF_2	5,8	NiS	19,4		
TlCl	3,7	CuS	36,1	$BaCrO_4$	9,7
TlBr	5,4	Ag_2S	50,1	$PbCrO_4$	13,8
TlI	7,2	ZnS	24,7	Ag_2CrO_4	11,9
PbF_2	7,4	CdS	27,0		
$PbCl_2$	4,8	HgS (schwarz)	52,7	$Be(OH)_2$	21,0
PbI_2	8,1			$Mg(OH)_2$	11,2
CuCl	6,7	$CaSO_4$	4,6	$Ca(OH)_2$	5,2
CuBr	8,3	$SrSO_4$	6,5	$Ba(OH)_2$	3,6
CuI	12,0	$BaSO_4$	10,0	$Al(OH)_3$	33,5
AgCl	9,7	$PbSO_4$	7,8	$Pb(OH)_2$	14,9
AgBr	12,3	Ag_2SO_4	4,8	$Mn(OH)_2$	12,8
AgI	16,1			$Fe(OH)_2$	15,1
Hg_2Cl_2	17,9	$MgCO_3$	7,5	$Ni(OH)_2$	15,2
Hg_2I_2	28,3	$CaCO_3$	8,4	$Fe(OH)_3$	38,8
		$SrCO_3$	9,0	$Cu(OH)_2$	19,3
Tl_2S	21,2	$BaCO_3$	8,3	$Zn(OH)_2$	15,5
SnS	25,9	$PbCO_3$	13,1	$Cd(OH)_2$	14,4

[*] Sämtliche Werte beziehen sich auf die *Aktivitäten* der betreffenden Ionen. Die Stoffmengenkonzentrationen gesättigter Lösungen können daraus nur in wenigen einfachen Fällen (z. B. AgCl, AgBr, AgI, $BaSO_4$, $PbSO_4$) errechnet werden.

Stabilitätskonstanten bei 298 K
angegeben sind die dekadischen Logarithmen der Zahlenwerte

Zentralion/ Ligand	$\lg K_1$	$\lg K_2$	$\lg K_3$	$\lg K_4$	$\lg K_5$	$\lg K_6$	$\lg \beta_6$
Al^{3+}/F^-	6,1	5,0	3,9	3,0	1,4	0,4	19,8
Cu^{2+}/Cl^-	0,1	−0,1			−	−	−
Cu^{2+}/NH_3	4,2	3,6	3,0	2,2		−	−
Cu^{2+}/SO_4^{2-}	1,0		−	−	−	−	−
Ag^+/Cl^-	3,4	1,8			−	−	−
Ag^+/NH_3	3,3	3,9	−	−	−	−	−
Fe^{2+}/CN^-							35,4
Fe^{3+}/CN^-							43,6
Fe^{3+}/Cl^-	0,6	0,1	−1,4		−	−	−
Fe^{3+}/F^-	5,2	3,9	3,0				
Fe^{3+}/SCN^-	2,2	1,4	1,4	1,3	−0,1	−0,1	
Fe^{3+}/SO_4^{2-}	2,0	0,2	−	−	−	−	
Co^{2+}/Cl^-	−0,1				−	−	−
Co^{2+}/SCN^-	1,0	0,3			−	−	−
Co^{2+}/NH_3	2,0	1,5	0,9	0,6	0,1	−0,7	4,4
Co^{3+}/NH_3							35,2
Ni^{2+}/NH_3	2,8	2,3	1,8	1,2	0,8	0,2	9,1
Zn^{2+}/CN^-	5,3	6,4	4,0	4,9	−	−	−
Zn^{2+}/NH_3	2,4	2,5	2,5	2,2	−	−	−
Hg^{2+}/Cl^-	6,7	6,5	0,9	1,0	−	−	−
Hg^{2+}/I^-	12,9	10,9	3,8	2,2	−	−	−

Spannungsreihe: Standard-Elektrodenpotentiale E^0

einiger Redoxpaare bei 298 K

oxidierte Form $\rightleftharpoons$ reduzierte Form	E^0(V)
$Li^+(aq) + e^- \rightleftharpoons Li(s)$	−3,04
$K^+(aq) + e^- \rightleftharpoons K(s)$	−2,92
$Ca^{2+}(aq) + 2\,e^- \rightleftharpoons Ca(s)$	−2,87
$Na^+(aq) + e^- \rightleftharpoons Na(s)$	−2,71
$Mg^{2+}(aq) + 2\,e^- \rightleftharpoons Mg(s)$	−2,36
$Al^{3+}(aq) + 3\,e^- \rightleftharpoons Al(s)$	−1,66
$Mn^{2+}(aq) + 2\,e^- \rightleftharpoons Mn(s)$	−1,18
$2\,H_2O(l) + 2\,e^- \rightleftharpoons H_2(g) + 2\,OH^-(aq)$	−0,83
$Zn^{2+}(aq) + 2\,e^- \rightleftharpoons Zn(s)$	−0,76
$Cr^{3+}(aq) + 3\,e^- \rightleftharpoons Cr(s)$	−0,74
$S(s) + 2\,e^- \rightleftharpoons S^{2-}(aq)$	−0,48
$Fe^{2+}(aq) + 2\,e^- \rightleftharpoons Fe(s)$	−0,44
$Cr^{3+}(aq) + e^- \rightleftharpoons Cr^{2+}(aq)$	−0,41
$Cd^{2+}(aq) + 2\,e^- \rightleftharpoons Cd(s)$	−0,40
$Co^{2+}(aq) + 2\,e^- \rightleftharpoons Co(s)$	−0,28
$Ni^{2+}(aq) + 2\,e^- \rightleftharpoons Ni(s)$	−0,25
$Sn^{2+}(aq) + 2\,e^- \rightleftharpoons Sn(s)$	−0,14
$Pb^{2+}(aq) + 2\,e^- \rightleftharpoons Pb(s)$	−0,13
$2\,H^+(aq) + 2\,e^- \rightleftharpoons H_2(g)$	0,00
$SO_4^{2-}(aq) + 4\,H^+(aq) + 2\,e^- \rightleftharpoons SO_2(aq) + 2\,H_2O(l)$	0,16
$Cu^{2+}(aq) + e^- \rightleftharpoons Cu^+(aq)$	0,16
$S(s) + 2\,H^+(aq) + 2\,e^- \rightleftharpoons H_2S(g)$	0,17
$Cu^{2+}(aq) + 2\,e^- \rightleftharpoons Cu(s)$	0,34
$O_2(g) + 2\,H_2O(l) + 4\,e^- \rightleftharpoons 4\,OH^-(aq)$	0,40
$Cu^+(aq) + e^- \rightleftharpoons Cu(s)$	0,52
$I_2(aq) + 2\,e^- \rightleftharpoons 2\,I^-(aq)$	0,62
$Fe^{3+}(aq) + e^- \rightleftharpoons Fe^{2+}(aq)$	0,77
$Ag^+(aq) + e^- \rightleftharpoons Ag(s)$	0,80
$Hg^{2+}(aq) + 2\,e^- \rightleftharpoons Hg(l)$	0,85
$NO_3^-(aq) + 4\,H^+(aq) + 3\,e^- \rightleftharpoons NO(g) + 2\,H_2O(l)$	0,96
$Br_2(l) + 2\,e^- \rightleftharpoons 2\,Br^-(aq)$	1,07
$Pt^{2+}(aq) + 2\,e^- \rightleftharpoons Pt(s)$	1,20
$O_2(g) + 4\,H^+(aq) + 4\,e^- \rightleftharpoons 2\,H_2O(l)$	1,23
$MnO_2(s) + 4\,H^+(aq) + 2\,e^- \rightleftharpoons Mn^{2+}(aq) + 2\,H_2O(l)$	1,23
$Cr_2O_7^{2-}(aq) + 14\,H^+(aq) + 6\,e^- \rightleftharpoons 2\,Cr^{3+}(aq) + 7\,H_2O(l)$	1,33
$Cl_2(g) + 2\,e^- \rightleftharpoons 2\,Cl^-(aq)$	1,36
$PbO_2(s) + 4\,H^+(aq) + 2\,e^- \rightleftharpoons Pb^{2+}(aq) + 2\,H_2O(l)$	1,46
$Au^{3+}(aq) + 3\,e^- \rightleftharpoons Au(s)$	1,50
$MnO_4^-(aq) + 8\,H^+(aq) + 5\,e^- \rightleftharpoons Mn^{2+}(aq) + 4\,H_2O(l)$	1,51
$Ce^{4+}(aq) + e^- \rightleftharpoons Ce^{3+}(aq)$	1,61
$Au^+(aq) + e^- \rightleftharpoons Au(s)$	1,69
$H_2O_2(aq) + 2\,H^+(aq) + 2\,e^- \rightleftharpoons 2\,H_2O(l)$	1,77
$S_2O_8^{2-}(aq) + 2\,e^- \rightleftharpoons 2\,SO_4^{2-}(aq)$	2,01
$F_2(g) + 2\,e^- \rightleftharpoons 2\,F^-(aq)$	2,85
$S_2O_8^{2-}(aq) + 2\,e^- \rightleftharpoons 2\,SO_4^{2-}(aq)$	2,01
$F_2(g) + 2\,e^- \rightleftharpoons 2\,F^-(aq)$	2,85

Bindungsenthalpien von Einfachbindungen in kJ · mol^{-1} bei 298 K

In Klammern ist der Stoff angegeben, für den der angegebene Wert als (mittlere) Bindungs-
dissoziationsenthalpie ermittelt wurde. Bei den mit (*) gekennzeichneten Werten handelt es
sich um Mittelwerte für verschiedene Stoffe.

	B	Br	C	Cl	F	H	I	N	O	P	S	Si
B		367 (BBr$_3$)	376 (*)	442 (BCl$_3$)	645 (BF$_3$)	369 (BH$_3$)	265 (BI$_3$)		540 (*)			
Br	367 (BBr$_3$)	193 (Br$_2$)	271 (CBr$_4$)	219 (BrCl)	250 (BrF)	366 (HBr)	178 (IBr)			268 (PBr$_3$)	257 (SBr$_2$)	328 (SiBr$_4$)
C	376 (*)	271 (CBr$_4$)	357 (Diamant) 346 (*)	325 (CCl$_4$)	492 (CF$_4$)	416 (CH$_4$) 414 (*)	220 (CI$_4$)	310 (*)	358 (*)	264 (*)	289 (*)	327 (SiC)
Cl	442 (BCl$_3$)	219 (BrCl)	326 (CCl$_4$)	243 (Cl$_2$)	251 (ClF)	432 (HCl)	211 (ICl)		202 (Cl$_2$O)	328 (PCl$_3$) 263 (PCl$_5$)	269 (SCl$_2$)	400 (SiCl$_4$)
F	645 (BF$_3$)	250 (BrF)	492 (CF$_4$)	251 (ClF)	159 (F$_2$)	570 (HF)	281 (IF)	281 (NF$_3$)	192 (OF$_2$)	510 (PF$_3$) 465 (PF$_5$)	366 (SF$_2$) 329 (SF$_6$)	596 (SiF$_4$)
H	369 (BH$_3$)	366 (HBr)	416 (CH$_4$)	432 (HCl)	570 (HF)	436 (H$_2$)	298 (HI)	391 (NH$_3$)	464 (H$_2$O)	322 (PH$_3$)	367 (H$_2$S)	322 (SiH$_4$)
I	265 (BI$_3$)	178 (IBr)	220 (CI$_4$)	211 (ICl)	281 (IF)	298 (HI)	151 (I$_2$)			224 (PI$_3$)		247 (SiI$_4$)
N			310 (*)		281 (NF$_3$)	391 (NH$_3$)		158 (N$_2$H$_4$) 57 (N$_2$O$_4$)	214 (*)			
O	540 (*)		358 (*)	202 (Cl$_2$O)	192 (OF$_2$)	464 (H$_2$O)		214 (*)	142 (H$_2$O$_2$)	363 (*)		465 (α–Quarz)
P		268 (PBr$_3$)	264 (*)	328 (PCl$_3$) 263 (PCl$_5$)	510 (PF$_3$) 465 (PF$_5$)	322 (PH$_3$)	224 (PI$_3$)		363 (*)	213 (P$_4$)		
S		257 (SBr$_2$)	289 (*)	269 (SCl$_2$)	366 (SF$_2$) 329 (SF$_6$)	367 (H$_2$S)					265 (S$_8$)	304 (SiS$_2$)
Si		328 (SiBr$_4$)	327 (SiC)	400 (SiCl$_4$)	596 (SiF$_4$)	322 (SiH$_4$)	247 (SiI$_4$)		465 (α–Quarz)		304 (SiS$_2$)	225 (Si)

Thermodynamische Daten ausgewählter Stoffe

Die Werte gelten für den Standard-Druck ($p^0 = 1000$ hPa) und $T = 298$ K (25 °C).

ΔH_f^0: Standard-Bildungsenthalpie in kJ·mol^{-1}

ΔG_f^0: freie Standard-Bildungsenthalpie in kJ·mol^{-1}

S^0: Standard-Entropie in J·mol^{-1}·K^{-1}

Formel	ΔH_f^0	ΔG_f^0	S^0	Formel	ΔH_f^0	ΔG_f^0	S^0
Aluminium				**Antimon**			
$Al(s)$	0	0	28	$Sb(s)$	0	0	46
$Al(g)$	330	289	165	$Sb(g)$	266	226	180
$Al^{3+}(aq)$	−531	−481	−321	$Sb_2(g)$	231	182	255
$Al(OH)_4^-(aq)$	−1502	−1305	103	$Sb_4(g)$	207	158	350
$\alpha\text{-}Al_2O_3(s)$	−1666	−1573	51	$SbH_3(g)$	145	148	233
$Al_2S_3(s)$	−651	−651	117	$Sb_2O_3(s)$	−720	−634	110
$Al(OH)_3(s)$	−1276	−1139	71	$Sb_2O_5(s)$	−972	−829	125
$AlF_3(s)$	−1510	−1431	67	$Sb_2S_3(s)$ (schwarz)	−175	−174	182
$AlCl_3(s)$	−706	−630	109	$Sb_2S_3(s)$ (orange)	−147		
$AlCl_3(g)$	−585	−571	315	$SbF_3(s)$	−916	−846	127
$Al_2Cl_6(g)$	−1296	−1221	475	$SbCl_3(s)$	−382	−324	184
$AlCl_3·6\,H_2O(s)$	−2692	−2261	318	$SbCl_5(l)$	−440	−350	301
$AlBr_3(s)$	−511	−488	180	$SbBr_3(s)$	−259	−239	207
$AlI_3(s)$	−303	−301	196	$SbI_3(s)$	−100	−99	215
$Al_4C_3(s)$	−209	−197	89				
$AlN(s)$	−318	−287	20	**Arsen**			
$AlPO_4(s)$	−1733	−1617	91	$As(s)(grau)$	0	0	35
$Al_2(SO_4)_3(s)$	−3441	−3100	239	$As(g)$	302	261	174
				$As_2(g)$	191	140	241
Ammonium				$As_4(g)$	153	98	327
$NH_4^+(aq)$	−133	−79	111	$AsH_3(g)$	66	69	223
$NH_4F(s)$	−464	−349	72	$As_2O_3(s)$	−657	−576	107
$NH_4Cl(s)$	−314	−203	95	$As_2O_5(s)$	−925	−782	105
$NH_4Br(s)$	−271	−175	113	$As_2S_3(s)$	−169	−169	164
$NH_4NO_3(s)$	−366	−184	151	$AsF_3(g)$	−786	−771	289
$NH_4H_2PO_4(s)$	−1445	−1210	152	$AsF_5(g)$	−1237	−1170	317
$(NH_4)_2SO_4(s)$	−1181	−902	220	$AsCl_3(l)$	−306	−259	213

Formel	ΔH_f^0	ΔG_f^0	S^0	Formel	ΔH_f^0	ΔG_f^0	S^0
Barium				$PbO_2(s)$	−274	−215	72
$Ba(s)$	0	0	62	$PbS(s)$	−98	−97	91
$Ba(g)$	179	147	170	$PbF_2(s)$	−677	−631	113
$Ba^{2+}(aq)$	−538	−561	10	$PbCl_2(s)$	−359	−314	136
$BaO(s)$	−548	−520	72	$PbCl_4(g)$	−552	−492	382
$BaO_2(s)$	−642	−587	81	$PbBr_2(s)$	−277	−260	161
$Ba(OH)_2(s)$	−946	−859	107	$PbI_2(s)$	−175	−174	175
$Ba(OH)_2 \cdot 8\,H_2O(s)$	−3342	−2793	427	$PbCO_3(s)$	−699	−626	131
$BaS(s)$	−464	−459	78	$Pb(NO_3)_2(s)$	−457	−264	225
$BaF_2(s)$	−1209	−1159	96	$PbSO_4(s)$	−920	−813	149
$BaCl_2(s)$	−859	−810	124				
$BaCl_2 \cdot 2\,H_2O(s)$	−1460	−1296	203	**Bor**			
$BaBr_2(s)$	−758	−739	149	$\beta\text{-}B(s)$	0	0	6
$BaI_2(s)$	−605	−601	165	$B(g)$	560	513	153
$Ba_3N_2(s)$	−341	−274	152	$B_2H_6(g)$	41	92	233
$BaCO_3(s)$	−1198	−1120	112	$B_2O_3(s)$	−1272	−1193	54
$Ba(NO_3)_2$	−992	−797	214	$H_3BO_3(s)$	−1094	−968	89
$BaSO_4$	−1473	−1362	132	$B_2S_3(s)$	−252	−248	92
				$BF_3(g)$	−1136	−1119	254
Bismut				$BCl_3(g)$	−404	−388	290
$Bi(s)$	0	0	57	$BBr_3(l)$	−239	−238	229
$Bi(g)$	210	171	187	$BI_3(s)$	16	2	227
$Bi_2(g)$	220	172	274	$BN(s)$	−252	−226	15
$Bi_2O_3(s)$	−574	−494	151				
$BiBr_3(s)$	−276	−249	195	**Brom**			
$BiI_3(s)$	−151	−149	225	$Br_2(l)$	0	0	152
$BiOCl(s)$	−371	−321	102	$Br_2(g)$	31	3	245
				$Br(g)$	112	82	175
Blei				$Br^-(aq)$	−121	−104	83
$Pb(s)$	0	0	65	$HBr(g)$	−36	−53	199
$Pb(g)$	195	228	175	$BrO^-(aq)$	−94	−33	42
$Pb^{2+}(aq)$	1	−24	18	$BrO_3^-(aq)$	−67	19	162
$PbO(s)$	−219	−189	66	$BrF(g)$	−59	−74	229
$Pb_3O_4(s)$	−719	−602	212	$BrF_3(g)$	−256	−229	293

Formel	ΔH_f^0	ΔG_f^0	S^0	Formel	ΔH_f^0	ΔG_f^0	S^0
Cadmium				$CaCl_2 \cdot 2\ H_2O(s)$	−1403		
$Cd(s)$	0	0	52	$CaCl_2 \cdot 6\ H_2O(s)$	−2608		
$Cd(g)$	112	77	168	$CaC_2(s)$	−59	−64	70
$Cd^{2+}(aq)$	−76	−78	−73	$CaCO_3(s)$ (Calcit)	−1208	−1130	93
$CdO(s)$	−259	−229	55	$CaSiO_3(s)$	−1635	−1550	82
$Cd(OH)_2(s)$	−561	−474	96	$CaSO_4(s)$	−1434	−1322	107
$CdS(s)$	−155	−152	74	$CaSO_4 \cdot 0,5\ H_2O(s)$	−1577	−1437	131
$CdF_2(s)$	−700	−649	84	$CaSO_4 \cdot 2\ H_2O(s)$	−2023	−1797	194
$CdCl_2(s)$	−391	−344	115				
$CdI_2(s)$	−203	−201	161	**Chlor**			
$CdCO_3(s)$	−751	−669	92	$Cl_2(g)$	0	0	223
$Cd(NO_3)_2(s)$	−457	−263	208	$Cl(g)$	121	105	165
$CdSO_4(s)$	−933	−823	123	$Cl^-(aq)$	−167	−131	57
				$HCl(g)$	−92	−95	187
Caesium				$Cl_2O(g)$	81	97	272
$Cs(s)$	0	0	85	$ClO_2(g)$	97	115	257
$Cs(g)$	76	49	176	$ClO^-(aq)$	−107	−37	42
$Cs^+(aq)$	−258	−291	132	$ClO_3^-(aq)$	−104	−8	162
$CsO_2(s)$	−286	−241	142	$ClO_4^-(aq)$	−128	−8	184
$CsF(s)$	−554	−526	93				
$CsCl(s)$	−443	−415	101	**Chrom**			
$CsBr(s)$	−406	−391	113	$Cr(s)$	0	0	24
$CsI(s)$	−347	−341	123	$Cr(g)$	398	353	174
				$Cr^{3+}(aq)$	−256	−307	−215
Calcium				$Cr_2O_3(s)$	−1141	−1059	81
$Ca(s)$	0	0	42	$CrO_2(s)$	−598	−545	51
$Ca(g)$	178	144	155	$CrO_3(s)$	−587	−510	73
$Ca^{2+}(aq)$	−543	−533	−56	$CrO_4^{2-}(aq)$	−881	−728	50
$CaH_2(s)$	−177	−138	41	$Cr_2O_7^{2-}(aq)$	−1490	−1301	262
$CaO(s)$	−635	−603	38	$CrF_2(s)$	−778	−736	87
$Ca(OH)_2(s)$	−986	−898	83	$CrF_3(s)$	−1173	−1103	94
$CaS(s)$	−473	−468	56	$CrCl_2(s)$	−395	−356	115
$CaF_2(s)$	−1229	−1176	69	$CrCl_3(s)$	−556	−486	123
$CaCl_2(s)$	−796	−749	108	$CrBr_3(s)$	−433	−406	160

Formel	ΔH_f^0	ΔG_f^0	S^0	Formel	ΔH_f^0	ΔG_f^0	S^0
$Cr_2(SO_4)_3(s)$	−2931	−2598	259	$FeCl_2(s)$	−342	−302	118
$Na_2CrO_4(s)$	−1334	−1227	177	$FeCl_3(s)$	−399	−335	148
$K_2CrO_4(s)$	−1404	−1296	200	$FeBr_2(s)$	−249	−239	141
$K_2Cr_2O_7(s)$	−2062	−1882	291	$FeCO_3(s)$	−741	−667	93
				$FeSO_4(s)$	−929	−825	121
Cobalt				$FeSO_4 \cdot 7\,H_2O(s)$	−3015	−2510	409
$Co(s)$	0	0	30				
$Co(g)$	427	382	180	**Fluor**			
$Co^{2+}(aq)$	−58	−54	−113	$F_2(g)$	0	0	203
$Co^{3+}(aq)$	92	134	−305	$F(g)$	79	62	159
$CoO(s)$	−238	−214	53	$F^-(aq)$	−335	−281	−14
$Co(OH)_2(s)$	−541	−460	93	$HF(g)$	−271	−275	174
$CoF_2(s)$	−672	−627	82				
$CoF_3(s)$	−790	−719	95	**Germanium**			
$CoCl_2(s)$	−313	−270	109	$Ge(s)$	0	0	31
$CoBr_2(s)$	−216	−202	134	$Ge(g)$	375	334	168
$CoI_2(s)$	−86	−88	153	$GeO(s)$	−211	−186	50
$CoCl_2 \cdot 6\,H_2O(s)$	−2115	−1725	343	$GeO_2(s)$	−558	−504	55
$CoCO_3(s)$	−713	−637	89	$GeS_2(s)$	−157	−155	87
$CoSO_4 \cdot 7\,H_2O(s)$	−2980	−2474	406	$GeF_4(g)$	−1190	−1150	302
				$GeCl_4(l)$	−532	−463	246
Eisen				$GeBr_4(l)$	−348	−332	281
$Fe(s)$	0	0	27	$GeI_4(s)$	−142	−144	271
$Fe(g)$	413	368	180				
$Fe^{2+}(aq)$	−89	−79	−138	**Gold**			
$Fe^{3+}(aq)$	−49	−5	−316	$Au(s)$	0	0	48
$Fe_{0,95}O(s)$	−266	−245	59	$AuF_3(s)$	−364	−293	114
$Fe_3O_4(s)$	−1116	−1013	143	$AuCl(s)$	−38	−17	90
$Fe_2O_3(s)$	−823	−741	87	$AuCl_3(s)$	−117	−51	162
$Fe(OH)_2(s)$	−574	−492	88				
$Fe(OH)_3(s)$	−833	−706	105	**Iod**			
$FeS(s)$	−102	−102	60	$I_2(s)$	0	0	116
$FeS_2(s)$ (Pyrit)	−172	−161	53	$I_2(g)$	62	19	260
$FeF_3(s)$	−1042	−972	98	$I(g)$	107	70	181

Formel	ΔH_f^0	ΔG_f^0	S^0	Formel	ΔH_f^0	ΔG_f^0	S^0
HI(g)	26	2	207	CO_3^{2-}(aq)	−675	−528	−50
I^-(aq)	−55	−52	106	HCO_3^-(aq)	−692	−587	95
I_3^-(aq)	−51	−51	239	CH_4(g)	−75	−51	186
IO_3^-(aq)	−221	−128	118	C_2H_6(g)	−85	−33	230
IF_5(g)	−840	−754	335	C_8H_{18}(l)	−250	−2	394
IF_7(g)	−961	−836	348	C_8H_{18}(g)	−208		467
ICl(s)	−35	−14	98	CO(g)	−111	−137	198
ICl_3(s)	−89	−22	167	CO_2(g)	−394	−394	214
				C_2H_5OH(l)	−277	−174	161
Kalium				C_2H_5OH(g)	−235	−161	283
K(s)	0	0	65	CS(g)	280	228	211
K(g)	89	61	160	CS_2(l)	89	64	151
K^+(aq)	−252	−284	101	CS_2(g)	117	67	238
KO_2(s)	−285	−239	117	CF_4(g)	−933	−888	262
KOH(s)	−425	−379	79	CCl_4(l)	−135	−65	216
KF(s)	−569	−540	67	HCN(g)	135	125	202
KCl(s)	−437	−409	83	SCN^-(aq)	76	93	144
KBr(s)	−394	−381	96				
KI(s)	−328	−325	106	**Kupfer**			
KCN(s)	−113	−102	128	Cu(s)	0	0	33
KSCN(s)	−200	−178	124	Cu(g)	337	298	166
K_2CO_3(s)	−1151	−1064	156	Cu^+(aq)	72	50	41
KNO_2(s)	−370	−307	152	Cu^{2+}(aq)	65	65	−98
KNO_3(s)	−495	−395	133	Cu_2O(s)	−171	−148	92
K_2SO_4(s)	−1438	−1321	176	CuO(s)	−156	−129	43
$KHSO_4$(s)	−1161	−1031	138	$Cu(OH)_2$(s)	−450	−373	108
$K_2S_2O_8$(s)	−1916	−1697	279	Cu_2S(s)	−80	−86	121
$KClO_3$(s)	−398	−296	143	CuS(s)	−54	−55	67
$KClO_4$(s)	−430	−300	151	CuCl(s)	−137	−120	87
				$CuCl_2$(s)	−218	−174	108
Kohlenstoff				$CuCl_2 \cdot 2\,H_2O$(s)	−821	−656	167
C(s) (Graphit)	0	0	6	CuBr(s)	−105	−101	96
C(s) (Diamant)	2	3	2	$CuBr_2$(s)	−139	−122	129
C(g)	717	671	158	CuI(s)	−68	−69	97

Formel	ΔH_f^0	ΔG_f^0	S^0	Formel	ΔH_f^0	ΔG_f^0	S^0
$CuSO_4(s)$	−770	−661	109	**Mangan**			
$CuSO_4 \cdot 5\,H_2O(s)$	−2280	−1880	300	$Mn(s)$	0	0	32
				$Mn(g)$	283	240	174
Lithium				$Mn^{2+}(aq)$	−221	−228	−74
$Li(s)$	0	0	29	$MnO_4^-(aq)$	−541	−447	191
$Li(g)$	159	127	139	$MnO(s)$	−383	−360	59
$Li^+(aq)$	−278	−293	12	$Mn_3O_4(s)$	−1388	−1283	156
$LiH(s)$	−91	−68	20	$MnO_2(s)$	−522	−467	53
$LiF(s)$	−616	−588	36	$Mn(OH)_2(s)$	−695	−615	99
$LiCl(s)$	−409	−384	59	$MnCl_2 \cdot 4\,H_2O(s)$	−1687	−1424	303
$LiCl \cdot H_2O(s)$	−713	−632	103	$MnCO_3(s)$	−882	−811	106
$LiBr(s)$	−351	−342	74	$MnSO_4(s)$	−1065	−957	112
$LiI(s)$	−270	−270	87				
$Li_3N(s)$	−165	−129	63	**Natrium**			
$Li_2CO_3(s)$	−1216	−1132	90	$Na(s)$	0	0	51
$LiNO_3(s)$	−483	−381	90	$Na(g)$	107	78	154
				$Na^+(aq)$	−240	−262	58
Magnesium				$NaH(s)$	−56	−33	40
$Mg(s)$	0	0	33	$Na_2O(s)$	−418	−379	75
$Mg(g)$	147	112	149	$Na_2O_2(s)$	−513	−450	95
$Mg^{2+}(aq)$	−467	−455	−137	$NaOH(s)$	−425	−379	64
$MgO(s)$	−601	−568	27	$NaOCN(s)$	−405	−358	97
$Mg(OH)_2(s)$	−925	−834	63	$Na_2S(s)$	−366	−355	96
$MgS(s)$	−346	−342	50	$NaF(s)$	−574	−544	51
$MgF_2(s)$	−1124	−1071	57	$NaCl(s)$	−411	−384	72
$MgCl_2(s)$	−644	−595	90	$NaBr(s)$	−361	−349	87
$MgCl_2 \cdot 6\,H_2O(s)$	−2499	−2115	366	$NaI(s)$	−288	−286	99
$MgBr_2(s)$	−524	−504	117	$NaCN(s)$	−91	−80	116
$MgBr_2 \cdot 6\,H_2O(s)$	−2410	−2056	397	$Na_2CO_3(s)$	−1131	−1044	135
$MgI_2(s)$	−367	−361	130	$Na_2CO_3 \cdot 10\,H_2O(s)$	−4081	−3428	563
$Mg_3N_2(s)$	−461	−402	94	$NaHCO_3(s)$	−936	−836	102
$MgCO_3(s)$	−1112	−1028	66	$NaN_3(s)$	22	94	97
$MgSO_4(s)$	−1262	−1148	92	$NaNO_2(s)$	−359	−285	104
$MgSO_4 \cdot 7\,H_2O(s)$	−3389	−2872	372	$NaNO_3(s)$	−468	−367	117

Formel	ΔH_f^0	ΔG_f^0	S^0	Formel	ΔH_f^0	ΔG_f^0	S^0
$Na_2HPO_4(s)$	−1748	−1608	150	$P_4O_{10}(s)$	−3010	−2726	229
$Na_2SO_3(s)$	−1101	−1012	146	$H_3PO_4(s)$	−1279	−1119	110
$Na_2SO_3 \cdot 7\,H_2O(s)$	−3162	−2676	444	$PF_3(g)$	−958	−937	273
$Na_2SO_4(s)$	−1381	−1267	160	$PF_5(g)$	−1594	−1521	301
$Na_2SO_4 \cdot 10\,H_2O(s)$	−4327	−3647	592	$PCl_3(l)$	−320	−272	217
$NaHSO_4(s)$	−1126	−993	113	$PCl_3(g)$	−289	−301	312
$Na_2S_2O_3 \cdot 5\,H_2O(s)$	−2608	−2230	372	$PCl_5(s)$	−446	−327	200
$NaClO_3(s)$	−358	−254	123	$PCl_5(g)$	−375	−305	365
$NaClO_4(s)$	−378	−250	142	$PBr_3(l)$	−185	−175	236
$NaBrO_3(s)$	−334	−243	129	$POCl_3(l)$	−597	−521	223
Nickel				**Quecksilber**			
$Ni(s)$	0	0	30	$Hg(l)$	0	0	76
$Ni(g)$	431	386	182	$HgO(s)$	−91	−59	70
$Ni^{2+}(aq)$	−54	−46	−129	$HgS(s)\ (rot)$	−53	−56	82
$NiO(s)$	−240	−212	38	$HgF_2(s)$	−423	−374	116
$Ni(OH)_2(s)$	−530	−447	88	$Hg_2Cl_2(s)$	−265	−211	192
$NiCl_2(s)$	−305	−259	98	$HgCl_2(s)$	−230	−184	145
$NiCl_2 \cdot 6\,H_2O(s)$	−2103	−1714	344	$Hg_2Br_2(s)$	−210	−186	224
$NiBr_2(s)$	−212	−194	122	$HgBr_2(s)$	−171	−153	172
$NiS(s)$	−88	−86	53	$HgI_2(s)$	−105	−102	181
$NiAs(s)$	−72	−68	52				
$NiCO_3(s)$	−695	−618	86	**Rubidium**			
$Ni(CO)_4(g)$	−602	−549	415	$Rb(s)$	0	0	77
$NiSO_4(s)$	−873	−762	101	$Rb(g)$	81	53	170
$NiSO_4 \cdot 7\,H_2O(s)$	−2976	−2462	379	$Rb^+(aq)$	−251	−284	122
				$RbO_2(s)$	−279	−234	130
Phosphor				$RbOH(s)$	−419	−373	92
$P(s)\ (wei\beta)$	0	0	41	$Rb_2S(s)$	−361	−324	133
$P(s)\ (rot)$	−18	−12	23	$RbF(s)$	−556	−526	78
$P_4(g)$	59	24	280	$RbCl(s)$	−435	−408	95
$P_2(g)$	144	103	218	$RbBr(s)$	−395	−382	110
$P(g)$	334	298	163	$RbI(s)$	−332	−327	119
$PH_3(g)$	5	13	210	$RbNO_3(s)$	−495	−396	147

Formel	ΔH_f^0	ΔG_f^0	S^0	Formel	ΔH_f^0	ΔG_f^0	S^0
Sauerstoff				**Silber**			
$O_2(g)$	0	0	205	$Ag(s)$	0	0	43
$O_3(g)$	143	163	239	$Ag(g)$	284	245	173
$O(g)$	249	232	161	$Ag^+(aq)$	106	77	73
$OH^-(aq)$	−230	−157	−11	$Ag_2O(s)$	−31	−11	121
$OF_2(g)$	25	43	247	$Ag_2S(s)$	−32	−40	144
$H_2O(l)$	−286	−237	70	$AgF(s)$	−205	−187	84
$H_2O(g)$	−242	−229	189	$AgCl(s)$	−127	−110	96
$H_2O_2(l)$	−188	−120	110	$AgBr(s)$	−101	−98	107
				$AgI(s)$	−62	−66	116
Schwefel				$Ag_2CO_3(s)$	−506	−437	167
$S(s)$ (rhombisch)	0	0	32	$AgCN(s)$	146	157	107
$S(g)$	277	236	168	$AgNO_3(s)$	−124	−33	141
$S_2(g)$	129	80	228	$Ag_2SO_4(s)$	−717	−619	200
$S_8(g)$	98	46	430				
$S^{2-}(aq)$	33	86	−15	**Silicium**			
$H_2S(g)$	−21	−35	206	$Si(s)$	0	0	19
$HS^-(aq)$	−16	12	67	$Si(g)$	450	406	168
$SO_2(g)$	−297	−300	248	$SiH_4(g)$	34	57	205
$H_2SO_4(l)$	−814	−690	157	$SiO_2(s)$ (α-Quarz)	−911	−856	41
$S_2O_3^{2-}(aq)$	−652	−522	67	$SiS_2(s)$	−213	−213	80
$SF_6(g)$	−1220	−1116	292	$SiF_4(g)$	−1615	−1573	283
$S_2Cl_2(l)$	−58	−39	224	$SiC(s)$	−72	−70	17
$SOCl_2(l)$	−247	−202	207	$Si_3N_4(s)$	−745	−647	113
$SO_2Cl_2(l)$	−394	−315	196				
				Stickstoff			
Selen				$N_2(g)$	0	0	192
$Se(s)$ (grau)	0	0	42	$N(g)$	473	456	153
$Se(g)$	235	195	177	$N_3^-(aq)$	275	348	108
$Se_8(g)$	152	94	531	$NH_3(g)$	−46	−16	193
$SeO_2(s)$	−225	−171	67	$N_2H_4(l)$	51	149	121
$SeO_3(s)$	−170	−94	96	$HN_3(l)$	264	327	141
$SeCl_4(s)$	−189	−101	195	$N_2O(g)$	82	104	220
$SeO_4^{2-}(aq)$	−599	−441	54	$NO(g)$	90	87	211

Formel	ΔH_f^0	ΔG_f^0	S^0	Formel	ΔH_f^0	ΔG_f^0	S^0
$NO_2(g)$	33	51	240	$VCl_3(s)$	−581	−511	131
$N_2O_4(g)$	9	98	304	$VCl_4(l)$	−570	−506	259
$N_2O_5(g)$	11	118	347	$VO(s)$	−432	−404	39
$NOCl(g)$	52	66	262	$V_2O_3(s)$	−1219	−1139	98
$NO_2^-(aq)$	−105	−32	123	$VO_2(s)$	−714	−658	47
$NO_3^-(aq)$	−207	−111	147	$V_2O_5(s)$	−1551	−1420	131
$HNO_3(l)$	−174	−81	156				
Strontium				**Wasserstoff**			
$Sr(s)$	0	0	56	$H_2(g)$	0	0	131
$Sr(g)$	164	132	165	$H(g)$	218	203	115
$Sr^{2+}(aq)$	−546	−559	−33	$H^+(aq)$	0	0	0
$SrO(s)$	−592	−561	56				
$Sr(OH)_2(s)$	−969	−881	97	**Wolfram**			
$SrCl_2(s)$	−829	−781	115	$W(s)$	0	0	33
$SrCl_2 \cdot 6\,H_2O(s)$	−2624	−2241	391	$W(g)$	829	787	174
$SrCO_3(s)$	−1235	−1155	97	$WO_2(s)$	−590	−534	51
$Sr(NO_3)_2(s)$	−978	−780	195	$WO_3(s)$	−843	−764	76
$SrSO_4(s)$	−1453	−1341	117	$WC(s)$	−41	−40	35
Titan				**Xenon**			
$Ti(s)$	0	0	31	$Xe(g)$	0	0	170
$Ti(g)$	473	428	180	$XeF_2(g)$	−130	−96	260
$TiO_2(s)$ (Rutil)	−944	−890	51	$XeF_4(g)$	−215	−138	316
$TiF_4(s)$	−1649	−1559	134	$XeF_6(g)$	−294		
$TiCl_3(s)$	−721	−654	140				
$TiCl_4(l)$	−804	−737	252	**Zink**			
$TiBr_4(s)$	−620	−593	243	$Zn(s)$	0	0	42
$TiN(s)$	−338	−310	30	$Zn(g)$	130	94	161
				$Zn^{2+}(aq)$	−153	−147	−110
				$ZnO(s)$	−350	−320	44
Vanadium				$Zn(OH)_2(s)$	−642	−554	81
$V(s)$	0	0	29	$ZnS(s)$ (Blende)	−205	−202	58
$V(g)$	516	471	182	$ZnF_2(s)$	−764	−713	74
$VCl_2(s)$	−462	−416	97	$ZnCl_2(s)$	−415	−369	111

Formel	ΔH_f^0	ΔG_f^0	S^0	Formel	ΔH_f^0	ΔG_f^0	S^0
$ZnBr_2(s)$	−330	−313	136	$SnCl_2(s)$	−328	−286	134
$ZnI_2(s)$	−208	−209	161	$SnCl_4(l)$	−511	−440	259
$ZnCO_3(s)$	−818	−737	82	$SnBr_4(s)$	−406	−379	264
$ZnSO_4 \cdot 7\,H_2O(s)$	−3078	−2563	389	$SnI_2(s)$	−149	−149	168
Zinn				**Zirconium**			
$Sn(s)$	0	0	51	$Zr(s)$	0	0	39
$Sn(g)$	301	266	168	$Zr(g)$	601	559	181
$Sn^{2+}(aq)$	−10	−26	−25	$ZrO_2(s)$	−1101	−1043	50
$SnO(s)$	−286	−257	57	$ZrF_4(s)$	−1911	−1810	105
$SnO_2(s)$	−581	−520	52	$ZrCl_4(s)$	−981	−890	182
$SnS(s)$	−108	−106	77	$ZrSiO_4(s)$	−2036	−1922	84